RELATION

DU

SIÉGE ET DU BOMBARDEMENT

DE VALENCIENNES.

RELATION

DU

SIÉGE ET DU BOMBARDEMENT

DE VALENCIENNES,

En Mai, Juin & Juillet 1793,

DÉDIÉE A L'ARMÉE FRANÇAISE,

Par A. TEXIER DE LA POMMERAYE,

ANCIEN COLONEL, CHEVALIER DE L'ORDRE ROYAL DE LA LÉGION
D'HONNEUR ;

POUR SERVIR A L'HISTOIRE.

Prix : 5 francs.

Douai.—Imprimerie de V. Adam, rue des Procureurs, 12.
—1839.—

Quoique mes feuilles de souscriptions ne portent pas qu'il sera joint à cet ouvrage un plan du siége de Valenciennes en 1793 , je m'étais proposé et je me flattais de pouvoir publier avec mon livre le plan détaillé de ce siége ; mais comme l'autorisation ne m'est pas encore parvenue , je m'empresserai de faire paraître ma carte dès que j'aurai obtenu cette autorisation.

AVANT-PROPOS.

J'ai souvent remarqué que certains épisodes des guerres de notre révolution n'avaient pas obtenu dans l'histoire tous les détails, toute l'exactitude, j'oserai même dire toute l'impartialité désirable, tant sur la nature des faits que sur leur degré d'importance; et j'ai eu lieu de remarquer également que ces écarts tenaient presque toujours à des causes personnelles restées jusqu'à présent entièrement ignorées. Le siège de Valenciennes en 1793, par exemple, n'a pas encore été traité convenablement ; quelques-uns ont accusé les administrations civiles, les habitans et la garnison, de faiblesse et presque de trahison; d'autres se sont étendus longuement sur les travaux des assiégeans, et ont semblé oublier la défense héroïque que les assiégés opposèrent à l'artillerie formidable qui ne cessa pendant tant de semaines de les accabler de ses projectiles; d'autres enfin n'ont regardé et ne regardent encore ce siège que comme un événement assez insignifiant en lui-même, et n'en disent que quelques mots dans les annales de l'histoire. Cependant jamais défense ne fut plus belle tant de la part de la garnison que de celle des habitans eux-mêmes, qui se montrèrent toujours également braves, également intrépides et courageux, et qui parvinrent à arrêter devant les murs de la place l'armée coalisée au-delà du terme de toutes les prévisions ; et quant à l'importance de la position de Valenciennes, il me suffira de rappeler ce mot du duc d'Yorck, à son entrée dans la ville : « Cette place nous a fait perdre une campagne. » J'ajouterai que non seulement cette campagne fut, en effet, perdue pour les armées belligérantes, mais encore qu'elles ne purent jamais par la suite réparer les funestes conséquences qui résultèrent de cette résistance merveilleuse. Quelles sont donc les causes de cette indifférence ou de cette injustice ? C'est que dans ces momens de terreur et d'épouvante qui désolaient alors la France, personne n'eût osé écrire ni révéler le moindre fait concernant ce siége ; et le général Ferrand, qui, par sa position militaire, se trouvait à même de connaître parfaitement tous les détails du siége, fut, aussitôt la reddition de la place, dépouillé de ses papiers et plongé dans les prisons de Paris ; de façon qu'il lui fut alors impossible de pouvoir élever la voix.

Or, si depuis on a écrit et publié quelques faits relatifs au siége de Valenciennes, ce n'a été que d'après des matériaux incomplets et inexacts, et le fond a toujours été couvert d'un voile impénétrable. A la vérité, le major-général baron Unterberger, chargé du commandement de l'artillerie contre la place, par son journal et son plan de siége, nous a fourni des documens d'un haut intérêt ; mais, dans son récit, il est assez naturel qu'il se soit montré plus jaloux de la gloire autrichienne que de la nôtre ; d'ailleurs, il n'a et il ne pouvait guère donner de détails exacts et satisfaisans sur les événemens passés dans la place.

Telles sont les causes qui ont si grandement altéré jusqu'à présent l'histoire du siége de Valenciennes en 1793 ; histoire qui resterait constamment défigurée aux yeux de la postérité, si les faits n'étaient rétablis dans leur plus grand jour. C'est la tâche que je me suis imposée dans l'esquisse que je soumets au public. Pour cet effet, j'ai réuni mes notes, j'ai rappelé mes souvenirs, comme témoin et comme acteur dans ce siége. Depuis et dans plusieurs circonstances différentes, j'ai pris sur les lieux mêmes des renseignemens utiles ; la maison commune de Valenciennes, surtout, en m'autorisant à faire des recherches dans les archives de l'époque, m'a facilité les moyens de recueillir des documens inédits et précieux. Les journaux du baron Unterberger, et des généraux Tholosé, Ferrand et Dembarère, ont pour ainsi dire servi de base à mon travail. D'autres ouvrages, le journal de Démarest, grenadier au 1er bataillon de la Charente, *la France Militaire*, *les Victoires et Conquêtes*, *les Archives de l'Honneur*, m'ont été aussi en aide; en un mot, je n'ai rien négligé de tout ce qui pouvait m'amener à établir mes convictions. Du reste, si je n'ose me flatter d'avoir complétement réussi, j'aurai du moins tracé la voie, ce qui me donne lieu de penser que mes efforts n'auront pas été tout-à-fait stériles.

RELATION

DU

SIÉGE ET DU BOMBARDEMENT

DE VALENCIENNES,

EN MAI, JUIN ET JUILLET 1793.

Avant de commencer l'histoire du siége et du bombardement de Valenciennes, nous croyons devoir exposer succinctement les premières campagnes de notre révolution dans le Nord, et donner une suite des affaires partielles qui, sur la fin de notre retraite de la Belgique, précédèrent ce déplorable siége. Nous aurons quelquefois occasion, en commençant notre récit, de parler d'un illustre personnage, aujourd'hui roi des Français, qui, dans ces deux campagnes, ne cessa de montrer le plus noble caractère, et qui ne quitta ses compagnons d'armes et le sol de la patrie que pour se soustraire à la proscription d'un gouvernement aveugle, arrivé au point de ne plus distinguer entre les traîtres et les fidèles défenseurs du pays.

Loin de nous toute idée de flatterie; nous voulons rendre seulement hommage à la vérité, souvent dénaturée par la malveillance.

En avril 1792, la France se voyait à la fois menacée sur toutes ses frontières du Nord; du côté de la Belgique par les Autrichiens, et du côté de l'Allemagne par une armée prussienne, qui bientôt pénétra jusque dans les plaines de la Champagne. Le jeune duc de Chartres, alors colonel du quatorzième régiment de dragons, était venu de Vendôme tenir garnison à Valenciennes, dont on lui confia les clefs en qualité de commandant de place, comme étant le plus ancien colonel. L'émigration, à cette époque, était à peu près générale dans le parti de la noblesse, qui se faisait un point d'honneur d'abandonner son pays et d'aller se ranger parmi nos ennemis. Ils n'étaient pas rares alors, ceux qui eussent regardé comme une bonne fortune de pouvoir livrer à l'étranger une place telle que Valenciennes, sans contredit l'un des plus importans boulevards du Nord de la France. Mais le duc de Chartres avait une autre manière de comprendre son devoir envers la patrie : ses ennemis à lui étaient ceux de la France, et il ne tarda guère à le prouver. Le 29 avril 1792, à Quiévrain, il se trouvait pour la première fois au feu; le jeune colonel y déploya le courage et le sang-froid d'un militaire consommé. Dans la nuit, une alarme, préparée peut-être par la trahison, jette soudain le désordre dans une partie de notre armée encore peu aguerrie; le duc de Chartres et le colonel Dampierre, autant son ami que son compagnon d'armes, accourent, rallient, rétablissent ensemble les rangs et reprennent l'offensive. Tel fut son début, qui lui valut, le 7 mai suivant, le grade de maréchal-de-camp.

Il n'était resté qu'environ un mois à Valenciennes, où, en si peu de temps, il s'était déjà acquis l'estime générale des habitans, dont il emporta les regrets.

A la suite de cette affaire du 29, on lui donna le commandement d'une brigade, dans laquelle il se distingua bientôt au combat de Courtray.

Son frère et aide-de-camp, le duc de Montpensier, qui se trouvait dans cette affaire, s'y fit remarquer de même que son général. La bravoure et le talent du jeune de Chartres, qui se développaient chaque jour, lui valurent, en juin suivant, le grade de lieutenant-général; et c'est en cette qualité qu'il fut placé sous le commandement de Kellermann. Le 20 septembre suivant, le prince Egalité * assista à la bataille de Valmy, qui sauva Paris et la France du joug odieux des Prussiens. Nous n'entrerons dans aucun détail sur une affaire si connue; nous nous contenterons de rappeler l'extrait du rapport que fit le général en chef sur le compte du prince et du duc de Montpensier, son frère :

« Du quartier-général de Dampierre-sur-Aube, le 21 » septembre 1792, à neuf heures du soir.

» Embarrassé du choix, je ne citerai parmi ceux qui » ont montré un grand courage que M. de Chartres et » son aide-de-camp M. de Montpensier, dont l'ex- » trême jeunesse rend le sang-froid à l'un des feux les » plus vigoureux qu'on puisse voir, extrêmement re- » marquable. » (*Extrait du Moniteur*).

La bataille de Valmy gagnée et les Prussiens chassés du territoire français, le duc de Chartres ambitionna une gloire nouvelle; car, ayant été appelé au commandement de Strasbourg : « Je suis trop jeune, répondit-il, pour m'enfermer ainsi dans une place; je demande à

---

* C'est ainsi que nous le nommions à l'armée.

rester dans l'armée active. » Après ce refus formel il
passa sous les ordres de Dumouriez, dont l'armée marchait contre les Autrichiens et se préparait à envahir la
Belgique. Le 3 novembre 1792, le prince, qui commandait l'aile droite, aborde l'ennemi et lui enlève à la baïonnette le village de Boussu et les batteries qui le défendaient. C'était le prélude de l'action mémorable qui,
trois jours après, allait couvrir nos armes de gloire.

Le 5 suivant, occupant les positions de Frameries, de
Wasmes, de Paturage, de Quareignon, etc., nous pas-
sons la nuit sous les armes, en présence de l'armée
ennemie, défendue par de formidables retranchemens;
et le jour même du 6, dès l'aube, Dumourier livre la
bataille de Jemmapes. Le duc de Chartres commandait
le centre de l'armée. Redirons-nous que ce fut autant à
son jugement prompt et hardi qu'à son intrépide vail-
lance que l'on dut le succès glorieux de cette journée?
C'est un fait raconté mille fois et désormais hors de tous
commentaires. Qui ne sait qu'au moment décisif, une
de nos divisions avait reculé, lorsque le duc de Chartres,
à la tête d'un détachement de cavalerie, se jette tout-à-
coup sur les derrières des fuyards, les arrête, les
rallie, leur donne gaiement le surnom de *bataillon de
Jemmapes*, et, les animant du feu de son courage, les
ramène à l'ennemi, qui, à son tour, est bientôt repoussé, mis en pleine déroute, et la bataille est complétement gagnée? A l'instant, le duc de Montpensier se
rend à toute bride à l'autre extrémité de la ligne et
annonce cette heureuse nouvelle à Dumouriez, qui était
dans la plus vive inquiétude sur le sort du centre de son
armée, qu'il savait avoir fait des pas rétrogrades et qu'il
croyait pour ainsi dire en déroute.

Après le succès d'une affaire aussi décisive, l'armée
française, marchant de victoire en victoire, s'empare en
quelques semaines de toutes les places fortes de la Bel-

gique, et le général Dumouriez se préparait à faire le siége de Maëstricht; mais sur ces entrefaites, les Autrichiens, qui ont reçu de nombreux renforts, reprennent l'offensive, et le 5 mars forcent Dumouriez à renoncer à l'entreprise qu'il méditait contre Maëstricht. Alors commence la marche rétrograde de notre armée. Cependant elle obtient quelques avantages. Le 15 mars, elle s'arrête et chasse les Autrichiens de Tirlemont, le lendemain nous poursuivons l'ennemi, mais nos succès ne se soutiennent pas. Le 18, jour funeste, nous perdons la bataille de Neerwinden[*]; et, depuis ce moment, une suite continue de malheurs, tristes conséquences de notre défaite, viennent successivement nous accabler. Ce n'est pas pourtant que le revers fût si complet qu'il parût irréparable; oh! non. Le patriotisme et la bravoure de nos troupes eussent bientôt arrêté la marche victorieuse de l'ennemi; mais la trahison vint en aide aux Autrichiens, et, ce que la postérité aura peine à croire, c'est que le premier traître fut le général en chef lui-même. Dumouriez, aigri par sa défaite, et redoutant que le comité de salut public lui en fît un crime capital, traite secrètement avec l'ennemi, et dans son aveuglement il

---

[*] Dans le cours de cette trop fatale retraite, le duc de Chartres, par ses talens, son courage et son infatigabilité, rendit de précieux services à l'armée. En renonçant au siège de Maëstricht, qui n'avait même pas été commencé, notre retraite ne pouvait s'effectuer que par Tongres, et la veille les Autrichiens s'en étaient rendus maîtres. Le duc de Chartres et Dampierre, voyant ce corps d'armée aussi gravement compromis, n'hésitent pas un seul instant; ils se mettent à la tête d'une division de grenadiers, reprennent ce point important, et ouvrent un passage à ce corps commandé par le général Ihler, qui, sans ce coup intrépide, n'aurait pu rejoindre le gros de l'armée.

A la bataille de Neerwinden, le général Neuilly s'était laissé surprendre dans le village même de Neerwinden; le duc, qui s'en aperçoit, marche avec résolution à la tête de deux colonnes commandées par Dictmann et Dampierre, se précipite avec audace sur ce village et l'emporte à la baïonnette.... Le duc de Chartres eut à cette occasion son cheval tué sous lui.

Presque dans tout le cours de ces deux campagnes (92 et 95), notamment a cette dernière affaire, le deuxième bataillon de la Vienne, dans lequel j'étais capitaine, fit partie des corps de troupes commandés par le prince.

ose promettre l'adhésion de son armée. Mais le complot est découvert : un ordre d'arrestation, lancé contre Dumouriez, est intercepté par celui-ci, qui fait aussitôt saisir les commissaires du gouvernement, et les livre aux Autrichiens ; toutefois il ne tarde pas à reconnaître qu'il a eu tort de compter sur le concours de son armée; il ne se croit plus en sûreté même dans son propre camp , et c'est dans celui des Autrichiens qu'il court chercher un refuge.

Mais en même temps que Dumouriez prenait ainsi la fuite, l'armée faisait une perte autrement sensible. Le mandat d'arrestation, ou pour mieux dire l'arrêt de mort lancé par le pouvoir exécutif, n'était pas seulement dirigé contre le général en chef; une liste générale de proscription s'étendait encore indistinctement sur tous les princes et les nobles, et quoique la conduite du duc de Chartres fût sans tache et sans reproche, il ne se trouvait pas à l'abri de l'humeur ombrageuse d'un gouvernement soupçonneux et farouche. Le duc, vivement ému de voir que des services consacrés avec tant de franchise et de bonne foi à la défense de la patrie fussent méconnus, dut craindre pour sa vie. En effet, quelques heures de plus et son arrestation était effectuée ; il fallut donc, pour éviter la mort, se résoudre à un douloureux exil. Cependant, si le prince se vit forcé de s'expatrier, ce ne fut toujours pas comme le fit Dumouriez, en allant se livrer aux ennemis de la France. Ainsi victime de tant d'ingratitudes, le duc, qui aurait pu concevoir des projets de vengeance, résista néanmoins à toutes les sollicitations et préféra l'obscurité et le dénuement au titre de chef de l'une des divisions de l'armée autrichienne qu'on lui offrait avec instances. Le duc de Chartres se retira en Suisse, où il donna encore un grand exemple, en ne dédaignant pas, lui prince, de se créer des moyens d'existence en se livrant aux humbles fonctions d'instituteur* ; mais, bientôt inquiété dans sa retraite, il fut forcé de s'en éloigner.

En quittant ainsi la Suisse, il parcourut presque toutes les contrées du Nord, la Pologne, le Danemarck, la Suède, etc. ; et, après avoir passé le Sund, il vint en Norwège, et s'enfonça jusqu'aux confins de la Laponie, à douze degrés du pôle, et il ne quitta cette partie du Nord que sur les sollicitations pressantes de la duchesse d'Orléans, sa mère, qui avait connaissance de son retour en Pologne. Il habitait la petite ville de Friderikstad, duché de Holstein, où la lettre de la duchesse lui parvint. Le duc de Chartres, aussitôt cette réception, répondit ainsi à sa mère. Nous ne rappellerons ici que quelques fragmens de cette lettre remarquable, car elle est assez connue dans l'histoire.

« . . . . . Quand ma tendre mère recevra cette lettre, ses ordres seront exécutés, et je serai passé en Amérique. Je m'embarquerai sur le premier bâtiment qui fera voile pour les Etats-Unis.

» . . . . . Et que ne ferais-je pas après la lettre que je viens de recevoir ? Je ne crois plus que le bonheur soit perdu pour moi sans ressource, puisque j'ai encore un moyen d'adoucir les maux d'une mère si chérie, dont la position et les souffrances m'ont déchiré le cœur depuis si long-temps.

» Je crois rêver quand je pense que dans peu j'embrasserai mes frères, que je serai réuni à eux ; car je suis réduit à pouvoir à peine croire ce dont le contraire m'eût paru jadis impossible.

» Ce n'est pas cependant que je cherche à me plaindre de ma destinée, et je n'ai que trop senti combien elle pouvait être plus affreuse ; je ne la croirai même

---

* Il était entré en cette qualité au collége de Reichenau.

pas malheureuse, si, après avoir retrouvé mes frères, j'apprends que notre mère chérie est aussi bien qu'elle peut l'être ; et , *si j'ai pu encore une fois* SERVIR MA PATRIE , *en contribuant à sa tranquillité, et par conséquent à son bonheur , il n'y a point de sacrifices qui m'aient coûté pour elle , et tant que je vivrai il n'y en a point que je ne sois prêt à lui faire...* »

Le duc partit, comme il venait de le promettre, pour l'Amérique, le 24 septembre 1796; le 21 octobre, il était à Philadelphie, où ses deux frères, le duc de Montpensier et le comte de Beaujolais, le rejoignirent l'année suivante.

Toujours réduit au plus affreux dénuement, il se résigna de nouveau à l'enseignement des mathématiques et de la langue française. Dans cette position cruelle, mais honorable , et malgré l'opinion des républicains philadelphes contre les nobles , les princes et les rois , il se concilia néanmoins l'estime et l'affection générale *. Il était admis dans les familles les plus honorables, notamment dans la maison Willing, qui semblait être sa société de prédilection **. J'ai eu l'occasion d'être également accueilli dans cette respectable famille pendant mon séjour à Philadelphie , et je donnais même des leçons aux jeunes Willing qui ne me parlaient jamais, ainsi que leurs parens, du duc de Chartres, que dans les termes les plus vifs de respect et d'affection.

Enfin , nous terminerons cette esquisse que nous venons de faire sur le compte du duc de Chartres, par le fait suivant. A la suite de la bataille de Marengo , les débris du corps de Condé avaient été obligés de se retirer en Allemagne. A cette occasion , on proposa à ces

---

* Le duc de Chartres et ses deux frères étaient précisément à Philadelphie , lorsque la fièvre jaune y exerçait les plus grands ravages. Le duc de Montpensier mourut en Angleterre en 1807 , et le comte de Beaujolais le suivit un an plus tard.

** Barbé-Marbois avait épousé une des demoiselles de cette maison.

trois princes de se ranger sous les drapeaux de l'émigration, ce qu'ils refusèrent formellement.

Nous reprenons le fil des événemens, vers la fin de mars 1793.

A cette époque, le quartier-général du prince de Cobourg, commandant dans le Nord l'armée autrichienne combinée, était établi à Mons, lorsque le général en chef Dumouriez, continuant toujours sa retraite de la Belgique à la tête des débris de l'armée française, fit au prince la proposition de passer chez les troupes impériales et de lui sacrifier les tristes lambeaux de son armée.

Depuis quelque temps, ce général s'était ainsi rendu suspect à la Convention nationale, qui l'avait mandé à sa barre pour y rendre compte de sa conduite. N'ayant point voulu obtempérer à cette injonction, il était sur le point d'être arrêté par les commissaires conventionnels, Camus, Bancal, Quinette et Lamarque, accompagnés du ministre de la guerre Beurnonville, qui, pour cet effet, s'étaient rendus à son armée; mais il les prévint, comme nous l'avons déjà dit, en se saisissant de leurs personnes le 1er avril à St.-Amand, dans la cour de la maison de la veuve Sterlin, et en les livrant au prince de Cobourg.

« Le 26 mars, le général de division Ferrand avait reçu l'ordre d'évacuer, sans combattre, la position avantageuse de Mons, et de se retirer sur-le-champ à Valenciennes. Deux ou trois jours après, Dumouriez, qui méditait toujours l'accomplissement de sa trahison, lui transmit par écrit l'ordre de se saisir de trois députés de la Convention, qui se trouvaient dans cette place ; mais craignant d'assumer sur sa tête une semblable responsabilité, Ferrand s'empressa de convoquer les autorités civiles et les notables de la ville, leur soumit la lettre de Dumouriez, et appela toute leur attention sur un objet aussi important. Quoique aucun d'eux ne voulût se prononcer à ce sujet, on émit cependant l'opinion d'écrire au général en chef, pour lui donner le prétexte que, comme il y avait à Valenciennes six députés au lieu de trois, il lui devenait nécessaire de connaître quels étaient ceux que ce mandat devait frapper. On espérait, par ce stratagème, gagner du temps et sauver les commissaires d'une mesure violente. En effet, les événemens, marchant avec la rapidité d'un torrent, ne permirent pas à Dumouriez, dont la trahison fut enfin dévoilée, de mettre à exécution ses infâmes desseins. Forcé de prendre précipitamment la fuite, il ne put emmener ses bagages avec lui, de manière que l'on trouva dans l'une de ses malles la lettre que venait de lui adresser le général Ferrand. On crut dans le temps que la connaissance que le gouvernement eut de cette pièce, avait été la cause de l'arrestation de Ferrand au sortir de Valenciennes ; mais nous pensons que le rapport du 2 août (*N° I de l'appendice*), contribua plus que tout cela à le faire incarcérer, ou du moins les véritables causes ne lui furent jamais connues. ›

Le général Ferrand avait eu encore à lutter contre les suggestions et la perfidie de Dumouriez, qui voulait le contraindre de livrer Valenciennes à l'ennemi ; mais fidèle à ses principes et à ses sermens, il sut résister au traître avec énergie et courage, il préserva pour le moment cette place des dangers imminens auxquels elle venait d'être exposée.

Aussitôt Mons évacué, le général Ferrand fit occuper par sa division les villages situés entre Quiévrain et Valenciennes, ayant eu le soin de faire rompre, en se retirant, les ponts de Crépin, de Quiévrain et de Marchipont, construits sur la rivière du Honniau, ainsi que ceux établis en avant du front de Mons.

Les 30 et 31 mars, le deuxième bataillon de la Vienne que je commandais en l'absence du commandant blessé, quitta la position de Mons-en-Pewel et se rendit à Mortagne, touchant le beau plateau de Maulde, où notre armée, cinq mois auparavant, forte de cent vingt mille hommes, était campée. Le surlendemain, 2 avril, au point du jour, en entendant parler d'un mouvement de fermentation qui paraissait vouloir éclater au camp, nous reçûmes l'ordre de nous y rendre aussitôt. A notre arrivée, nous apprîmes que Dumouriez avait été rencontré sur la route de St.-Amand à Condé, par le cinquième bataillon de l'Yonne, commandé par Davoust, (devenu depuis maréchal et prince), qui avait voulu arrêter le général et son escorte; mais qu'ayant pris la fuite, il avait été assailli de plusieurs coups de fusil que lui tira ce bataillon; deux hussards de son escorte et deux de ses domestiques furent atteints de balles. Dumouriez était parti de St.-Amand pour se rendre à une entrevue fixée entre Boussu et Condé, avec Mack, Cobourg et autres, pour se concerter ensemble et savoir si lui Dumouriez marcherait sur Paris, ou bien s'il livrerait son armée aux Autrichiens. Il fit répandre à cet effet une proclamation à laquelle Cobourg répondit par une autre, en proposant de faire passer une partie de son armée dans la nôtre, pour *fraterniser*, disait-il, *avec elle*, et nous donner *un roi constitutionnel*. Ce furent donc ces braves Bourguignons qui forcèrent le parjure et le traître à chercher son salut de l'autre côté de l'Escaut, où les Autrichiens attendaient avec impatience les restes d'une armée que Dumouriez voulait leur livrer. Au bruit de cet événement, toutes les troupes, d'un mouvement spontané, levèrent le camp et se mirent en marche sur Valenciennes; et comme notre bataillon tenait la droite, il ouvrit le mouvement. Parvenus au pont de Maulde, un régiment de ligne rangé en bataille sur la route, ses deux pièces de campagne chargées à mitraille et braquées sur nous, voulut s'opposer à notre passage. J'ordonnai à l'instant de battre la charge, et nous lui passâmes si vivement sur le corps que notre marche n'en fut aucunement arrêtée.

L'armée arriva à la nuit sur le monticule situé entre Famars et la Briquette, où se forma un camp aux ordres du général Lamarche * .

Le 5, les commissaires de la Convention appelèrent provisoirement au commandement de cette espèce d'armée le général Dampierre, qui jamais n'avait voulu tremper dans les plans ourdis par Dumouriez (*N° XXV de l'appendice*). Ce corps, qui se montait à peine à quarante mille hommes, était mal armé, plus mal discipliné encore, et surtout fort enclin à la désertion. Néanmoins, malgré tant de contrariétés et d'obstacles, Dampierre, par une infatigable activité, était parvenu à réorganiser ses troupes et à les répartir en petits camps retranchés, à Cassel, à la Magdelaine, près de Lille, à Maubeuge, entre Philippeville et Givêt, et à Famars ; il eut soin de lier cette ligne extrêmement étendue par des cantonnemens placés sur ces divers points ; et comme le camp de Famars était le poste le plus important, il vint y établir son quartier-général.

L'armée ennemie, composée de troupes autrichiennes, anglaises, prussiennes, hessoises, hollandaises et hanovriennes, forte de plus de cent cinquante mille hommes, formait autour de nous une chaîne de postes formidables, qui s'étendait depuis la Sambre jusqu'à Menin, en avant de Mons et de Tournay, et qui, un pied déjà sur le territoire de France, menaçait à la fois Lille, Condé, Valenciennes, Bouchain, Douai, Cambrai, Maubeuge, en un mot toutes les places fortes du Nord.

Le gouvernement d'alors se méprit étrangement sur les intentions des alliés qui ne faisaient encore aucun

* Ce monticule est à une lieue au Sud de Valenciennes, et sa position de l'Est à l'Ouest est entre les rivières de l'Escaut et de la Rhonelle.

mouvement pour pénétrer en France et marcher sur la capitale. Il attribuait cet état d'inaction à la stupeur ou à la crainte d'échouer dans une pareille entreprise * ; mais, nous le répétons, on était gravement dans l'erreur. A la vérité, quoique les armées belligérantes ne parussent marcher que lentement et avec circonspection, leur motif puissant et secret était l'arrivée de cette formidable artillerie de siége qui, partie de Vienne dans les premiers jours de mars, n'était encore parvenue dans les Pays-Bas qu'au 19 avril suivant ; et, avant d'entreprendre quelque chose, elles voulaient être à même de foudroyer en même temps Condé, Valenciennes et les autres places qu'elles tenaient déjà en échec. Tout le mois d'avril se passa donc en escarmouches partielles et inutiles, où tous les jours nous faisions des pertes sensibles de plusieurs vingtaines d'hommes, notamment les 14, 15, 18 et 23 avril où nos pertes furent plus considérables; nous en faisions cependant éprouver pour le moins autant à notre ennemi ; souvent nous lui faisions des prisonniers, et nous lui prenions même de temps en temps quelques pièces d'artillerie, dont une entre autres qu'enleva à la pointe de son sabre le fourrier Amiot, aujourd'hui capitaine en retraite à Paris ; il appartenait à la compagnie des canonniers du premier bataillon des Deux-Sèvres.

A la suite d'engagemens multipliés, l'ennemi était parvenu, le 8 avril, à bloquer la place de Condé, qui n'avait point d'approvisionnemens de vivres ; il s'était emparé en outre le lendemain des positions de Fresne, de Curgies et de la majeure partie des bois de St.-Amand, de Raismes, de Vicogne et d'Hasnon ; en sorte que Valenciennes

* Presque tous les historiens reproduisent cette erreur, d'autres prétendent toujours d'après les mêmes raisonnemens, que Cobourg et les autres généraux autrichiens, au lieu d'agir activement contre les restes dispersés et totalement découragés de l'armée française, passèrent une partie du mois d'avril à attendre les contingens anglais et hollandais qui n'arrivèrent en ligne que les 23 et 27 de ce mois.

se trouvait déjà investi par une circonvallation depuis le village de St-Saulve jusqu'à ceux de Préséau et de Trith. Notre camp de Famars qui seul faisait le service des avant-postes ainsi que celui d'Anzin, pour aller relever ses grandes gardes, ne pouvait passer que sous les murs de Valenciennes.

Il y eut à Valenciennes, le 15 avril, un conseil de guerre, composé des généraux Dampierre, Lamarche, Ferrand, Ihler, Champmorin, Rosière, du lieutenant-colonel Tholosé, et des commissaires de la Convention Bellegarde, Cochon, Briez, Dubois-Dubais, Courtois et Duhem. Ce dernier soumit deux questions. Il demandait, par la première, si l'on pouvait secourir Condé, déjà en état de blocus depuis cinq jours; et, dans ce cas, comment on y parviendrait? par la seconde, où se retirerait l'armée, si l'ennemi venait à attaquer la position de Famars et à l'emporter de vive force? — On répondit d'abord, presque à l'unanimité, qu'il ne fallait pas attendre que l'ennemi nous attaquât, qu'il fallait le prévenir et marcher sur lui.

Tholosé, qui ne partageait pas cette opinion, demanda la parole. Il exposa que l'ennemi ayant des forces quintuples des nôtres, il conviendrait mieux de faire un grand mouvement sur sa droite ou sur sa gauche, pour le forcer à une marche rétrograde, enfoncer son point le plus faible, et aller promptement au secours de Condé, soit pour le débloquer, soit pour le ravitailler. Ce projet, mis à exécution, pouvait réussir ou du moins être préférable au parti que l'on arrêta, et qui nous fut bien funeste. Pour éviter l'effet de la seconde question, mon opinion serait, continua Tholosé, de faire resserrer le camp de Famars, beaucoup trop étendu pour le si petit nombre de troupes que nous avons, de lier ses fortifications avec celles de Valenciennes qui protègent le camp, et d'être à même, en cas d'échec, d'effectuer une retraite sûre derrière la rivière d'Ecaillon, de manière à pouvoir jeter les forces nécessaires dans la place, si elle venait à être assiégée. Dans cette position, notre armée, toute faible qu'elle était, aurait pu encore être à même de secourir Valenciennes et Condé ; repoussée de ce dernier point, elle avait, au pis aller, la facilité de se retirer sans obstacle et d'aller occuper avec sécurité le camp de Paillencourt, situé entre Bouchain et Cambrai. Le but de ces diverses manœuvres était, selon Tholosé, de disputer le terrain pied à pied, et de gagner le temps convenable pour recevoir enfin les renforts qui nous étaient tant promis de la part du gouvernement.

Les généraux Ihler, Champmorin et d'autres encore, parlant dans ce sens, appuyaient les réflexions de Tholosé : mais leur voix n'eut aucun succès ; la séance, fermée sans qu'on eut rien décidé, fut renvoyée au lendemain, où les commissaires de la Convention arrêtèrent d'autorité que l'on marcherait en avant pour attaquer l'ennemi sur quatre points différens ; on saura plus loin les trop fâcheux combats des 1er et 8 mai qui en furent le résultat. Dans les circonstances présentes, au lieu de disséminer le peu de forces que nous avions, en faisant faire des attaques partielles et de front, mouvemens qui d'ailleurs sont en général très-désavantageux, l'on eût dû s'en tenir aux propositions émises la veille par Tholosé, et appuyées des généraux Champmorin, Ihler et autres, en liant les moyens de défense du camp de Famars avec ceux de Valenciennes ; il est certain que dès-lors l'ennemi n'eût pas osé attaquer ce camp, pour essayer ensuite d'assiéger Valenciennes. Le général en chef Dampierre sentait lui-même toute la force de ce raisonnement, mais il était trop contrarié dans ses opérations par les volontés tyranniques et insensées des représentans ; ensorte qu'abreuvé de dégoûts et de chagrins, il disait hautement qu'il ne lui restait

d'autre parti que celui de mourir sur le champ de bataille, ce qui malheureusement arriva le 8 mai, jour où
il fut blessé à mort ; cette perte fut aussi préjudiciable à
l'état qu'elle fut sensible à l'armée.

Conformément au plan déjà mentionné, le général
Dampierre, en attendant les renforts qu'il demandait à
grands cris, et qu'on semblait lui faire espérer chaque
jour, voulait se tenir sur la défensive, cherchant plutôt
à harceler l'ennemi qu'à le combattre ; mais ce système
de temporisation ne convenait nullement au caractère
défiant et inexpérimenté dans l'art de la guerre, des
commissaires de la Convention, qui, immuables dans leur
système arrêté en conseil, forcèrent le général en chef
d'abandonner des projets sages et prudents pour courir
les chances inégales et incertaines des combats ; en
conséquence, il fut convenu que le 1er mai au matin,
l'ennemi serait attaqué simultanément sur tous les points.
L'objet principal dans cette affaire était de tâcher ou
de débloquer Condé, ou au moins de lui procurer des
vivres, dont deux bateaux sur l'Escaut étaient chargés
sous la conduite du colonel Tholosé.

Dans la nuit du 30 avril au 1er mai, mercredi, à deux
heures du matin, le camp de Famars, composé de
vingt mille hommes à peu près, se divisa en quatre
colonnes et commença son mouvement pour aller en
avant droit à l'ennemi. Le général Lamarche, qui commandait la première, dont le deuxième bataillon de la
Vienne dans lequel j'étais faisait partie, vint prendre
position à deux lieues de Valenciennes, en avant d'un
petit bois, sa droite appuyant au village de Sébourg, et
sa gauche absolument isolée. La seconde colonne, aux
ordres du général Rosière, avait marché en avant dans
la direction de St.-Saulve, en longeant la rive droite de
l'Escaut ; la troisième, commandée par le général en
chef, marchait au centre sur Étrœux ; et la quatrième,

que commandait le général Ferrand, s'était placée en observation sur les hauteurs du Roleur; le général Kilmaine occupait avec peu de troupes les bois de Vicogne et de Raismes; le général Laroque, de son côté, parti trop tard du Quesnoy, marchait sur Jalain, et le général Lamarlière, de son camp de la Magdelaine, se portait sur Saint-Amand.

Ces dispositions ainsi établies en avant de Valenciennes dans la direction de Mons, l'ennemi fut attaqué inopinément sur toute sa ligne; mais, comme les gens du métier s'y attendaient, nous ne fûmes pas heureux; l'ennemi, *cinq* fois plus fort, nous culbuta partout, s'empara du convoi des vivres destinés pour Condé, et nous fit éprouver une perte cruelle de deux mille hommes. tant tués que blessés ou faits prisonniers. La colonne de Lamarche, dont je puis parler plus positivement, puisque mon bataillon en faisait partie, aussitôt rangée en bataille, fut assaillie d'une grêle de boulets, lancés de deux batteries masquées, établies à cent mètres de notre front*; et il y avait déjà trois quarts d'heure que nous étions ainsi exposés, l'arme au bras, aux coups de ces deux batteries, dont chaque boulet nous enlevait une file, lorsque nous fûmes tout-à-coup assaillis par les dragons de Latour qui, débouchant du village, nous mirent en désordre et nous laissèrent à peine le temps de nous retirer dans le petit bois qui se trouvait derrière nous; là, nous nous mîmes en tirailleurs et forçâmes les dragons à se replier. Ce faible avantage ne

---

* Notre général avait eu l'imprévoyance de ne pas faire éclairer le terrain, ni même de faire reconnaître le village qui touchait à notre droite, pour y établir un poste.

Cette droite devait être occupée par un régiment de ligne ; nous lui avions laissé à cet effet l'espace nécessaire pour s'y ranger en bataille ; mais ce corps ne s'étant point rendu au poste qui lui avait été indiqué, le terrain resté vide facilita aux dragons de Latour les moyens de pénétrer sur notre flanc ainsi découvert, et d'effectuer leur charge.

2

fut pas de longue durée ; deux à trois mille Hongrois,
paraissant bientôt, nous forcèrent à la retraite jusqu'aux
glacis de Valenciennes, où le général Lamarche essaya
en vain de nous rallier pour nous conduire de nouveau
à l'ennemi. Les artilleurs, qui servaient nos deux pièces
de campagne, firent ce jour-là des prodiges de valeur,
et cent fois leurs boulets avaient porté la mort dans les
rangs ennemis ; mais, surpris et succombant sous l'é-
norme supériorité du nombre, ils préférèrent néanmoins
se faire hacher sur leurs pièces plutôt que de chercher
à fuir ou à se rendre. (Je ne ferais pas ici l'éloge du bataillon, qui aurait dû aller au secours de ses canonniers,
si le général n'avait pas ordonné la retraite). La perte de
notre bataillon dans cette affaire fut de cent hommes,
tant tués que blessés, et presque tous atteints du boulet.
Le général Dampierre avait rencontré, bien en avant
d'Etrœux, Clairfayt avec des forces infiniment supérieures aux siennes ; cependant, dans le premier choc, il
avait repoussé l'ennemi jusque dans Quiévrain ; mais,
cerné de toutes parts et n'étant point soutenu par les
autres colonnes qui avaient déjà fléchi, il fut contraint
de battre lui-même en retraite, et il n'eut que le temps
d'ordonner au général Ferrand, resté en observation au
Roleur, de se replier au plus vite sur Valenciennes ; ce
que ce dernier exécuta avec de grandes difficultés, et
après une perte de cent cinquante tués et d'une infinité
de blessés. Le général Rosière, complétement battu
de son côté, se retira en confusion dans son camp.
Les postes qui défendaient, dans les bois de Raismes
et de Vicogne, les approches d'Anzin, se battirent presque toute la journée et se maintinrent assez bien dans
leurs positions respectives. Le général Laroque, à la
tête d'une colonne composée des garnisons du Quesnoy,
d'Avesnes et de Landrecies, rencontra l'ennemi à Bavay
et à Jalain, non loin de la position que Lamarche avait été

obligé d'abandonner une demi-heure auparavant. Laroque eut un engagement sérieux avec des forces majeures de Cobourg et d'Anglais, qui le contraignirent pareillement à se retirer sur le Quesnoy. Enfin, le général Lamarlière, avec ses troupes de Lille et de Douai, vint jusqu'à St.-Amand, où il rencontra les Anglais ; et, malgré des attaques vives et réitérées, il ne put les ébranler dans leurs positions.

Les conventionnels, à la vue de défaites aussi sanglantes, ne furent point déconcertés dans leurs projets chimériques et opiniâtres. Le mercredi, 8 mai suivant, ils contraignirent Dampierre à renouveler ses attaques. Ce général qui, ce jour-là, devait trouver la mort au champ de l'honneur, forma ses manœuvres à peu près dans le sens de celles du 1er mai, à l'exception cependant que le centre de l'action eut lieu dans les bois de St.-Amand, de Raismes et de Vicogne.

Dès l'aube du jour, le canon se faisait entendre des divers points de ces forêts, et nos colonnes, prenant l'offensive, agissaient avec ensemble et avec résolution : Le premier choc de Dampierre avait été impétueux. Déjà une de nos phalanges, débouchant d'Orchies, s'était emparée de Rumégies, avec l'intention de marcher sur St.-Amand pour tâcher de débusquer l'ennemi de cette partie des bois de Raismes et de faire sa jonction avec Anzin. Une autre colonne attaquait avec le même élan les positions formidables qu'occupaient les Autrichiens dans les bois de Vicogne, et nous y avions déjà pénétré fort avant. De son côté, le général Dampierre, pour lier ces mouvemens, sortant d'Anzin sur les huit heures du matin, à la tête de six bataillons d'infanterie*, et traversant la Petite-Franche forêt d'Au-

* Le deuxième bataillon de la Vienne faisait partie de cette colonne.

bry, marchait tête baissée sur les bois de Raismes, dont
la lisière était hérissée de batteries autrichiennes, lorsqu'en arrivant sur le Bosquet-Ane, il fut atteint d'un
boulet qui lui emporta la cuisse gauche. (Il montait un
cheval blanc). Le boulet qui frappa notre infortuné
général était parti d'une batterie placée sur une glacière
située derrière la maison du curé de Raismes, dont on
avait abattu la couverture pour démasquer le point de mire
de la batterie. Quoique cet événement déplorable se
fut bientôt répandu, soit dans nos rangs pour diminuer le
courage de nos volontaires, soit dans ceux de l'ennemi
pour en rehausser l'énergie, nous soutînmes encore le
combat pendant plus de cinq heures. Nos faibles troupes
épuisées, succombant enfin à des forces colossales,
furent culbutées, mises en désordre, et toute notre
artillerie allait indubitablement tomber au pouvoir des
vainqueurs, lorsque le général Ihler, qui commandait,
s'écria : « Je crois que vous fuyez, soldats, et que vous
abandonnez vos pièces ; à vos rangs ! » Cette voix éner-
gique et retentissante saisit d'un premier mouvement de
honte trois bataillons ; mais cette voix les électrise bientôt,
et quoique déjà épouvantés et à moitié détruits, ils s'arrêtent, se rétablissent en colonnes au milieu des balles,
de la mitraille et des charges de cavalerie, réunissent et
font défiler leur artillerie devant eux, la soutiennent au
pas ordinaire et parviennent à la sauver tout entière.
Ces bataillons, que l'histoire ne connaît pas encore,
étaient le premier de Loir-et-Cher, le premier de la Côte-
d'Or, et le premier de la Haute-Vienne ; ce dernier corps,
huit mois auparavant, était commandé par le chef de
bataillon Jourdan, ancien sergent-major dans Auxerrois,
et devenu depuis maréchal de l'empire. Nous perdîmes
encore plus de deux mille hommes dans cette seconde
bataille. Le général Dampierre, amputé le soir même à
Valenciennes, ne survécut qu'un jour à sa blessure ; il

fut remplacé par le général Lamarche, qui était loin d'avoir son mérite.

Du jour de cette nouvelle défaite jusqu'au 23 mai, les restes du camp de Famars continuèrent à se relayer aux avant-postes d'Hasnon, de Raismes, d'Aubry, de Bonne-Espérance et d'Anzin, n'ayant plus désormais d'autre communication que de venir passer sous les glacis de Valenciennes et de la citadelle, Bellaing, Oisy et même Herrin étant déjà occupés par les Anglais.

Le général en chef Lamarche, voulant, comme son prédécesseur, prendre des mesures propres à se maintenir dans ses positions, n'éprouva pas moins le dégoût d'être contrarié dans tout ce qu'il essaya d'entreprendre; il fut surtout frappé, lorsqu'au lieu de recevoir les renforts demandés depuis si long-temps et avec tant d'instances, on vint exiger de lui qu'il donnât soixante hommes par bataillon, qui furent envoyés de suite dans la Vendée, dont les troubles croissaient d'une manière effrayante. Le gouvernement d'alors n'eut aucun égard à la situation vraiment critique du Nord de la France, ce qui força le général Lamarche de chercher à se mettre seulement sur la défensive. Pour cet effet, craignant que son aile gauche appuyée du côté d'Hasnon sur la Scarpe ne fut insultée sans pouvoir opposer de résistance, le général proposa d'inonder le vallon de ce village pour arrêter les progrès de l'ennemi; mais le représentant Briez ne le *voulut* pas, sous le prétexte du tort immense que cette inondation causerait aux habitans de la contrée. Cette nouvelle contrariété acheva de mettre le désaccord entre les commissaires conventionnels et nos généraux. Le général Clairfayt, ayant sous ses ordres le baron d'Haspres, profita de cet état de choses pour nous attaquer le 10 mai et nous déloger entièrement des bois d'Hasnon. Pour remédier à ce mal, Briez prétendit qu'il suffisait de fortifier Famars, Anzin, les forêts circonvoi-

sines et autres points avec des *abatis* seulement, sans
appui, sans communication et sans ce concours nécessaire d'un poste à un autre; en sorte qu'avec les faibles
troupes qui nous restaient, nous nous trouvions pour
ainsi dire à la merci d'un ennemi redoutable. Si, dans
cette alternative périlleuse, on se fut tenu tout simplement, comme nous l'avons déjà dit, à la position de
Famars, que l'on aurait liée au corps de la place, il eut
encore été assez difficile de nous en débusquer, et avant
que de l'entreprendre, les coalisés y auraient regardé à
deux fois; mais il n'y avait dans ce temps-là ni plans ni
projets de campagne, et le salut de l'armée, ainsi que
celui de la frontière, était livré aux événemens im-
prévus, aux effets du hasard, à l'impéritie et à l'insouciance la plus complète.

Le 12 mai, Lamarche fit faire une attaque assez vive
dans les bois de Raismes et de Vicogne, mais inutilement; il ne put pas déloger l'ennemi de ses retranchemens.

Du 13 mai au 23 suivant, il n'y eut plus d'affaires remarquables, si ce n'est que nous perdions journellement
beaucoup d'hommes dans ces misérables avant-postes
de Raismes, de Vicogne, d'Aubry, etc., où le prince de
Cobourg nous amusait, en feignant de nous attaquer sé-
rieusement chaque matin. Mais aussitôt que l'immense
artillerie partie de Vienne en mars précédent fut arrivée
près d'Onnaing, l'ennemi ne songea plus qu'à nous chasser
tout-à-fait de nos derniers postes, afin d'achever l'investissement de Valenciennes et d'en commencer bientôt le
siége.

En conséquence, le 22 mai, nous fûmes débusqués
sur le soir de notre camp de Famars par le duc d'Yorck,
qui passa la Rhonelle à Avres et à Maresche, en attaquant
la droite du camp, et par Ferrari, qui passa la même
rivière à Aulnoy et se porta sur notre gauche. Surpris

pour ainsi dire par ces deux corps d'armée, nous allâmes promptement concentrer nos forces à Anzin et dans les bois d'Aubry et de Bonne-Espérance*.

Le lendemain, 23, dès trois heures du matin et par un beau clair de lune, des corps considérables d'Autrichiens et de Hessois, commandés par les généraux Ferrari, Latour et Hohenlohe, attaquèrent vivement la droite de nos avant-postes d'Anzin; ils s'emparèrent d'Orchies, prirent Hasnon, d'où nous fûmes obligés, en nous retirant, d'aller nous enfoncer dans les marécages de Marchiennes. D'un autre côté, une infinité de tirailleurs étaient répandus dans les bois de Bonne-Espérance, où j'étais de grand'garde avec cent hommes seulement de différens corps. Trop faible pour me maintenir sur ce point, je fus renforcé par un détachement de deux cents hommes, commandé par un chef de bataillon sous les ordres duquel je passai, et pendant quinze heures nous nous battîmes sans perdre un pouce de terrain; mais, sur les six heures du soir, après avoir épuisé deux caissons de cartouches, et ne pouvant plus nous en procurer d'autres de l'armée qui avait commencé sa retraite, nous fûmes contraints d'abandonner notre position pour suivre le mouvement de notre colonne qui était déjà assez éloignée de nous. A peine sorti du bois, je fus atteint d'un éclat d'obus provenant d'une batterie placée sur notre droite, qui me cassa l'épaule droite. Nos soldats, pressés de très-près, n'eurent pas le temps de transporter leurs blessés avec eux. Le coup que j'avais reçu me mettant dans l'impossibilité de marcher, je me traînai dans le bois et me cachai dans des broussailles. Les Kaiserlics, à la poursuite des nôtres, ne s'occupèrent point à fouiller la forêt. La nuit venue, nous pûmes nous

---

* Il y avait dans le camp de Famars deux redoutes principales, faisant face au village de Maing, dans lesquelles il n'y avait aucune pièce d'artillerie; il n'y en avait point non plus ni à Aulnoy ni dans le bois de Fontenelle; les avant-gardes qui s'y trouvaient avaient suivi la veille le mouvement du camp de Famars.

réunir ensemble huit à dix blessés, et nous diriger sur Valenciennes, comme le point le plus près et le plus sûr. Les moins maltraités aidèrent les autres, et nous passâmes sans être aperçus au milieu des bivouacs et des *wer da* ennemis; heureusement la lune ne brillait pas comme au matin. Après trois heures d'une marche lente et pénible pour faire une simple lieue, nous arrivâmes sous les glacis de la citadelle, où, après nous être fait reconnaître, nous fûmes transportés à l'hôpital.

Le même jour, 23, sur les quatre heures du soir, le général en chef Lamarche se rendit à Valenciennes, où, après avoir réuni les commissaires de la Convention, Lequinio, Bellegarde, Cochon (Charles), Courtois, Briez et Dubois-Dubais, il leur déclara qu'ayant déjà perdu la veille, avec le poste de Famars, ceux de Saultain, d'Aulnoy, de Fontenelle, de St.-Léger, d'Herrin, etc., il lui était impossible avec si peu de troupes de conserver plus long-temps les positions qui lui restaient encore dans la partie de Raismes, d'Aubry et d'Anzin, et qu'il se trouvait forcé de se retirer sur Paillencourt, situé entre Bouchain et Cambrai. Le général Lamarche prévint en même temps le général Ferrand qu'il le destinait à défendre la place de Valenciennes, qui indubitablement serait bloquée dans la nuit suivante (ce qui arriva en effet le lendemain), qu'il serait en conséquence urgent de prendre sans délai les mesures nécessaires pour en soutenir le siége. A l'instant, le général Ferrand s'empressa de demander les troupes suffisantes pour former sa garnison; et dans la même soirée, dix-huit bataillons d'infanterie, divers détachemens d'artillerie, de cavalerie*, etc., mis à sa disposition, entrèrent dans la place et

---

* Le général Ferrand, dans ses mémoires, commet une injustice en disant que les dix-huit bataillons qui lui furent donnés étaient faibles, et qu'ils avaient été pris au hasard ; nous pouvons assurer qu'au contraire ces corps avaient été choisis parmi les plus beaux et les mieux fâmés de l'armée, ce dont on peut se convaincre par les premiers numéros qu'ils portent. (*No XI de l'appendice*).

furent répartis dans les différens quartiers militaires de
la ville. Le premier bataillon de la Côte-d'Or et le premier de la Charente prirent possession de la citadelle ;
les dragons dits de la république allèrent occuper le
quartier des Capucins, les grenadiers de la Côte-d'Or
restèrent logés momentanément en ville, etc.

L'ennemi, ce jour-là, nous avait attaqués sur toute la
ligne, depuis Ypres jusqu'à Orchies ; les armées combinées autrichiennes, anglaises, prussiennes, hanovriennes
et hollandaises s'étaient établies sur quatre colonnes,
dont la principale, composée d'Autrichiens et commandée par le prince de Cobourg, s'était portée tout
entière sur la ligne de Valenciennes. Notre perte dans
cette journée fut de trois mille hommes, tant tués que
blessés ou faits prisonniers ; et, par suite de cet échec,
Condé, Valenciennes, le Quesnoy, Maubeuge, en un mot
tout le Nord de la France se trouvait à la merci des
coalisés.

Dans la même soirée du 23, le général Ferrand infor-
ma la municipalité, les habitans et les réfugiés que
ceux qui ne voudraient pas courir les dangers d'un siége,
ou même être les témoins de désastres qui devaient en
être la conséquence, avaient la facilité de sortir de la
place, dont l'investissement serait indubitablement achevé
le lendemain 24 ; et, pour donner plus de poids à cette
invitation, le général fit partir sur-le-champ sa femme.
La maison commune de son côté, toujours active, toujours animée de bonnes et de franches intentions, fit
afficher le soir même une proclamation pour engager le
plus de personnes possible à prendre ce parti; mais et le
général et la maison commune s'abusèrent à ce sujet, car
ils ne prévirent pas qu'aucun habitant ne répondrait à
leur attente. En effet, malgré tout le désir qu'on eût eu
de fuir le danger, qui aurait pu se décider à quitter la
ville aussi précipitamment, sans aucuns préparatifs de

départ, sans moyens de transport, et sans savoir où se retirer ? D'ailleurs, n'y avait-il pas des chances hasardeuses à courir en partant, lorsque le général lui-même annonçait que la route de Bouchain, restée seule libre jusqu'alors, *serait indubitablement occupée par l'ennemi le lendemain* 24? Pouvait-il même garantir que, dès le moment où notre armée était en pleine retraite, la communication ne serait pas déjà interceptée? Or, ne devant pas s'attendre à un siége aussi terrible que celui qu'on éprouva, des marchands, des propriétaires et des familles en tout ou en partie, voire même des célibataires, ne pouvaient pas se résoudre à abandonner de cette manière leurs maisons de commerce, leurs propriétés, leurs amis et leurs domiciles, pour aller s'exposer au dehors à tous les dangers et à tous les maux imaginables. Il était pareillement impossible aux réfugiés de retourner dans leurs foyers qui, en majeure partie, étaient ou occupés par l'ennemi, ou dévastés, ou réduits en cendres. Nous devons ajouter à cela que parmi une multitude d'habitans de la campagne, il y en avait malheureusement un certain nombre qui n'avaient feint de se retirer à Valenciennes que pour servir l'ennemi; les uns pour assouvir leur haine contre le gouvernement auquel ils attribuaient leurs malheurs et leurs souffrances, les autres par la promesse illusoire de voir respecter leurs femmes, leurs enfans et leurs propriétés*. Il ne partit donc guère, ce soir 25, que Mme Ferrand, quatre commissaires de la Convention, et les dépôts du premier d'artillerie et du sixième de dragons.

---

* Cependant nous devons dire ici avec franchise que parmi ces malintentionnés, il y en avait un très-grand nombre qui, de bonne foi, n'avaient abandonné leurs foyers que pour se soustraire aux dangers dont ils pouvaient être menacés. Nous nous empressons de citer à ce sujet les municipaux de la commune de Trith, Hubert Watier, François Lebrun, Albert Bayeux le jeune, Joseph Colon, qui, réfugiés à Valenciennes, déclarèrent qu'ayant été forcés de quitter leur village, ils avaient apporté avec eux pour cinq mois de vivres (extrait des registres de la municipalité de Valenciennes). Nous voudrions avoir d'autres noms à citer, nous le ferions avec le même plaisir.

JOURNAL

DES OPÉRATIONS ET DES ÉVÉNEMENS

DU SIÉGE ET DU BOMBARDEMENT DE VALENCIENNES,

QUI SE SONT PASSÉS ENTRE LES ASSIÉGEANS ET LES ASSIÉGÉS , A
DATER DU JEUDI 23 MAI 1795 JUSQU'AU 1er AOUT SUIVANT ,
JOUR OU LA GARNISON , FAITE PRISONNIÈRE SUR PAROLE , SOR-
TIT DE LA PLACE AVEC LES HONNEURS DE LA GUERRE.

Le vendredi 24, au point du jour, un convoi de boulangers, de charretiers et de quelques soldats isolés,
reçurent l'ordre de se diriger sur Bouchain, et quelques-
uns d'entre eux furent faits prisonniers. Un second convoi semblable partit sur le midi, et à une lieue et demie
de Valenciennes, il fut pris, à l'exception de deux ou
trois personnes qui se sauvèrent et vinrent annoncer
que la route était entièrement interceptée.

Nous avons parlé des six commissaires de la Convention, Lequinio, Briez, Cochon, Dubois-Dubais, Courtois
et Bellegarde qui se trouvaient ensemble à Valenciennes,
et qui tous délégués pour l'armée auraient dù y être présens ; qu'importe? Comme il n'en devait rester que deux
dans la place , ils s'empressèrent de tirer au sort ; mais
Briez ayant proposé de rester et ayant été accepté,
des cinq autres, le sort tomba sur Charles Cochon.

Les commissaires de la Convention, et le général Ferrand, de concert avec les autorités municipales, commencèrent à s'occuper, dès le 24 au matin, des approvisionnemens de vivres. Ils trouvèrent les magasins civils et militaires suffisamment pourvus en grains, légumes secs, viandes salées (mauvaises à la vérité) et eau-de-vie, pour assurer pendant plusieurs mois la subsistance des habitans et de la garnison. Les viandes de boucherie, en bœufs, vaches et moutons, ne répondaient point du tout au reste des provisions ; ce qui nous réduisit bientôt aux viandes salées, qui causèrent le scorbut à une grande partie de la garnison. Les fourrages surtout manquaient à un tel point, qu'à peine y en avait-il pour nourrir pendant huit jours les chevaux et le bétail de tuerie. Cette disette reconnue, on s'empressa, après délibération, de décider qu'il serait fait des visites domiciliaires pour constater le nombre des chevaux appartenant aux bourgeois et la quantité des fourrages qui se trouvaient dans la place. Mais cette opération importante, qui pouvait viser à plus d'un but essentiel, se fit d'une manière extrêmement imparfaite; car l'on ne calcula que par aperçu que, malgré toutes les réquisitions imaginables, le peu de fourrages existant serait bien insuffisant pour nourrir ce grand nombre de chevaux qui avaient été si mal à propos conservés dans la place.

« Alors on arrêta en conseil qu'on ne conserverait pour le service spécial que trois cent soixante-neuf chevaux, répartis de la manière suivante :

> 100 chevaux pour l'artillerie;
> 240 pour une partie des dragons ;
> 6 pour le transport des vivres;
> 6 autres pour celui des ustensiles du génie;
> 17 pour les officiers généraux.

TOTAL. 369 chevaux.

» On décida ensuite que le surplus, appartenant au gouvernement, aux officiers supérieurs, à la troupe, ainsi qu'aux bourgeois, serait tué sans aucune espèce de distinction, après toutefois avoir fait estimer par des experts la valeur de chaque cheval, et en avoir remboursé de suite le prix au propriétaire. » L'exécution de cet arrêté eut entièrement son effet pour ce qui concerna le gouvernement et les militaires, et onze cents chevaux furent abattus. Mais la bourgeoisie se soumit si peu à cette injonction, que l'autorité fut la première à lui permettre un échange de mauvais chevaux contre de meilleurs, destinés à être tués; et l'on ne tarda pas à connaître toute la gravité d'une condescendance pareille, lorsqu'on apprit avec douleur que la plupart des propriétaires faisaient nourrir leurs chevaux avec du pain. Aussitôt les représentans s'empressèrent le 8 juin (*No XXVIII de l'appendice*) d'adresser une proclamation superbe en paroles, par laquelle il fut enjoint à tout possesseur particulier de chevaux de les faire conduire le surlendemain 10 sur la Place d'Armes, pour qu'il fût statué, d'après la quantité de fourrages qu'il y avait dans la place, quel serait le nombre de chevaux que l'on pourrait conserver, le nombre de ceux que l'on serait forcé de faire abattre. Personne ne répondit à cette injonction, tant il est vrai que le mal avait pris sa source dans la condescendance et la faiblesse de l'autorité; tous conservèrent leurs chevaux, que l'on continua à nourrir en grande partie avec du pain, et l'on ne sut que dans les cavalcades des 27, 28, 29 et 30 juillet combien le nombre en était effrayant. Après la tuerie des chevaux, on s'était occupé une seconde fois de constater la quantité de foins que l'on pouvait requérir; ces recherches se firent avec lenteur, avec désordre et avec plus d'infidélité encore; car, dès les premiers jours, Cochon eut la conviction qu'un particulier, s'entendant avec le préposé, s'était fait rembourser six mille bottes de foin et n'en avait réellement fourni que neuf cents.

Les corps constitués et réunis en chambre commune, avaient la tâche la plus difficile à remplir ; au milieu du conflit de tous les intérêts et de toutes les passions, il fallait distinguer et confondre les malveillans et les ennemis du gouvernement, contenir ceux qu'un patriotisme exalté emportait à des actes imprudens et inconsidérés, rassurer les timides et les trembleurs, et ceux qu'un sentiment bien légitime effrayait sur le sort de leurs femmes, de leurs enfans et de leurs parens exposés à de si grands dangers. Tous les membres formant l'ensemble de l'administration municipale firent face à tout, mais combien leurs épreuves furent pénibles ! On pourra juger de leur courage, de leur fermeté et en même temps de leur sollicitude vraiment paternelle pour leurs administrés, dans l'extrait de leurs registres de délibérations que nous soumettons au lecteur (*N*º *V et suivans*). Malgré toutes les calomnies, la gloire de ces magistrats est restée pure, et d'autant plus brillante qu'ils eurent plus de difficultés à combattre.

Quant à la masse de citoyens de toutes les classes, elle n'était pas encore émue ; elle n'avait pas tout-à-fait encore le sentiment de sa position et de ses devoirs ; mais à peine le serment de vaincre ou de mourir pour la patrie fut-il prononcé le 30 mai suivant, que chacun s'anima de cette sainte ardeur, et que tous devinrent les dignes émules de ces braves Lillois qui, l'année précédente, avaient défendu presque seuls leur ville avec tant de valeur et de courage (*N*º *XXXVI*).

Dans l'après-midi du 24, le général Ferrand, les commissaires de la Convention, le lieutenant-colonel Tholosé et d'autres officiers parcoururent les bastions, les batteries de la citadelle et de la place, ainsi que l'arsenal et autres dépôts d'armes, pour constater l'ensemble de l'artillerie, le calibre des pièces, leur usage, le nombre et la dimension des boulets, des bombes, des obus, etc.

Mais comme les assiégeans n'avaient point encore fait connaître leurs plans d'attaques, on travailla seulement , en attendant , aux réparations indispensables, et l'on mit le tout dans un ordre capable de n'éprouver aucun encombrement et aucun retard quand on armerait les batteries susceptibles de l'être. Cette journée se termina par un examen minutieux des ouvrages avancés, et l'on fixa particulièrement l'attention sur les dégradations des palissades, des contre-escarpes, des caponières dans les chemins couverts, des postes avancés , etc. ; et, dès le lendemain on y travailla avec une prodigieuse activité , sous les ordres immédiats de Tholosé et de Dembarère.

La veille du 25, on s'était aussi occupé de la retenue des eaux pour empêcher les différens passages et les points de communications de l'ennemi dans ses postes. Le général Ferrand avait ordonné en conséquence l'inondation supérieure de Valenciennes par la fermeture des écluses de Gros-Jean, de Repentie et de la porte Notre-Dame. Le général n'avait donné cet ordre qu'à la dernière extrémité , afin de faciliter aux habitans de la campagne les moyens de ramasser leurs fourrages et de laisser ignorer en même temps à l'ennemi jusqu'où les eaux pouvaient s'élever et s'étendre. En effet , il résulta de cette opération tardive que le cultivateur put récolter ses foins jusqu'au 24, et que les chemins de communication que l'ennemi abusé fit construire sur un terrain encore à sec , furent trop étroits et trop bas. Il essaya bien, à plusieurs reprises, de remédier à ce double défaut, mais en vain; ils ne purent lui servir que pour les gens de pied; et comme il lui devint impossible alors d'y faire circuler ses convois, il fut pendant tout le cours du siége dans la contrainte de leur faire faire un détour de trois à quatre lieues.

Les écluses ainsi baissées, le général fut étonné de ce que, dans le cours de 24 heures, les eaux n'eussent pas monté de plus de trois pouces. Inquiet, il se rendit dans la partie supérieure de l'Escaut avec le commissaire Cochon, l'inspecteur-général du génie Blaquetot, Tholosé, Dembarère et d'Hautpoul, pour en savoir les causes. On vit bientôt que les digues et les écluses étaient dégradées dans différens endroits, et que les eaux s'écoulaient librement, quoique les principaux éclusiers eussent assuré que les réparations convenables y avaient été faites, et que les choses étaient dans un très-bon état. On s'empressa d'y faire travailler; on enfonça des pieux près des écluses que l'on garnit de pierres, de terre et de fumier, et les eaux montèrent rapidement; mais parvenues à une certaine hauteur, elles disparurent tout-à-coup, par une fouille considérable faite à dessein ou autrement sous le radier de l'une des écluses de la porte Notre-Dame. Ce fait ayant retenti dans la ville, des cris *à la trahison!* se firent entendre, et l'on accusa hautement les nommés Bernières et Menneveux, principaux éclusiers. Tholosé fut compromis dans ces manœuvres ténébreuses, quoiqu'il ne fût dans la place que depuis bien peu de temps. Le général Ferrand fut encore obligé d'ordonner de nouveaux travaux, qui avaient été faits d'une manière satisfaisante, lorsque à l'entrée de la nuit du 27, le meunier, soit par cupidité, soit par d'autres sentimens, fit ouvrir ses vannes; et bientôt les rumeurs éclatèrent de nouveau dans la ville, et ce ne fut plus que des cris prolongés : *à la trahison! à la trahison!* Tholosé, en apprenant le méfait, se rendit sur-le-champ aux écluses. Ferrand et Cochon, tout irrités, y arrivèrent presque en même temps et ne purent se défendre d'un mouvement de courroux contre Tholosé, qui était allé à leur rencontre; leurs discours, leurs questions plus qu'équivoques lui furent extrêmement sensibles. Dans l'excès du mécontentement, le général Ferrand, d'un ton dur et sévère, lui dit : « Avez-vous reçu mon ordre

« relatif aux écluses d'inondation? » — « Non, mon
» général, lui répondit Tholosé. » — « Eh bien ! ren-
» dez-vous avec moi à la maison commune ? » Le général
Ferrand, dès le matin, avait eu l'inconséquence d'en
aller porter ses plaintes à l'administration municipale,
comme si cela l'eut regardé spécialement (N° X). Arrivés
là, les soupçons éclatèrent d'une manière si grave contre
Tholosé, que, profondément indigné, il signifia au représentant Cochon qu'il donnait dès l'instant sa démission,
ne demandant à servir que comme grenadier dans la
garde nationale. Le commissaire de la Convention lui
répliqua que tout bon citoyen devait compte de ses
connaissances et de ses talens à la république. — « Je
» le veux bien, dit Tholosé, mais avant tout il faut de
» la confiance. » Sur ces entrefaites, comme on retour-
nait aux écluses pour y faire accomplir de suite les
intentions du général, l'aide-de-camp Moraux, chargé
de remettre l'ordre dont nous venons de parler au colonel Tholosé, arriva. Questionné, il convint en s'excu-
sant de l'avoir oublié, et il le tira en même temps de
sa poche. Le général satisfait devint plus calme; Tholosé
ne fut plus désormais l'objet de rudesses et de soupçons;
l'estime et la confiance s'accrurent de plus en plus, et
quelques jours après Tholosé fut promu au grade de
général de brigade.

Les choses ayant repris leur cours ordinaire, on travailla sans relâche aux inondations; le cinquième jour,
elles étaient déjà *au blanc*, et elles continuèrent jusqu'à
leur entière élévation. Quelques jours auparavant, la
position de Marly avait exigé les inondations de la Rhonelle; quant à celles des terrains du Bas-Escaut, on ne put
parvenir à les submerger entièrement, parce que le 8 avril
précédent, l'ennemi, au moment du blocus de Condé,
s'était rendu maître des écluses de la Folie, situées entre
cette place et Valenciennes. Néanmoins une grande par-

tie de ces terres basses étaient naturellement maréca-
geuses.

Le samedi 25, le général Ferrand s'occupa d'un
règlement de siége qui fut concerté dans un conseil
composé de trop de partis. Les vues sans doute en étaient
bonnes, puisqu'il s'agissait d'aviser aux moyens d'une
défense vigoureuse ; mais le choc des opinions de ces
divers partis était loin de répondre aux excellentes intentions du général, et il ne fut rien arrêté de décisif.

Sur les deux heures de l'après-midi, le duc d'Yorck
envoya un trompette dans Valenciennes, porteur d'une
sommation, celle de rendre Marly, faubourg situé au
S. S. E., sur la route du Quesnoy et à environ 350 mètres du corps de la place; le duc ajoutait qu'une place
investie ne pouvait conserver de poste extérieur. Beauregard, officier de deux ans et général de deux jours
(expressions de Tholosé), avait obtenu le commandement
de ce poste, avec l'assentiment du général Ferrand de
le faire fortifier. Dans cette opération, Beauregard s'était
adjoint le capitaine du génie Dembarère, qui s'y était
livré plutôt en enthousiaste et en patriote qu'en homme
instruit et éclairé dans l'art des fortifications. Tholosé,
qui n'était point partisan de ces moyens de défense, avait
proposé au conseil de guerre un autre plan plus sage et
mieux raisonné; mais il fut bientôt éconduit, et l'on trouva
que le plan qu'il proposait relativement à Marly pour
la sûreté de la place, ne présentait qu'un système de
prudence et de faiblesse indigne de la bravoure des
Français. Cependant les ouvrages auxquels l'on tint, et
qui furent faits à la hâte, étaient absolument insuffisans,
car il n'y avait qu'une seule batterie sur la droite de la
grand'route qui dominât dans la plaine. D'ailleurs, cette
position isolée, qui ne pouvait tenir que deux jours au
plus, n'offrait qu'une force relative, c'est-à-dire qu'elle
n'était soutenue par rien, qu'il lui aurait fallu sur sa

droite l'appui de la redoute abandonnée qui avait existé vers l'arbre de Préseau , et sur la gauche la hauteur du Roleur occupé déjà par l'ennemi. Beauregard, comme le disait fort bien Tholosé , dépourvu de toute espèce d'instruction militaire, était si fortement aveuglé sur sa propre situation, qu'il assurait, par des discours pleins de jactance , que Marly inquiétait plus le duc d'Yorck que la place même de Valenciennes; il ajoutait, dans ses transports insensés, en montrant une couche de melons en fleurs qui se trouvait dans un jardin de Marly , qu'on les aurait mangés avant qu'on le débusquât d'un point que l'ennemi n'oserait même pas attaquer. Le général Ferrand, plein de confiance dans de semblables démonstrations, répondit avec dignité au duc qu'il repoussait les propositions menaçantes qu'il lui avait faites la veille, et qu'il l'attendait de pied ferme dans ses positions.

Cette réponse parvint à l'entrée de la nuit ; le général ennemi aussitôt fit mettre en mouvement ses principales forces avec une artillerie de quatre-vingts bouches aux ordres du général Ferrari ; et le matin même, dimanche 26, au point du jour, elles débouchèrent de Saultain en trois colonnes et attaquèrent simultanément Marly sur tous ses points. Nous répondîmes d'abord assez bien à ce choc impétueux ; la seule batterie que nous avions fit un feu roulant et causa du ravage dans les rangs ennemis. Mais , dépourvus d'une artillerie suffisante , nous commencions à fléchir et à perdre notre avantage, lorsqu'on se dépêcha de faire demander à Valenciennes deux batteries de campagne, et ce fut le général Ferrand, qui, en robe de chambre bariolée à la façon de ce temps-là , les fit mettre en mouvement, et les accompagna jusqu'au sortir des avancées de la porte de Cardon, pour en assurer la prompte arrivée.

Il y avait déjà trois heures que l'on se battait , et nos troupes commençaient à se débander, lorsque le colonel

Lebrun, du 75e, s'aperçut que le général Beauregard, qui commandait l'action, n'était plus au champ de bataille; il envoya de suite une ordonnance pour prévenir le général Ferrand de cette absence.

Il pouvait être alors sept heures; le général Beauregard avait en effet quitté son poste, et s'était rendu à Valenciennes auprès de la municipalité en séance permanente, pour lui représenter que l'ennemi s'approchait vivement des redoutes de Marly, et qu'il craignait qu'on ne pût tenir dans cette position; qu'en conséquence, il venait en informer la maison commune pour qu'il fût pris un parti à ce sujet. Le municipal Hécard, organe de ses autres collègues, lui dit avec l'accent de l'indignation : « Général, je vous engage à retourner bien vite à votre poste, et de faire en sorte que vos hommes et votre artillerie ne soient pas perdus; allez*! » Et il partit. Mais il ne fut pas plus loin que sur les glacis de la porte de Cardon.

Dans ce court intervalle, nos troupes, exténuées de lassitude et de fatigue, avaient fait des pertes considérables, et elles étaient sans chef; notre artillerie était presque toute démontée; la gauche de Marly, du côté du Roleur, venait de tomber au pouvoir de l'ennemi; les charretiers avaient fui et avaient emmené avec eux caissons et munitions; nos soldats démoralisés et sans point de ralliement, suivant l'impulsion des premiers fuyards, se mettent à la débandade et courent se réfugier du côté de la porte Cardon, où ils rencontrent le général Beauregard qui se met à leur tête, et ils rentrent pêle-mêle dans la place. Entre les deux avancées le général Ferrand survient au grand galop; il voulut arrêter la colonne et la faire rebrousser chemin; ce qui lui fut impossible, et on lui passa sur le corps. L'issue de cette déplorable affaire laissa le faubourg de Marly au pouvoir du vain-

---

* Note écrite par M. Hécard, en la possession de l'auteur.

queur ; il fut incendié de fond en comble, et une infinité d'habitans furent brûlés ou ensevelis sous les ruines de leurs maisons. Notre perte, sur les quatre mille hommes que nous avions dans cette défense, fut de cent quatre-vingt-dix morts, quatre cents blessés, et sur vingt-cinq pièces d'artillerie, quatorze furent prises et les onze autres plus ou moins endommagées.

Dans l'après-midi on se réunit en conseil de guerre ; l'on passa la soirée à déplorer le trop fâcheux événement du matin, et à s'exhaler en reproches superflus contre le général Beauregard*.

Le 27 mai, l'on entendit pour la première fois parler d'une société populaire, société qui ne ressemblait en rien aux clubs forcenés répandus alors dans toute l'étendue de la France. Cette réunion générale des habitans et de la garnison se composait d'hommes probes, animés de l'amour du bien. Les questions que l'on y agitait étaient lumineuses, sages et utiles ; elles ne tendaient, tout en inspirant le courage et la confiance, qu'à présenter les moyens d'opposer une vigoureuse résistance aux projets sanglans que l'on méditait contre nous, et à déjouer en même temps les complots de nombreux malintentionnés qui infestaient Valenciennes ; ceux-là étaient surveillés avec attention et avec ménagement, et toute entrée dans la société leur était interdite. Un serment était fait à la fin de chaque séance, de ne rien révéler de ce qui s'y était passé, à moins que ce ne fussent des choses que l'on ne voulait pas laisser ignorer ; et jamais l'assemblée ne se séparait sans avoir fait circuler le tronc de bienfaisance, dont le produit, ainsi que beaucoup d'autres offrandes particulières, était dispensé avec soin dans la classe nécessiteuse.

Les autorités avaient permis à cette société de faire

---

* Ces faits, qui sont de la plus exacte vérité, manquaient à l'histoire.

imprimer sous la rubrique du Père-Duchesne , mais en
termes mesurés , et de faire répandre à propos dans le
public des lettres, des dialogues et autres écrits conformes aux individus et aux circonstances (*N° XI*) ; ce qui
produisit des effets merveilleux chez le militaire, pour encourager les esprits faibles et chancelans , en relever et
en soutenir le moral; chez les patriotes et les personnes
bien intentionnées, pour en maintenir les opinions; chez
les exagérés, pour en arrêter les excès ; chez les indiffé-
rens , pour les stimuler et leur inspirer l'amour de la
patrie; chez les méchans , pour les faire trembler et les
mettre dans l'impuissance d'exciter la fermentation et de
causer le trouble; et enfin chez les indigens , pour les aider à supporter leur misère et leurs souffrances. Au milieu
de tant de moyens qui ne pouvaient produire que d'heureux effets , on eut l'idée de faire jouer au théâtre, trois
fois par semaine, des pièces patriotiques et guerrières.
On imagina encore très-heureusement de proposer de
faire prêter un serment aux habitans ainsi qu'à la garnison. Cette dernière proposition fut universellement
accueillie avec transport ; et les représentans du peuple,
de concert avec le général Ferrand et les corps constitués , s'empressèrent de s'assembler le lendemain pour
cet objet , et l'on rendit un arrêté , qui fut imprimé, affi-
ché et publié à son de trompe , par lequel il serait fait
un serment *de fidélité à la république, et que l'on jurerait*
également de s'ensevelir sous les ruines de la ville plutôt
que de l'abandonner aux ennemis de la patrie. Un pro-
gramme fut fait dans la même séance pour les préparatifs de cette fête solennelle , et des ordres furent donnés
pour que la célébration en fût faite le jeudi 50 suivant ,
avec tout l'éclat imaginable. (*N° XXIX*).

Les 27, 28 et 29 mai furent employés à surveiller activement la continuation des travaux nécessaires à la sûreté
de la place ; on n'oublia pas surtout de constater que les

progrès d'inondations marchaient rapidement, et que les réparations que l'on avait faites aux écluses et aux digues étaient bonnes et solides.

Le capitaine Lauriston, promu au grade de lieutenant-colonel, fut déplacé de sa compagnie pour être spéciale-ment chargé de faire mettre en état et en ordre ce qui concernait l'artillerie en général, soit en bouches à feu, soit en projectiles, soit en confection de gargousses, soit pour l'établissement des parcs, des batteries, etc. Jusqu'alors nous ne nous étions point occupés sérieuse-ment de l'armement complet des batteries, l'ennemi ne nous ayant point encore fait connaître ses véritables in-tentions contre la place.

Le baron de Unterberger avait reçu l'ordre, le 27, de se rendre auprès du prince de Cobourg établi en obser-vation devant notre armée du camp de Paillencourt, afin de concerter avec lui le plan de siége contre Valencien-nes, et d'en commencer les préparatifs. Par conséquent, l'ennemi ne s'était encore occupé que de ses chemins de communications, dont les premiers fondemens manqués les faisaient écrouler à mesure que les eaux retenues montaient. N'ayant pas soupçonné une inondation sem-blable, il ne put par la suite faire servir ces mêmes che-mins qu'au passage des piétons; ce qui apporta de grands obstacles et de grands retards au transport de ses con-vois, qui étaient obligés, ainsi que nous l'avons déjà dit, de faire jusqu'à quatre lieues pour parvenir à leur desti-nation.

Avant de commencer un siége en règle, les Autrichiens ayant mis en batterie des pièces sur divers points du front de Mons, lançaient déjà sur nous quelques boulets perdus. Nos canonniers, animés d'une vive ardeur, s'empressèrent de riposter. Le général Ferrand, qui entend ces premières détonnations, accourt aux batte-ries; et, descendant dans des détails subalternes, ce

qui lui arrivait d'habitude, il eut une vive altercation avec
eux. En vain voulut-il leur représenter que nos munitions
étaient minces, qu'il fallait les conserver pour des occa-
sions plus sérieuses, que d'ailleurs il était positif que l'ennemi ne tirait sur nous que pour reconnaître au juste la
position de nos batteries, se faciliter par là des points
de mire, etc. : rien ne fut écouté, sa voix même fut mé-
connue; alors, ayant recours au moyen par où il aurait
dù commencer, il fut contraint de s'adresser au chef de
service ; le feu s'apaisa insensiblement, et il ne fut
guère tiré désormais que d'après des ordres supérieurs.

On s'imaginait que, suivant les principes ordinaires de
la guerre, l'ennemi commencerait par former le siége de
la citadelle; mais on ne se ressouvenait pas qu'en septembre de l'année précédente, le duc de Saxe-Teschen
avait fait impitoyablement bombarder la ville de Lille ;
que divers quartiers, notamment celui de St.-Sauveur,
devinrent le théâtre d'un vaste incendie, et que bien
certainement le chef du siége de Valenciennes ne manquerait pas de suivre ce triste exemple (*N° XXXVI*). En
effet, le duc d'Yorck, en se déterminant à faire bombarder la ville de la même manière, comptait sur les individus contraires au parti de la révolution ; il espérait que
les habitans, effrayés des horreurs d'un bombardement,
ne tarderaient pas à contraindre le général français à
demander une capitulation; mais le prince anglais fut
trompé dans son attente.

Cependant, le jeudi 30 mai, le baron Unterberger,
accompagné du colonel Defroon et du major Devau, ingénieurs, allèrent ensemble reconnaître le pourtour de
Valenciennes, place qui, au premier abord, leur parut
aisée à prendre, particulièrement du côté de la citadelle;
des avis certains leur avaient pourtant appris que tout
était en bon ordre dans cette dernière partie, et qu'elle
était parfaitement minée suivant les nouvelles méthodes;

et qu'en se fixant sur ce point, on s'exposait aux lenteurs d'une guerre souterraine, sans compter que les fossés étaient abondamment garnis des eaux retenues par les écluses qu'on avait mises à l'abri de toute atteinte. « Le baron n'eut donc pas de peine à adopter le projet qu'avait déjà conçu le duc d'Yorck. En conséquence, des ordres furent donnés sur-le-champ pour que le centre de l'attaque de siége fût établi sur le côté opposé de la citadelle, et que l'intérieur de la ville fût bombardé à outrance. On ne se dissimulait pas pourtant qu'en se plaçant ainsi dans la position du Roleur, les assiégés avaient à opposer sur ce point quatre bastions, trois cavaliers, trois demi-lunes, deux contre-gardes, un grand et un petit ouvrage à corne, avec des demi-lunes et une lunette. » A la vérité les assiégeans n'avaient à redouter de ce côté qu'un petit nombre de mines construites à l'ancienne manière; les fossés étaient en partie à sec, et le terrain très-propre aux travaux de tranchées; ils découvraient de plus plusieurs ouvrages défectueux qu'ils trouvaient faciles à abattre; enfin ils étaient à portée de toutes les commodités possibles pour établir leurs places d'armes, leur parc d'artillerie, leur laboratoire, leurs magasins à poudre, tandis que devant la citadelle toutes ces ressources leur auraient manqué. Ces déterminations ainsi prises, l'ingénieur Defroon, dès le lendemain vendredi 31 mai, s'occupa sans relâche de tracer la première parallèle, à laquelle on travailla de suite sur trois points différens avec une activité incroyable, et en face de toute l'étendue du front de Mons.

Le 29, la municipalité s'occupa activement de faire faire tous les préparatifs nécessaires à la célébration de la fête du lendemain. Elle fit élever au milieu de la superbe Place d'Armes un amphithéâtre pour y placer l'autel de la patrie, qui fut construit comme par enchantement (*N° XXIX*). Le fond était tendu en blanc; le dossier et les marche-pieds étaient des tapis de toute beauté, représentant le marché de St.-Etienne, entre autres une tapisserie flamande représentant un tournois, qui avaient été tirés des riches appartemens de la maison de ville; le pourtour était orné de guirlandes bleues et rouges et de toutes les fleurs que la saison de mai pouvait offrir; des drapeaux aux trois couleurs flottaient au faîte et tout autour; en un mot, on n'avait rien négligé pour que cet autel fut magnifique, et il l'était vraiment, d'autant mieux que les dames de la ville avaient été chargées de mettre la main à son appareil et à son embellissement.

Le 30, jeudi au matin, dès le point du jour, une salve, partie de la citadelle, annonça cette journée mémorable. Pour éviter toute surprise de la part de l'ennemi, qui pouvait être instruit de ce qui préoccupait la ville et la garnison, les gardes des postes avancés furent doublées pendant le cours de la journée.

A onze heures, tout était prêt; les autorités militaires et civiles, en grand costume, se trouvaient réunies à la maison commune; des détachemens, pris dans chaque corps, étaient venus se ranger en bataille dans l'enceinte de la place, et la garnison était placée en colonnes serrées dans les rues adjacentes de la Braderie, de la Samerie, de l'Ormerie, d'Entre-Deux-Mazeaux, de Hollande, de Derrière-Latour, de St.-Génois et de la place de la Hamaide; une masse innombrable d'habitans remplissait la place et les rues circonvoisines; toutes les fenêtres pavoisées d'oriflammes tricolores étaient garnies de *citoyennes* élégamment parées, et le beffroi, où flottaient pareillement mille étendards nationaux, était couvert de spectateurs jusqu'au dessus de sa coupole; quatre pièces de campagne étaient placées à chaque angle de l'amphithéâtre, et un nombre suffisant de factionnaires avaient été posés dans l'intérieur de la place, pour maintenir l'ordre et empêcher le refoulement de la multitude.

A onze heures et demie, quatre coups de canons tirés de la citadelle annoncèrent le départ des autorités, au son des fanfares et d'une musique guerrière. Arrivés sur la place, les représentans du peuple Cochon et Briez, le général Ferrand, commandant en chef, suivi de son état-major, le président et les juges du directoire de district, le maire de la ville, les officiers municipaux et les notables, prirent place sur l'amphithéâtre, et le cortége en garnit les gradins. Cette marche se fit dans l'appareil le plus imposant. Une musique, tour-à tour douce et brillante, exécutée par un nombre infini d'instrumens, accompagnait les voix mélodieuses d'un chœur de jeunes gens et de cinquante jeunes filles, toutes vêtues de blanc et ceintes d'un large ruban tricolore : concert ravissant et spectacle enchanteur, qui portaient dans l'âme des assistans la plus vive et la plus touchante émotion. Cette symphonie achevée, les tambours ouvrirent un ban, et les commissaires de la Convention, élevant la main droite tendue sur le livre de la loi, prononcèrent à haute voix et l'un après l'autre le serment suivant : « *Je jure* » *d'être fidèle à la république une et indivisible, de main-* » *tenir de tout mon pouvoir et de toutes mes forces la li-* » *berté, l'égalité et la souveraineté du peuple français, et* » *de mourir à mon poste en les défendant. Je jure, de* » *plus, de ne jamais consentir à aucune capitulation, ni* » *même de vouloir en entendre parler, et de m'ensevelir* » *sous les ruines de la ville plutôt que de l'abandonner* » *aux ennemis de la patrie!*

Ce serment ainsi prononcé, et couvert des cris mille fois répétés de *Vive la nation!* fut successivement prêté par le général Ferrand, les autorités constituées, par l'état-major, la troupe assemblée, etc.; et au moment où l'on allait fermer le ban, un citoyen, fendant la foule,

arrive au milieu de la place , et d'une voix de Stentor ,
prononce le même serment au nom du peuple réuni ,
qui répond, plein d'un enthousiasme, par des cris réitérés :
Nous le jurons !!! On entonna aussitôt l'hymne de la
Marseillaise , et au dernier couplet : *Amour sacré de la
patrie*, les assistans au nombre de trente mille au moins,
comme par un mouvement électrique, mettent un genou
en terre; son refrain est répété aux cris redoublés de :
Vive la France! Vaincre ou mourir! exclamations écla-
tantes qui durent retentir jusque dans les tranchées de
l'ennemi. Les tambours, les instrumens, les fanfares, les
voix , le canon , tout était confondu et ne formait qu'un
même bruit. Des ordres sont aussitôt donnés pour que
chaque bataillon et chaque garde prononcent le même
serment. La cérémonie ainsi terminée, la garnison retour-
na dans ses quartiers. les habitans se retirèrent bras-dessus bras-dessous, en continuant le refrain de : *Marchons,
marchons*, etc. Le soir , la ville fut illuminée , et il fut
donné gratis sur le théâtre de Valenciennes une représentation du siége de Lille*. L'allégresse qui anima cette
fête patriotique et qui ne fut troublée par aucun nuage,
nous donna pour l'avenir les plus belles espérances, ce
que le temps ne démentit point**. Quelques habitans, à
la vérité, déjà devenus suspects, avaient refusé d'assister
à cette cérémonie , et ils auraient pu être recherchés;
mais le système de modération que l'on avait observé
jusqu'alors n'y fit donner aucune suite; on se contenta de
les surveiller et de chercher à rendre leurs manœuvres
impuissantes.

---

* Cette pièce et quelques autres, faites dans le même esprit, furent successivement représentées , et le produit en fut distribué aux indigens.

** Nous avions fait un ballon que nous fîmes partir le lendemain de la fête, par un
vent que nous crûmes convenable pour être poussé sur le territoire de France. Il y
avait un bulletin qui contenait les détails de la cérémonie , du serment, de l'esprit
qui animait les habitans et la garnison, etc. ; nous ne sûmes pas alors où le ballon se
porta ; plus tard, on apprit qu'il était tombé à Peruweltz, pays occupé par l'ennemi

L'ennemi, dans la soirée, tira beaucoup sur nos batteries, et nous commencions à répondre avec vigueur, lorsque le général Ferrand l'entendit, et sans se rappeler ce qui lui était déjà arrivé, accourut au bastion de Poterne; là, il se mit encore aux prises avec les canonniers qui le méconnurent et l'injurièrent en l'appelant aristocrate; heureusement Lauriston arriva, et parvint, non sans peine, à tout faire rentrer dans l'ordre.

Le général Ferrand prétendait à cette occasion qu'il fallait être avare de ses munitions et ne commencer à les faire valoir que lorsque les assiégeans en seraient à leur seconde parallèle. Cependant le major Unterberger assure, dans son journal du siége, que si les Français eussent fait un feu soutenu sur les travaux de tranchées, l'ennemi eut été un temps infini à en venir à bout, et que sa perte eut été considérable.

Un train d'artillerie, comme on en vit peu, fut formé à Vienne au commencement de 1793. (*Voyez-en les états, n° XLII*). On en fit un énorme convoi, qui fut divisé en deux colonnes; la première partit le 1er mars aux ordres du général Calmarath; la seconde, que commandait le major-général baron Unterberger, se mit en mouvement le 24 du même mois. Arrivé en Bavière, Unterberger, qui eut le commandement supérieur du convoi, reçut l'ordre de se rendre en poste dans les Pays-Bas, où il arriva avec cette artillerie le 19 avril suivant. Elle se composait de deux cent vingt-quatre bouches à feu.

Cent vingt-trois nouvelles pièces d'artillerie, et tout l'attirail nécessaire, que venait de fournir la Hollande (*N° XLII*), furent mis en dépôt à Ath, où le grand convoi de Vienne ne tarda pas à venir le rejoindre.

Ce total de trois cent quarante-sept bouches à feu, destinées contre Valenciennes *, partit d'Ath incontinent,

---

* Nous ne comprenons pas dans ce total, d'une part quarante-six pièces de cam-

et le convoi acheva d'arriver complétement le 31 mai suivant au soir près d'Onnaing, où l'on en forma un parc général, établi sur la droite de ce village et de la grande route de Mons. (*Voyez la carte UU.*)

La garde de cette artillerie formidable fut confiée à un bataillon des troupes de Münster, dans lequel se trouvaient quelques officiers, sous-officiers et soldats d'artillerie de ce pays, pour lesquels l'électeur de Cologne avait demandé et obtenu la faveur de servir à ce siége.

Les poudres furent mises dans un très-grand château qui se trouvait situé à un quart de lieue de là ; on construisit, en outre, deux magasins en bois pour les provisions journalières. Il y avait tout près d'Onnaing une grosse ferme que l'on prit pour en faire un laboratoire. Les soldats chargés de faire des saucissons, arrivés d'Ath pareillement le 31, passèrent de suite l'Escaut pour travailler à cet objet dans les bois d'Escaupont ; six cents paysans français furent requis de force pour ces premiers travaux.

Il n'y avait dans la place de Valenciennes pour répondre à une artillerie aussi considérable que cent quatre-vingt-dix bouches à feu (*No XLIII*). On voit que cette quantité devait être bien insuffisante pour soutenir un siége en règle, d'abord par la grande étendue de Valenciennes, ensuite par l'immense supériorité de l'artillerie ennemie.

Aussitôt que le général Ferrand eut la conviction que l'ennemi établirait son point capital de siége sur les hauteurs du Roleur, depuis la droite du Bas-Escaut jusqu'à

---

pagne laissées au général Ferrari pour le siége, de l'autre l'artillerie qui avait servi pour la prise de Condé, ainsi que cette immense quantité de grosses pièces qui, lors de la reddition de cette place, furent transportées devant Valenciennes pour remplacer la presque totalité de celles du siége qui avaient été mises hors de service. Nous ajouterons même dans cette circonstance que, sans la reddition de Condé, nous doutons fort que le duc d'Yorck eût pu continuer le siége de Valenciennes.

la gauche du faubourg de Marly, il se dépêcha de faire achever l'armement de ses positions de défense (*No XLIV*).

Dès les premiers jours de juin, nous reconnûmes distinctement les progrès rapides de la première parallèle à laquelle étaient occupés une multitude de paysans et de soldats, travaillant à la fois et sur les flancs de la rive droite du Bas-Escaut, et sur le côté opposé près de Marly, et au centre sur la hauteur du Roleur. Cependant des gens qui se disaient initiés dans les secrets de l'armée combinée, répandaient mystérieusement que nous ne serions pas bombardés ; que le duc d'Yorck était un prince généreux et humain, que d'ailleurs il avait des motifs de se bien faire venir des Français. Ce qui augmenta encore ces bruits, ce fut la présence d'un trompette, porteur d'une lettre signée du général Ferrari, commandant les troupes du siége, par laquelle il nous réclamait des prisonniers que le général en chef Custine, commandant l'armée française au camp de Paillencourt, disait exister dans la place. Mais on arguait bien légèrement sur de semblables indices, et le représentant Cochon, qu'il n'était pas facile de tromper, n'était pas de l'avis de son collègue Briez, lequel paraissait plus disposé à croire à cette prétendue générosité du prince. Au résumé, le seul avantage que nous retirâmes de ces versions fut de savoir que notre armée était toujours peu éloignée de nous.

Il existait à l'église St-Nicolas, située près du rempart et presque derrière le bastion royal, un clocher d'où l'on découvrait très-bien les travaux de l'ennemi pour la construction de ses tranchées et de ses batteries *. Jean-Baptiste Louain, placé dans une petite guérite en bois

---

* L'ennemi, qui, du moulin du Roleur, voyait de son côté ce que nous faisions dans nos fortifications, tirait sans cesse sur nos travailleurs, et les canonniers de la place rongeaient leur frein de ne pouvoir rendre la représaille, car c'était le cas ou jamais.

bâtie au haut de ce clocher, plat comme le toit d'une maison, jetait avec exactitude d'heure en heure des bulletins qui informaient le général Ferrand de tous les mouvemens des Autrichiens. Mais le général ne s'en tenait pas là seulement ; il montait très-souvent dans ce clocher avec les généraux Tholosé et Dembarère, pour y voir par ses propres yeux et faire armer en conséquence les batteries les plus propres à opposer de la résistance. A ce sujet, le général Ferrand fixa particulièrement son attention sur l'armement des bastions de Poterne, des Capucins, du bastion National (dit autrefois Royal), de celui de Cardon, ainsi que les batteries du grand ouvrage à corne de Mons, du petit ouvrage à corne de St-Saulve, de la redoute St-Roch, etc. On s'occupa pareillement de l'achèvement des réparations de *palissadement* des chemins couverts, des blindages, des ouvrages en terre et de tant d'autres travaux qui jusqu'alors avaient été négligés. D'un autre côté, le lieutenant-colonel Lauriston, chargé du soin de l'artillerie, et le capitaine Georgin, de celui des armes, ne perdaient pas un instant pour mettre en état les pièces et les fusils, et les placer dans leur ordre. On s'occupait avec la même activité de la confection des cartouches, des gargousses, de faire transporter dans les batteries les munitions de poudre, de boulets, de bombes, d'obus, de grenades, etc.; en un mot, on ne négligea rien de ce qu'il fallait faire pour mettre la place de Valenciennes dans un état imposant de défense. Les généraux Tholosé et Dembarère furent du plus grand secours au général Ferrand : sur pied nuit et jour, et toujours infatigables, ils se portaient partout où leur présence pouvait être nécessaire, pour tracer, ordonner les travaux, surveiller les ouvriers, et allaient même souvent jusqu'à prendre en main la pelle et la pioche, pour les exciter par leur exemple. Nous ne devons pas oublier de dire ici que, dans tout le cours de ces opérations, nous fûmes secondés par un grand nombre des habitans de Valenciennes , avec ce zèle, cette ardeur et cet enthousiasme dont ceux de Lille avaient donné naguère des preuves si belles et si généreuses. Il y eut dans ces journées beaucoup de coups de canon de gros calibre tirés de la part de l'ennemi.

Le dimanche 9 juin, les tranchées ennemies, leur prolongement et leurs communications réciproques , étaient presqu'entièrement finies ; ce qui présentait devant la place, depuis Marly jusqu'à la rive droite du Bas-Escaut, une étendue d'à peu près deux mille deux cents mètres. Cette première parallèle de circonvallation paraissait assez éloignée du corps de la place et n'offrait encore aucun développement de faix ; elle indiquait seulement la résolution d'ouvrir le siége sur la partie de Mons ; mais on ne tarda pas à se convaincre que ce développement devait devenir terrible par les armemens qui furent faits les deux jours suivans.

Comme le major Unterberger savait que Valenciennes renfermait beaucoup de troupes et une nombreuse bourgeoisie , et qu'il n'y avait point de casemates à l'épreuve de la bombe, il conseilla au général Ferrari, commandant le siége, dans sa prochaine et subite attaque, de ne lancer pendant le jour que des boulets contre les batteries et pendant la nuit de faire servir deux batteries de mortiers, ainsi que deux autres de six pièces chacune à boulets rouges ; de cette manière, disait-il, on ne manquerait pas d'incendier la ville, de consumer les vivres, et en portant le peuple aux plus dures extrémités , de le voir bientôt forcé de capituler et de se rendre. Il proposait en même temps de faire tirer sur les écluses pour les rompre et faire écouler les eaux. Ces divers projets furent accueillis avec joie , et mis plus tard à exécution , comme on le verra.

« Le 10 au matin , continue le major, on désirait vivement commencer un fen général de gros calibre ,

4

qui aurait attaqué ensemble toutes les positions des Français ; mais les Anglais ayant changé de camp à l'improviste *, aucun ne parut pour le commencement de cette
attaque ; on la suspendit, et le général Ferrari enjoignit
au major Unterberger d'aller chercher dans les environs
d'Anzin une position couverte et avantageuse pour y établir une forte batterie de mortiers et lancer des bombes
sur la ville au moment où l'on ouvrirait le feu des véritables tranchées de Mons, ce qui détournerait l'attention
des Français contre le foyer de l'attaque. Le major Unterberger, dans ses recherches, ne tarda pas à trouver à
Anzin avec le colonel Müller un endroit très-convena-
ble, distant de neuf cents mètres environ du cordon de
la place, dans lequel il fit construire au milieu de la rue
et derrière des maisons peu élevées des batteries que l'on
arma de quatorze mortiers, qu'il eut beaucoup de peine
à faire transporter par le circuit de quatre lieues que les
inondations le forcèrent de faire. Cependant, à l'ouver-
ture des feux de tranchées, le général Ferrari se fit un
scrupule de faire jouer ses mortiers d'Anzin, parce qu'on
n'avait pas encore fait de sommation ; toutefois, il ordonna de se tenir prêt aussitôt que l'on aurait le refus
du gouverneur de la place. »

En même temps que le major faisait ainsi travailler du
côté d'Anzin et de la citadelle, les Anglais construisaient
en avant de la Briquette deux fortes batteries de canons
et de mortiers (N° 48 *de la carte*), derrière la maison
Pourtalès.

Le 15 juin, pendant une partie de la matinée, l'ennemi,
comme nous nous y attendions, fit agir sur nos batteries
une portion de sa grosse artillerie ; à quoi nous répondîmes très-peu, ce qui fait dire au baron Unterberger
que *nous fûmes surpris et que nous n'étions pas en mesure*

_____
* Il existait une grande mésintelligence entre eux et les Allemands.

de riposter. Le baron se trompe ici; nous ne fûmes point pris au dépourvu , et nous étions dans le cas de repousser vivement ses agressions; mais il ne savait pas que nos canonniers avaient l'ordre de mépriser de semblables attaques ; tous nos moyens de défense étaient préparés, il existait un ensemble et un ordre parfait. Nos troupes , remplies d'une sainte ardeur , donnaient à la France qui les contemplait l'assurance qu'elles soutiendraient avec gloire l'honneur national , parce qu'elles se sentaient la force de résister avec énergie et avec courage aux coups qu'un ennemi acharné allait bientôt leur porter.

Dans la nuit du 13 au 14 juin, l'ennemi renouvela le feu de sa grosse artillerie, qui se continua bien avant dans le jour ; nos canonniers y furent insensibles comme à celui de la veille, et tout le monde s'étonna du silence de notre artillerie. Un parlementaire, porteur de deux lettres de la part du duc d'Yorck , se présente ; elles étaient adressées , l'une à la municipalité de Valenciennes, l'autre au général Ferrand. On passa plus de deux heures à convoquer et à réunir dans un même local, le conseil de guerre, les membres de la maison commune , ceux du district et les notables. On ouvrit les paquets , et on en donna lecture à l'assemblée : la lettre adressée à la municipalité était ainsi conçue :

« *Le duc d'Yorck à la municipalité de Valenciennes.*

» Messieurs, le siége que je dois faire nécessairement
» de la ville que vous habitez, entraînera inévitablement
» la ruine de vos maisons et de vos fortunes , la perte de
» vos propriétés, et plus ou moins celle de votre exis-
» tence. Je sens vivement combien ce devoir est terri-
» ble ; c'est pourquoi , persuadé que l'honneur des
» armes s'accorde très-bien avec les sentimens de l'huma-
» nité , j'ai envoyé au commandant de la place la som-
» mation ci-jointe ; j'y ai plaidé votre cause avec fran-
» chise et loyauté. Si vous êtes attachés à vos propriétés,

» à votre existence, écartez, prévenez par vos conseils
» et votre influence la ruine d'une ville aussi florissante
» que la vôtre. Après ce que vous venez de lire, vous
» ne pourrez plus m'accuser de cruauté ; mais je vous
» réitère que la résolution que vous prendrez va décider
» de votre sort ; il sera heureux ou terrible.

» De la tranchée devant Valenciennes, le 14 juin 1793.

» *Signé*,   FRÉDÉRIC, duc d'Yorck. »

Celle au général Ferrand portait ce qui suit :

« *Frédéric, duc d'Yorck, commandant l'armée com-*
» *binée du siége de Valenciennes, au général Bécays-*
» *Ferrand, commandant de place.*

» Monsieur, avant de commencer un siége meurtrier
» et destructif, je viens vous sommer de rendre à sa Ma-
» jesté l'Empereur la place où vous commandez, et
» vous offre une capitulation qui sauvera l'honneur, la
» vie et les propriétés de la garnison et des habitans.
» L'alternative en sera cruelle ; je vous invite très-sé-
» rieusement, Monsieur, à balancer ces deux partis, dont
» l'un serait la conservation et la protection, l'autre la
» ruine irrémédiable de toutes les possessions dans cette
» ville. Puissiez-vous répondre à ma proposition par le
» même esprit d'humanité qui me l'a dictée. »

» De la tranchée devant Valenciennes, le 14 juin
» 1793, à quatre heures du soir.

» *Signé*,   FRÉDÉRIC, duc d'Yorck. »

La lecture de ces deux pièces jeta d'abord l'épouvante
dans l'âme de quelques-uns, notamment chez ceux qui
appartenaient au civil ; mais le serment fait de défendre
la ville jusqu'à la mort était trop récent pour qu'on osât
reculer. On se mit donc à la discrétion du général Ferrand,
qui, sans la moindre hésitation, fit la réponse suivante :

« Le même jour, à cinq heures du soir.

» J'ai reçu la lettre que vous m'avez fait l'honneur de
» m'écrire, où vous me faites une sommation de rendre

» la place que j'ai l'honneur de commander au nom de
» la République Française. Il m'est fort aisé de vous faire
» parvenir promptement ma réponse ; vous voudrez bien
» en juger par le serment que j'ai renouvelé avec ma
» garnison et les habitans.

                    » *Signé*,   J. H. B. FERRAND. »

  Quant à la réponse des autorités civiles, on entra dans
les plus vives discussions pour savoir dans quels termes
elle serait faite. Le représentant Briez en fit une si longue qu'on la rejeta ; le citoyen Hamoir Ducroisié en
rédigea une autre, qui fut trouvée trop polie ; enfin,
Charles Cochon en improvisa une qui fut acceptée à
l'unanimité ; en voici la copie :

  « *Réponse de la municipalité de Valenciennes*,
                » A Frédéric, duc d'Yorck.

  » Nos propriétés et notre existence ne sont rien au-
» près de notre devoir. Nous serons fidèles au serment
» que nous avons fait conjointement avec notre brave
» général, et nous ne pouvons qu'adhérer à la réponse
» qu'il vous a faite.

  » Fait à la maison commune, le conseil du district
» réuni à celui de la commune, le 14 juin 1793*.

  » *Signés*, A. P. POURTALÈS, maire ; MORTIER, secrétaire.

  Cette réponse donna au général Ferrand l'assurance
qu'il serait secondé par l'autorité civile, dans des circonstances aussi difficiles que périlleuses.

  Ces opérations ainsi achevées, il s'éleva un nouvel
orage au sujet de la suscription des lettres, pour savoir
si l'on pourrait, sans blesser la pureté des maximes ré-
publicaines, accorder le titre de *duc* à celui qui devait
les recevoir ; le cachet donna encore matière à d'autres
contestations ; à la fin, le général Beauregard, qui

---

* Le major Unterberger dit à cette occasion que le refus était honnête, mais d'une
grande fierté républicaine.

jusqu'alors avait été le boute-feu à ces sortes de futi-
lités , fit un énorme nœud de ruban tricolore qui enve-
loppait en un paquet les deux lettres , et il fut expédié ,
sans autre forme, au duc d'Yorck, à cinq heures du soir,
par l'aide de camp Lavignette , qui se rendit aussitôt au
quartier-général ennemi.

Il y avait à peine une heure que nos dépêches étaient
parvenues au duc, que ses menaces eurent leur premier
effet; il pouvait être sept heures du soir. Il fit ouvrir
ensemble le feu de toutes ses batteries, celles de sa première parallèle, celles des quatorze mortiers établis dans
Anzin et les environs, et de six autres mortiers placés sur
la hauteur de la chaussée de Famars, derrière la maison
Pourtalès. Une grêle de projectiles vinrent à la fois assaillir nos ouvrages de la position de Mons , jeter l'effroi
dans les quartiers de Tournai, de Notre-Dame, du Béguinage , de Cambrai , et , en moins de dix minutes ,
cinquante incendies embrâsaient ces quartiers. La première bombe tomba sur la maison de la veuve Alexis,
marchande de vin, où se trouvaient réunis des membres
du district et de la maison commune, buvant et chantant :
« *Nous n'avons qu'un temps à vivre !* » Cette bombe ,
par hasard, ne causa aucun accident; chacun prit la fuite,
et on en fut quitte pour la peur. Une suivante ne tarda
pas à tomber près de là, dans la rue de Tournai, en
présence de plus de cinquante personnes , dans l'âme
desquelles elle jeta un instant l'épouvante. Mais, en
voyant que l'aide de camp Lavignette à cheval, présent à
l'explosion de la bombe, conservait le plus grand sang-
froid , la multitude passant subitement de la frayeur à la
joie la plus exaltée, cria : *Vive la nation!* et se mit à danser en ronde autour du vaste entonnoir qu'avait produit
la bombe par sa chute et son explosion. Mais toutes
ces démonstrations joyeuses furent d'une courte durée ;
une quantité innombrable de nouvelles bombes forcèrent

bientôt ces personnes à aller se réfugier dans leurs ca-
ves, seul réduit que les habitans eurent à leur secours
pendant toute la durée du siége. Les positions ennemies
d'Anzin et de la chaussée de Famars, firent jouer, de cinq
minutes en cinq minutes pendant toute la nuit, leurs mortiers, et firent éclater l'incendie de toutes parts ; néanmoins il fut assez promptement éteint par cette bouillante
activité et ce rare courage qu'y déployèrent les pompiers
manœuvrant dix pompes aux ordres de leur capitaine
Perdry, ancien membre de l'assemblée constituante.
Nos batteries de la citadelle, de Ferrand, de la porte de
Tournai et des Huguenots étaient parvenues pendant
cette nuit à mettre le feu dans les maisons qui couvraient
à Anzin des batteries de mortiers, et y causèrent ensuite
de grandes avaries; il en fut de même de nos postes avancés de la porte de Cambrai contre les autres batteries
ennemies construites sur la grand'route de Famars ; en
sorte que le lendemain 15 au point du jour, leur feu
s'était sensiblement ralenti.

Cette journée du samedi et la nuit suivante se passèrent, de la part des assiégeans, avec le même esprit d'ardeur et de ténacité; et leurs bombes, lancées sur les mêmes points intérieurs de Tournai, de Cambrai, de Notre-
Dame et du Béguinage *, y causèrent sans discontinuer
les incendies, la désolation et la mort. La citadelle, les
avancés de Cambrai, etc., contrebattirent les feux de l'ennemi avec une constance héroïque, et parvinrent à la fin
à les réduire momentanément au silence.

Depuis l'affaire de Marly nous n'avions eu que peu de
tués et blessés; dans ces deux jours seulement, 14 et 15,
nous eûmes hors de combat quarante canonniers et cent-
vingt hommes des autres armes. L'ennemi, en raison

---

* Ces quartiers étaient les plus pauvres de la ville, et c'est pour cela que l'ennemi
tira dessus dans l'espoir d'en révolter plus facilement les habitans.

de la grande supériorité du nombre et l'avantage de nos
positions sur lui, dut sans contredit éprouver des pertes
bien plus considérables; ce qu'il eut toujours le soin de
nous cacher, et quand parfois il en avouait quelques-
unes, nous pouvions hardiment ajouter un zéro au nombre qu'il nous donnait.

Le 16, le feu s'apaisa de part et d'autre, et nous en
profitâmes, l'ennemi de son côté, et nous du nôtre, pour
réparer les dégats que nous avions éprouvés chacun dans
nos batteries.

Un rapport étranger dit que pendant ces deux nuits,
il fut lancé sur la ville quatre mille bombes, mille boulets rouges, et contre nos ouvrages extérieurs cinq mille
boulets; un autre rapporte qu'il fut consommé cinquante
milliers de poudre; notre consommation n'excéda pas la
moitié, c'est-à-dire vingt-cinq milliers de poudre.

Le 17 juin, nous fîmes les dispositions nécessaires
pour une sortie par les avancés de Mons. Notre intention
avait pour seul but de sonder la tranchée qui se prolon-
geait indéfiniment. Deux détachemens de Dauphin et de
la Nièvre, formant à peu près un ensemble de deux cent
cinquante hommes, se mirent en mouvement sur les
sept heures et demie du soir; mais à peine eurent-ils
débouché des chemins couverts, qu'ils furent assaillis
par une grêle de balles et de mitraille, qui les força à
rentrer précipitamment dans leurs palissades. Cette
échauffourée, qui n'avait pas l'ombre du sens commun,
donna lieu à des bruits que l'on fit courir et publier à
Paris, sur une grande et triomphante sortie de la garnison de Valenciennes*. Cette nouvelle controuvée était
le comble du ridicule, car nous n'avions pas deux cents
hommes de cavalerie, et avec ce petit nombre, il nous

---

* Le duc d'Yorck, par dérision, nous envoya un obus non chargé dans lequel nous
trouvâmes un bulletin de cet exploit prétendu.

était impossible de rien entreprendre au dehors de nos remparts. D'ailleurs, quoique des sorties bien combinées pour étonner l'ennemi, causer des ravages dans ses retranchemens et arrêter ses progrès, eussent été utiles et même indispensables, pouvait-on les entreprendre avec confiance? Le seul courage des troupes était-il suffisant pour obtenir des succès, lorsque d'abord sans cavalerie nous n'avions point d'officiers-généraux assez habiles pour nous commander, ni d'officiers supérieurs assez instruits dans les bataillons pour exécuter avec ponctualité les ordres de leurs chefs dans ces sortes de mouvemens? Non; tant d'élémens propres à la réussite de nos attaques nous manquaient entièrement. Aussi le général Ferrand, pénétré de ces grandes vérités, fit-il toujours bien d'éloigner de sa pensée les entreprises d'une résistance active, et de s'en tenir constamment à quelques sorties faibles et partielles, pour inquiéter seulement parfois l'ennemi dans ses travaux de tranchées.

Le feu meurtrier de ces trois jours et de ces trois nuits, n'était encore que le prélude des dangers imminens auxquels une population de quarante mille âmes allait être exposée *. On tremblait que les habitans, excédés par le malheur et le désespoir, ne se portassent aux plus cruels excès. Les patriotes, quoique inébranlables dans leurs résolutions, n'étaient point insensibles à cette perspective douloureuse. Chacun sentait combien la défense de la place devenait difficile au milieu de la fermentation d'un peuple soudoyé et aigri par tant de maux présens. Déjà la veille, 16 au matin, il y avait eu un rassemblement assez considérable de femmes, qui d'abord avait été dissipé par la cavalerie; mais le soir de nouveaux groupes de femmes, augmentés par une multitude d'hommes,

---

* Nous comprenons dans ce total les réfugiés, qui étaient au moins au nombre de dix-huit mille.

s'étaient portés en foule à la maison commune; et là, des femmes échevelées et tout en pleurs *, en pénétrant en masse dans la grand'salle d'audience, s'étaient jetées aux pieds des autorités réunies, en les suppliant, les mains jointes et avec des lamentations, de prendre pitié de leur déplorable situation. Une femme, entre autres, en s'élançant sur le conventionnel Cochon, lui avait dit : « *Misérable, quand cesseras-tu donc ta colère sur nous!* » On avait eu dans ce moment beaucoup de peine à dissiper ces femmes, on avait été surtout fort heureux d'empêcher que les hommes n'entrassent avec elles; car n'ayant pas dans le moment de moyens de répression, il eût été fort à craindre qu'il n'en résultât les plus graves désordres.

Dans la nuit du 17 au 18 juin, l'ennemi ouvrit deux boyaux de tranchées. Ce commencement de travail aussitôt reconnu, nous dirigeâmes des pièces avancées qui croisèrent la tête de ces débouchés. Les cheminemens de l'attaque étant déterminés, ainsi que la position des batteries de l'ennemi en avant de sa première parallèle, nous fîmes porter nos feux sur les capitales de ces cheminemens, tant sur la gauche que sur la droite des attaques, de même que sur les autres batteries déjà connues par leurs coups destructeurs des principaux édifices et quartiers de la ville, et contre les défenses des ouvrages de la place.

De nos batteries, les unes étaient fixes sur les points déterminés qu'elles devaient contre battre, les autres, mobiles et placées dans des positions convenables, suivaient en formant un angle de direction la marche graduelle des travaux de l'ennemi formés vers la crête de nos glacis ; de manière que, ses travaux frappés en travers, on

---

* A la sortie de la maison commune, un homme avait accosté Cochon, et en lui mettant le poing sous le menton, il s'était écrié, avec l'accent du désespoir : « *Est-il possible que, pour un étranger qui n'a ni femme, ni enfans, ni propriétés dans la ville, on sacrifie ainsi la fortune et la vie d'une population tout entière!* »

le forçait à conduire ses zigzags plus angulairement et à les faire plus étroits, afin d'éviter les enfilades et de préserver le plus possible ses travailleurs des coups que nous leur portions. Cette tactique particulière, bien concertée, qui rendait les travaux des assiégeans pénibles et difficiles, nous fut très-avantageuse dans tout le cours du siége.

Le 18, à la pointe du jour, la batterie ennemie n° 12 tira le coup de signal pour une attaque générale, auquel succédèrent simultanément toutes les batteries de sa première ligne, plus celles des deux boyaux de tranchées déjà construits pour une seconde parallèle. Ce feu terrible, qui ne cessa point pendant vingt-quatre heures, lança sur tous les ouvrages avancés de la partie de Mons des milliers de boulets et de bombes, et sur la ville autant de bombes et de boulets rouges.

Le baron Unterberger, dans son rapport journalier, confesse que notre feu dans cette action fut supépérieur à celui des assiégeans; que nous jetâmes une infinité de boulets, de bombes et d'obus dans leur batterie n° 12; que nous ruinâmes entièrement deux embrasures, y démontâmes trois pièces, brisâmes des plates-formes, que nous réduisîmes au silence la plus essentielle de leurs batteries, et qu'ils ne purent plus s'y maintenir à cause de la convergence du feu de la place. La batterie (*N° 6 de la carte*), placée entre l'angle droit du grand ouvrage à corne et la gauche du bastion National, fut tellement endommagée, que bientôt elle cessa d'être redoutable; ce qui détermina l'ennemi à en construire une autre dans les ruines du faubourg de Marly (*N° 1 de la carte*); elle fut achevée le 24 juin. Quant aux autres batteries de la ligne de circonvallation, elles souffrirent un peu moins que ces deux premières *.

---

* Le major ennemi ne parle point de la perte en hommes que firent les assiégeans dans cette action; elle dut être énorme, et nous le supposons avec d'autant plus de raison, qu'ils s'attendaient à une sortie qui en effet avoit été agitée en conseil de guerre, sortie qui n'eut point son exécution.

Pendant que les batteries à bombes et à boulets rouges, ajoute le baron, faisaient leurs ravages dans la ville et y portaient la terreur et la consternation , on avait le soin de redoubler les coups au milieu des incendies , et puis de changer tout-à-coup le point de mire sur un autre quartier , pour faire éclater en même temps l'incendie dans cinq à six endroits différens *. Le major termine ce long article , en convenant de sang-froid que l'explosion de tant de bouches à la fois était furieuse.

Lorsque les assiégeans voyaient dans la ville des incendies, fruits de leurs exploits , ils célébraient dans leurs camp des fêtes et des réjouissances au son de leur musique et au retentissement de leurs *hourras !*

Le mercredi 19, au matin, les deux partis, harassés de fatigues et dans un délabrement absolu , par suite de l'affaire qui avait duré vingt-quatre heures sans discontinuer et qui avait été si chaude, ralentirent leur canonnade; elle cessa même entièrement sur le soir, pendant les trois heures qu'il plut à verse. A l'entrée de la nuit, le bombardement recommença avec une nouvelle fureur. Au dire du major Unterberger , huit cents bombes et huit cents boulets rouges furent lancés cette nuit dans la ville, sans y comprendre un feu continuel sur nos bastions, nos redoutes et nos ouvrages extérieurs. Les coups que l'ennemi portait sur la ville avaient une direction si positive , que nous ne pouvions l'attribuer qu'à des traîtres invisibles, qui avaient jour et nuit des intelligences avec le duc d'Yorck. A cet égard, le général Ferrand, dans son rapport, présume que le lieutenant-colonel d'artillerie , directeur de l'arsenal, n'était pas sans reproche. Il serait cruel de penser, de supposer même qu'un officier

---

* Nos courageux pompiers , ainsi harcelés et au milieu de tant de dangers , ne pouvaient suffire à se trouver partout; et dans cette nuit-là , ils ne purent se rendre maîtres des incendies que le lendemain bien avant dans le jour.

français, dans ce qu'on va lire plus loin, eût pu, pour des causes politiques, s'oublier jusqu'à ce point, en commettant une action aussi monstrueuse. Ce directeur, dit Ferrand, mandé au conseil de guerre le matin 19, plusieurs membres lui firent quelques observations sur certaines négligences qu'il avait commises. Le général Ferrand, entre autres, lui fit diverses questions relatives à la défense de la place auxquelles il parut embarrassé de répondre, et demanda le sursis d'un jour pour le faire; mais dans la nuit qui suivit, il se brûla la cervelle, et immédiatement après sa mort le feu éclata de toutes parts dans l'arsenal, qui renfermait un matériel de siége immense et tout ce que nous avions de plus précieux. Cet incendie était vraiment effroyable; un volcan embrâsé, vomissant de ses entrailles des torrens de flammes, de laves et de fumée, ne pourrait en présenter, selon nous, qu'une faible image. Que l'on se figure cependant la quantité de bombes, de grenades et d'obus chargés mis en pile dans ce vaste foyer, des caissons pleins de gargousses, des barils remplis de cartouches, des pots à feu, des mèches et autres artifices de guerre qui faisaient une explosion épouvantable, à mesure que l'incendie se propageait dans l'intérieur de l'édifice. Le major Unterberger, dans son journal, prétend que les siens et lui-même virent, de leurs boyaux, au milieu de cet incendie, plusieurs cadavres en l'air, chose qui ne nous paraît pas vraisemblable; que le baron ait vu en l'air des éclats d'affut, de roue, de charpente, etc., soit; mais pas des corps entiers : les commotions devaient avoir tout divisé et tout dispersé. Mais ce qui ajoutait encore à l'épouvante de ce spectacle, c'était quatorze mille fusils que l'on avait chargés à balle, et qui avaient été placés en travers sur leurs chevalets, dans la direction des approches de l'arsenal, de manière que personne ne pouvait avancer pour porter du secours,

sans être certain d'y trouver la mort. Le baron Unterberger, pour achever l'horreur de cette scène, avait
grand soin, dit-il dans son journal, d'alimenter le feu de
ses mortiers sur le point que l'on voyait tout en feu, et
où on entendait un bruit et un fracas extrêmes. Tant de
munitions, de pelles, de pioches et d'autres ustensiles
de guerre, en un mot tant d'objets indispensables aux
besoins journaliers d'une place en état de siége, devinrent la proie des flammes et furent consumés en moins
de cinq heures. A la vue d'un pareil désastre, le lieutenant-colonel Lauriston, directeur de l'artillerie de Valenciennes, ne s'épouvanta point; il s'empressa d'écrire aux
représentans, et tout en ne leur dissimulant point l'étendue des pertes que la nation venait d'éprouver, il les assura
néanmoins que *par le zèle, le courage et la constance de
chacun, aidé surtout de ce concours patriotique des membres du district et de la municipalité, on parviendrait à
pourvoir aux réparations les plus urgentes, et que l'artillerie se rendrait toujours digne de cette glorieuse renommée, si justement acquise aux yeux de toute l'Europe*
(*N*° **XXX**).

La veille de cet incendie, nous avions tiré les quelques
fusils de rempart qui se trouvaient dans l'arsenal, et
nous en armâmes des soldats, qui s'en servirent avec
avantage pendant les dix derniers jours de juin; car
c'étaient, sans contredit, les meilleures armes que l'on
pouvait faire valoir alors. Par la suite elles devinrent
inutiles, parce que l'ennemi, par sa seconde parallèle,
se plaçait à la portée du fusil ordinaire.

En même temps qu'il fallait de plus en plus se prépa-
rer à résister aux atteintes de l'ennemi et à repousser
les insultes qu'il dirigeait à chaque instant sur les saillans
de nos chemins couverts, il était nécessaire de recourir
à de nouveaux moyens que Tholosé crut devoir proposer
au général Ferrand, mais pour lesquels ce dernier n'eut

point d'égard. Il ne s'agissait cependant que d'établir d'échelon en échelon des troupes qui se seraient soutenues, soit en avançant sur les points attaqués pour renforcer les postes avancés, soit pour se retirer en bon ordre sur ceux intermédiaires, et être, selon les circonstances, dans le cas de repousser ou d'arrêter les assaillans.

L'ennemi était parvenu dès le 18, en avançant de zigzag en zigzag, à commencer sa seconde parallèle ; et un ravin assez étendu, qui se trouvait entre le Roleur et nos postes avancés, presque vis-à-vis de la porte de Mons, lui facilita les moyens de s'y établir avantageusement.

Les cheminemens en zigzag, qui conduisaient de la première parallèle pour la construction de la seconde, partaient de quatre points différens. Le premier débouchait vis-à-vis le saillant du côté de la lunette St.-Saulve; le second communiquait vers l'angle gauche du grand ouvrage à corne de Mons; le troisième venait sur le centre, et le quatrième vers l'angle droit de ce même ouvrage à corne.

Cent hommes du deuxième bataillon permanent de Valenciennes, commandés de service le 18 au soir, avaient refusé formellement d'aller aux palissades. Leur commandant n'avait pas eu assez d'énergie pour les faire rentrer dans le devoir, et cet acte d'une insubordination semblable pouvait devenir contagieux parmi d'autres troupes. Le général Ferrand crut les prendre par un sentiment d'honneur et les punir en les mettant à l'ordre du jour. L'ennemi, exactement informé de tout ce qui se passait dans la place, saisit cette circonstance pour tenter de séduire par des promesses les régimens de l'ancienne ligne (Dauphin, Royal-Comtois et Dilon). Heureusement le général fut informé à temps de ce qui se tramait, et il sut mettre ces régimens dans l'impossibilité de communiquer avec le dehors. Dans ces conjonc-

tures, le général sut adroitement se faire adresser une
députation du bataillon permanent, qui vint assurer qu'on
avait calomnié le corps, que jamais aucun de ceux qui
en faisaient partie n'avait refusé le service, et que, pour en
donner la preuve, ils demandaient à monter deux gardes
de suite dans le poste le plus périlleux. Le but du général étant rempli, il eut l'air de convenir qu'il avait été
induit en erreur; il fit retirer son ordre, donna au bataillon double ration d'eau-de-vie, double prêt, et le
service, par la suite, se fit un peu moins mal qu'auparavant; Cependant le général en voulut toujours aux
soldats de ce bataillon; aussi voit-on que dans ses mémoires il les traite constamment de réfugiés du camp
de Famars, de fuyards, de lâches, etc.

Dans la nuit du 19, le Mont-de-Piété, maison considérable, fut en grande partie incendié.

Le 20 jeudi, un feu roulant de part et d'autre recommença de bonne heure avec la même véhémence
que les jours précédens; et comme les Anglais, au dire
du major Unterberger, prenaient goût au bombardement, ils voulurent encore servir entièrement eux-mêmes
deux nouvelles batteries de mortiers. Le duc d'Yorck
monta exprès à cheval pour leur chercher un emplacement convenable et continuer le siége avec plus
de succès. On ne manqua pas d'en trouver un pour
une batterie à mortiers et une autre à ricochet, emplacement dont le duc d'Yorck et son major furent
charmés; mais il ne convint pas à un certain Mongrif,
colonel anglais, qui en choisit un autre auquel il fit travailler long-temps, où il perdit beaucoup d'hommes,
et dont il ne put tirer aucun parti. Le feu de l'ennemi
fut pendant la nuit si violent, qu'un particulier, qui se
trouvait au siége et qui y a pris des notes, rapporte que
dans le cours de trois heures, depuis onze heures du soir
jusqu'à deux heures du matin, il avait compté en l'air

sept cent vingt-trois bombes dirigées sur tous les quartiers de la ville, et que de la tranchée établie devant St.-Saulve, il en avait vu partir huit à la fois. Les pompiers, quoique aidés par deux cents soldats de corvée, étaient tués où blessés les uns après les autres, et ceux qui échappaient à la mort, exténués de fatigue et de besoin, tombaient d'inanition auprès de leurs pompes. On fut contraint de porter successivement cette troupe jusqu'à trente brigades de dix hommes chacune (*N*° **XX**).

Le vendredi 21 juin, dès l'aube du jour, l'ennemi recommença ses attaques sur tous les points avec une nouvelle impétuosité. On avait entendu parler sourdement d'une émeute soudaine, quoique nous pensassions qu'avec un feu aussi meurtrier personne n'oserait sortir de son souterrain pour se réunir. Cependant, sur les onze heures, l'ennemi ayant sans doute de dessein prémédité, cessé de tirer des bombes sur la ville, il se forma tout-à-coup des attroupemens considérables sur la Place d'Armes, poussant des cris furieux et demandant la mort des patriotes et la reddition de la place. Cinq à six femmes, montées à califourchon sur les épaules des hommes pour mieux dominer et se faire entendre, la bouche écumante, s'écriaient comme des furies : « Oui ! oui ! en avant, enfans, marchons sur la municipalité, tuons tous ces gueux qui nous sacrifient à leur propre rage ; allons trouver le duc d'Yorck, notre bon père, pour lui rendre la ville et ne plus souffrir ! » — « Allons donc, criait une autre, allons les hommes, courons à la municipalité, nous sommes dans notre droit ; tuons, égorgeons impitoyablement tous ceux qui voudront s'opposer à notre volonté, etc. ! » En effet, on se portait déjà en masse sur la maison commune, lorsque le général Ferrand, accompagné de détachemens d'infanterie et de cavalerie, dans une attitude ferme et imposante, ordonna à ces rassemblemens de se dissoudre et de se retirer à

5

l'instant; ce à quoi ils répondirent en demandant à hauts
cris une capitulation. Alors le général leur répéta la
sommation , les menaçant de déployer contre eux toute
la sévérité des règlemens s'ils n'obéissaient aussitôt. Tou_
tefois, il leur permit de lui adresser des députés auxquels
il s'empresserait de faire part des résolutions du conseil
de guerre qu'il allait convoquer. A cette proposition, les
agitateurs changent de langage , et se mettent à crier :
« Du pain! du pain! il nous faut du pain, ou bien nous ne
nous en irons pas ! » Le représentant Cochon se hâta de
leur faire un bon de cent mille livres , qu'ils allèrent se
partager en comité ; et ce fut ce jour-là que le général
Ferrand fit imprimer et leur adressa une proclamation
(*No XXXI*) , proclamation que le duc d'Yorck taxa de
libelle.

Le duc d'Yorck reçut des copies de cette proclamation pour ainsi dire en même temps qu'elle fut répandue
dans la ville ; il paraît qu'il fut informé par la même voie
que les conjurés avaient échoué dans leurs entreprises ;
néanmoins il ne désespéra pas de réussir par un autre
moyen qu'il fit mettre à exécution la nuit suivante. La
voix publique accusait assez hautement un membre de la
maison commune de s'être associé depuis quelque temps
avec une bande de mutins pour fomenter le trouble , la
sédition et la révolte. Sur les dix heures du soir, le feu de
l'ennemi ayant été de nouveau suspendu à dessein, les in-
surgés du matin, après avoir touché les cent mille livres
que la maison commune avait été chargée de leur compter,
se portèrent en foule une seconde fois sur la Place d'Armes,
en proférant les mêmes cris et les mêmes vociférations.
Le général Ferrand s'était mis en mesure de résister à
leurs efforts. La crise commençait à être dans toute sa
force , lorsqu'un enfant d'une douzaine d'années appa-
rut au milieu des groupes, se disant de retour de Bouchain où le général Ferrand l'avait envoyé, disait-il, au-

près de Custine pour lui demander des secours ; que celui-ci lui avait répondu d'aller annoncer au gouverneur de Valenciennes qu'il lui était impossible de lui en envoyer ; que désormais toute résistance devenait inutile, et que pour éviter plus de sang répandu il n'avait rien de mieux à faire que de se rendre. Cet enfant, qui prétendait avoir reçu du général Ferrand pour récompense vingt-quatre livres, dont la moitié en argent et l'autre en papier, fut conduit devant le conseil de guerre assemblé [*] ; là il ne fut pas difficile de voir que c'était un imposteur. Interrogé, l'enfant, à qui on avait fait la leçon, persista d'abord avec assurance dans ce qu'il venait de déclarer. Mais, pressé de questions, il finit par avouer que des femmes, en lui donnant un bon de dix sous, de l'eau-de-vie, et lui promettant une plus forte récompense s'il s'acquittait bien de sa commission, l'avaient excité à venir faire ces mensonges ; qu'il n'avait point été à Bouchain, pas plus qu'il n'avait vu le général Custine, ni n'avait reçu d'argent du général Ferrand. Au moment où il terminait ses aveux, il aperçut dans la salle une des femmes qui l'avaient ainsi conseillé, et il la fit remarquer. Celle-ci n'hésita point à dire qu'elle et plusieurs autres étaient poussées à tout cela par un municipal que l'on ne chercha point pour le moment à vouloir reconnaître. L'enfant fut renvoyé, la force armée dispersa avec ménagement ces rassemblemens de malheureux, et une demi-heure après les assiégeans continuèrent pendant tout le reste de la nuit à nous accabler de leurs projectiles incendiaires.

On s'était encore plu à répandre le 21 qu'un comité secret avait dressé un procès-verbal par lequel on déclarait que la peste était dans Valenciennes ; qu'il n'y avait

[*] On avait permis seulement aux femmes d'entrer, et les hommes étaient restés en dehors sur la Place.

ni médecins, ni médicamens pour soigner les pestiférés [*]; que la brèche était pratiquable, que l'ennemi allait prendre la ville d'assaut et passer tout le monde au fil de l'épée. On ajoutait à tant de bruits qu'au moment où cette pièce allait être imprimée, le commissaire Briez en avait eu connaissance, et qu'il était parvenu à s'en emparer et à la faire disparaître.

Le baron Unterberger rapporte que dans la nuit du 21 au 22, malgré la pluie et la boue, on travailla sans relâche à l'achèvement de la deuxième parallèle, qui touchait à sa fin, pour que le lendemain elle fût en état de recevoir les pièces qui lui étaient destinées. Il ajoute que pour faire diversion et fixer l'attention des Français sur d'autres points, les batteries de la première parallèle ne discontinuaient pas de tirer sur leurs palissades, les fortifications et la ville. Mais comme de la tour de St.-Nicolas [**] nous étions à même de connaître tous leurs mouvemens, nous ne prenions point le change, et nous dirigions constamment nos coups sur leurs nouvelles constructions, de manière à leur causer beaucoup de dégâts.

Le duc d'Yorck, qui n'ignorait pas que du haut de cette tour on découvrait, même au clair de la lune, toute l'étendue de ses tranchées, cherchait depuis le commencement du bombardement à détruire un point de vue qui lui était si préjudiciable. Jusqu'alors plusieurs bombes et plusieurs boulets rouges étaient tombés tant sur l'église que sur le clocher sans être parvenus à pouvoir les incendier totalement, tant il est vrai que l'on mettait la plus grande activité à éteindre le feu dès qu'il y prenait; cependant cette nuit à deux heures du matin, l'incendie s'y mani-

---

[*] Le fait est qu'il mourait beaucoup d'habitans, et cela se conçoit.

[**] Ce clocher, qui était carré, ne se terminait point en flèche. A une cinquantaine de pieds au-dessus du corps de l'église, il était recouvert en ardoises, et au milieu était une baraque en bois où se tenait le guetteur, qui avait vue sur tous les ouvrages de l'ennemi.

festa avec une telle force et une telle rapidité , que les secours les plus prompts devinrent inutiles *, et quoique cet incendie ne fût pas à beaucoup près aussi effrayant que celui de l'arsenal , on voyait néanmoins l'église embrâsée comme un vaste édifice de feu. Le clocher vomissait des torrens de fumée, au travers desquels s'élevaient des flammes tournoyant comme des serpens ; les ouvrages de l'ennemi étaient éclairés de manière qu'on les voyait mieux qu'en plein jour. Les cloches, dépourvues de soutien , tombaient sur les voûtes et les écrasaient avec un fracas épouvantable.

Dès ce jour 21 juin , le général avait bien indiqué aux réfugiés de se rendre aux travaux , sous peine d'être privés de secours et d'être conduits hors des barrières ; mais il ne put rien en obtenir. Ils s'étaient en partie emparés avec plusieurs habitans de tout le bas de l'hôpital-général, le haut étant déjà inhabitable. Il y avait constamment des troubles, des séditions, des gaspillages, des vols occasionnés par tout le monde et surtout par les femmes, ce qui était fort difficile à réprimer.

Dans la nuit suivante , du 22 au 23 juin , la seconde parallèle achevée fut armée à l'instar de la première, et cet armement se composait de quatre-vingt-quatre bouches à feu (*N° XLVIII*). Ces nouvelles batteries ne détruisaient point celles de la première parallèle , qui avaient toujours leur action ; le feu de l'ennemi fut même plus intense cette nuit qu'à l'ordinaire , et nous eûmes plus de cinquante incendies.

« Il déserta sur le minuit un canonnier français , qui partit de la demi-lune St.-Saulve. Il vint rapporter à l'ennemi qu'on pouvait à peine se faire une idée des ravages occasionnés les nuits et les jours précédens, tant

---

* Le quartier de la Place Verte , ainsi qu'une caserne de cavalerie et le couvent des Capucins , qui se trouvaient dans les environs de l'église de St-Nicolas , furen tellement écrasés que depuis on y a construit de vastes places.

dans la ville que dans les ouvrages de la place ; qu'une
quantité de pièces avaient été démontées, beaucoup de
soldats tués ou blessés, et plus encore de maisons brûlées (on comptait à cette date déjà trois cent quatre-vingts-
maisons incendiées et rasées) ; que tout le monde était
retenu dans le devoir par les harangues multipliées du
général Ferrand et des représentans du peuple, qui prê-
chaient l'amour de la patrie, de la liberté, de l'égalité,
et qu'ils juraient de défendre Valenciennes jusqu'à la
dernière extrémité. »

Quoique j'eusse encore mon bras en écharpe de la
blessure reçue le 25 mai, je me trouvai néanmoins assez
bien rétabli pour aller demander au général Ferrand de
reprendre du service et d'entrer en subsistance dans le
premier bataillon de la Charente, ainsi que le commandant L'échelle m'en avait manifesté le désir. Le général,
dont j'avais fait la connaissance dans la campagne précédente et qui m'avait pris en affection, applaudit à ma
démarche.

Le dimanche 23 à la pointe du jour, les batteries des
deux parallèles jouèrent à la fois; et en redoublant d'ardeur et d'impétuosité, elles continuèrent leurs feux
jusqu'au lendemain deux heures du matin, qu'elles s'arrêtèrent pour réparer leurs dégats. Plus de soixante
nouveaux incendies se manifestèrent dans la ville ; nos
malheureux pompiers, épuisés de fatigue, tombaient
raides morts au milieu des excès de leurs travaux.

Dès le 20, les batteries de mortiers et de canons élevées par les Anglais sur la gauche de la chaussée de
Famars (N° 49 *de la carte*), avaient été exterminées par
les feux de nos ouvrages de la Rhonelle, de Ste.-Cathe-
rine, qui se trouvaient sur le front de ces batteries, et
par le bastion de Cardon qui les avait assaillies sur leur
flanc gauche. Deux jours après, le 22, les Anglais, ayant
reçu du grand parc six pièces hollandaises et six canons

autrichiens, en eurent bientôt construit deux nouvelles sur la droite de cette même route de Famars, près de la maison Méault (*N° 50 de la carte*). Cette position leur offrait à peu près les moyens d'achever d'incendier les quartiers de Cambrai, de Notre-Dame, etc., notamment l'hôpital des Carmes pour lequel ils n'eurent point de respect, quoique cet asile sacré (*D d*), dans lequel il y eut plusieurs malades d'écrasés, fût surmonté d'un drapeau noir.

Mon service commença le soir 23, et je partis avec cent grenadiers des deux bataillons de la Côte-d'Or et de la Charente pour aller relever le poste avancé de la demi-lune de Mons, et nous nous trouvions précisément placés sous le feu des batteries de la première et de la deuxième parallèle, qui nous prenaient de front et sur les flancs.

En traversant les fossés de la courtine de Mons, une bombe qui éclata à environ quinze pieds au-dessus de nous me tua deux grenadiers et m'en blessa un troisième. Pendant toute la nuit nous fîmes, comme nos postes voisins, un feu roulant de mousqueterie. Au jour, nous fûmes vivement assaillis de boulets, de bombes et d'obus. Le soir, je fus relevé trois heures après les autres postes; je dus ce retard à une fausse alerte qui eut lieu à la citadelle. La perte que j'éprouvai pour cette première garde fut de cinq hommes tués et de onze blessés.

Le lundi 24 juin, nos assaillans achevèrent de nouvelles batteries dans leur seconde parallèle; mais on y manquait de travailleurs pour réparer les dégradations sans nombre causées par le feu de la place. Le feu avait recommencé comme de coutume, lorsqu'une forte pluie força l'ennemi de s'arrêter et de suspendre les opérations du siége. Nous profitâmes de ce silence pour ravitailler un peu nos batteries, et ce ne fut qu'à l'entrée de la nuit que nos attaques réciproques se renouvelèrent comme

par le passé. Les nouvelles batteries servies par les Anglais et les Hanovriens , en avant de la Briquette et sur
la hauteur à gauche d'Anzin , firent pendant la nuit entière un feu terrible sur la ville, et nous eûmes à déplorer beaucoup plus d'incendies et de malheurs qu'à
l'ordinaire. Il fit très-mauvais temps ce jour-là.

Dans l'après-midi du 24, nous fîmes sauter un magasin
de poudre dans la batterie nᵒ 9 située près le moulin du
Roleur; peu d'heures après, deux autres éclatèrent pareillement dans les nᵒˢ 13 et 15 de la même parallèle.
Les bataillons de la Côte-d'Or et de la Charente , d'un
mouvement spontané, offrirent et cédèrent de bon cœur
leurs casemates aux femmes, aux vieillards et aux enfans,
et ce ne fut nullement le fait ni des représentans, ni
du général Ferrand, qui s'en glorifient néanmoins tous
les trois.

Le 25 juin, les habitans aux abois jetaient les hauts cris
sur les ravages affreux que leur causaient les bombes ,
notamment celles qui avaient été lancées de la Briquette
et d'Anzin par les Anglais pendant la dernière nuit. A
cette occasion j'eus un projet que je communiquai au
commandant L'échelle , et je le priai d'en faire part au
général Ferrand. Le matin même il alla le voir et lui en
parla. Le général approuva mon dessein , et me donna
carte blanche pour le mettre à exécution; L'échelle , de
son côté, m'autorisa à prendre dans son bataillon le nombre de grenadiers qui me seraient nécessaires. J'en de-
mandai quinze de bonne volonté et trois tambours. Dans
l'après-midi je les rassemblai à l'écart, et je m'assurai
d'abord qu'ils me seconderaient de tous leurs efforts
dans mon entreprise. Après avoir eu la promesse qu'ils
ne m'abandonneraient pas et *qu'ils me suivraient jusqu'aux enfers s'il le fallait*, j'entrai avec eux dans les détails de ce que chacun aurait à faire dans la nuit prochaine. Avant de nous séparer momentanément, je leur

fis promettre la plus fidèle discrétion sur ce que nous venions d'agiter ; ensuite j'allai à l'atelier du capitaine Georgin , où je me fis faire des marteaux et des clous propres à enclouer des pièces d'artillerie. A minuit je réunis ma petite troupe, à qui je fais faire une répétition de ce que nous allons entreprendre ; à une heure précise nous sortons par les glacis de la citadelle , en face de la batterie que nous devions attaquer ; il pleuvait à verse, et la lune, hors de son plein , éclairait faiblement. Je place douze de mes grenadiers chacun à la demi-distance de l'étendue d'un bataillon, je fais porter un tambour à chaque aile, et je reste de ma personne au centre avec les trois autres grenadiers et le dernier tambour. Etablis ainsi dans le plus profond silence , nous marchons à pas de loup sur la position ennemie. Parvenus à la hauteur d'environ trente mètres de la première batterie (n° 50), je fais un commandement général de : *Bataillons en avant*, qui est répété par les chefs de colonnes supposées. Je commande ensuite le pas de charge; les tambours battent ; les grenadiers , au signal que je donne, se réunissent à moi au centre , nous formons un peloton et nous nous élançons comme la foudre sur la batterie, en faisant un feu roulant de mousqueterie sur les Anglais et les Hanovriens encore à moitié endormis; la terreur s'empare d'eux , ils abandonnent leurs tranchées , et douze à quinze cents soldats , devant dix-neuf hommes seulement, prennent la fuite dans toutes les directions ; nous entrons précipitamment dans les batteries , nous enclouons à coups redoublés les pièces et mortiers que nous trouvons sous la main , et puis nous rentrons tranquillement à la citadelle , après n'avoir éprouvé la perte que de deux grenadiers et un tambour*.

---

* Ce fait est mentionné dans mes états de service , dans l'ouvrage des *Victoires et Conquêtes* , ainsi que dans celui intitulé les *Archives de l'Honneur*.

Nous détruisîmes, par une manœuvre qui obtint l'assentiment de nos chefs, deux batteries qui avaient déjà fait
de grands ravages dans la place; elles étaient établies
près de la fosse du Petit-Pied (*n° 50 de la carte*).
Mes grenadiers furent faits caporaux et sergens , et l'on
me promit le grade d'adjudant-général chef de bataillon,
que l'on me conféra le 1er août suivant, sur la Place
d'Armes avant de sortir de Valenciennes. Le lendemain
nous proposâmes d'aller en faire autant dans celles de la
Briquette; mais on ne voulut pas nous le permettre, parce
que ce poste était beaucoup trop à l'écart, et que d'ailleurs la manœuvre était éventée. Au surplus , ces batteries ne furent pas de longue durée ; car on rapporte
qu'outre les chocs qu'elles éprouvaient du corps de la
place , les pièces furent bientôt hors de service par l'é-
norme quantité de poudre que les Anglais employaient
pour leurs charges. Ils demandèrent bien de nouvelles
bouches à feu , mais Unterberger les leur refusa net; de
dépit les Anglais allèrent traîner leurs débris dans la
plaine (*n° 81 de la carte*).

Les Autrichiens , dans leur ligne du Roleur , continuèrent pendant toute la nuit le feu le plus terrible contre
la ville et les ouvrages de la place; ils parvinrent, en outre, malgré une pluie battante , à conduire dans la tranchée trente-deux nouvelles pièces de 24. Le 25 , le
moulin de St.-Géry fut détruit ; du 25 au 26 , celui des
Moulinaux le fut aussi; en sorte que la mouture du grain
fut réduite au moulin d'Elsaut, qui ne put suffire , et que
par la suite on fut exposé à manger le blé sans être moulu.

Le mercredi 26, l'ennemi eut une peine incroyable à
sortir les trente-deux pièces de 24 de la boue pour les
mettre en batterie; encore ne put-il, dans deux jours et
deux nuits, en placer que huit, pour le transport de chacune desquelles on employa plus de quarante chevaux et
deux cents hommes; le transport des munitions nécessaires

se fit pareillement avec une peine infinie. Le baron Unterberger dit à cette occasion que par bonheur les Français ne tirèrent pas beaucoup pendant le cours de ces
travaux pénibles et difficiles. Ce fait est si inexact, que
nous pouvons assurer, au contraire, que les hommes mis
aux écoutes, nous ayant prévenus qu'il y avait de grands
mouvemens dans les tranchées ennemies, nous nous
étions empressés de faire jouer à la fois sur les points in-
diqués nos bastions de Poterne, des Capucins, et nos
demi-lunes de Mons et de St.-Saulve, et que notre feu
qui dura quinze heures fut si bien dirigé et si meurtrier
qu'on n'entendait que bouleversemens et cris effroyables,
et que les hommes de corvée furent forcés de s'enfuir.
Le baron, qui, plus loin, finit par convenir de ces faits,
ajoute qu'ils mirent plus de quarante-huit heures à établir tant bien que mal dans leurs positions les vingt-
quatre autres pièces de 24; mais que pour faire diversion
et ne pas laisser un seul moment de repos à la place, on
continua tout le jour et la nuit suivante le bombardement, les boulets rouges, etc.

Il déserta de nos postes un autre canonnier, « qui rapporta succinctement tout ce que le premier avait déjà
dit concernant les désastres de la place. Il raconta ensuite que nous ne manquions point de biscuit, quoiqu'il
fût mouillé et moisi, que nous n'avions pas de viande
fraîche, et qu'en remplacement on nous donnait de mauvais lard qui occasionnait le *scorbut*; que le général
Ferrand prêchait constamment d'économiser les munitions, et qu'on ne l'écoutait guère, etc. »

Le soir sur les deux heures, une bombe tombée dans
la courtine de Mons, très-près du bastion de Poterne,
mit le feu à des barils de poudre de provision, dont
l'explosion se communiqua à des bombes chargées, entre autres à une bombe qu'un canonnier chargeait entre
ses cuisses. Son corps fut mis en pièces et éparpillé de

toutes parts. Huit canonniers et cinq fantassins périrent
des suites de cette commotion , et les deux ou trois qui
ne furent point atteints se dépêchèrent de faire partir
leurs pièces , afin que l'ennemi ne s'aperçut pas du désordre que venait de causer ce funeste événement , et
n'en profitât pour assaillir cette batterie.

Le jeudi 27 juin, dès deux heures du matin, l'ennemi ouvrit en entier le feu de ses deux parallèles; il le soutint, et
ce feu fut terrible jusqu'à dix heures. Une demi-heure
après, il le reprit et le prolongea jusqu'à dix heures du
soir. Les coups furent tous dirigés contre les avancés et
sur la ville, où il éclata plus de soixante-dix incendies ,
dont le nombre, par le grand vent qu'il faisait, allait toujours en augmentant. Nous répondîmes à notre ennemi
avec la même vigueur et le même acharnement. Le général Ferrand vint le lendemain dans les bastions de Poterne
et des Capucins ; il vérifia avec sa lunette les dégâts immenses que nos artilleurs avaient causés dans les retranchemens autrichiens , il leur en témoigna toute sa satisfaction , en ajoutant qu'ils avaient, ainsi que les batteries avancées, consommé la veille cinquante-sept milliers
de poudre. Nous croyons ce total de consommation de
poudre très-exagéré. Nous eûmes dans ces vingt heures
plus de deux cent cinquante hommes mis hors de combat.

Voici ce que rapporte de cette journée le major-général
Unterberger : « Je reçus ce jour-là l'ordre d'écraser les
batteries de la place et d'incendier la ville ; en conséquence, je fis commencer à deux heures du matin un feu
général de mes deux lignes * ; il dura jusqu'à dix heures
du soir. Ce feu fut si épouvantable que la terre en tremblait de toutes parts. C'était un spectacle effrayant de

* Le nombre des bouches à feu de ces deux lignes était de cent soixante-six , et à
chaque dix minutes au moins on en faisait une décharge complète , ce qui porte le
total pendant ces vingt heures à dix-neuf mille neuf cent vingt. Le major ne parle
point des pertes que les siens éprouvèrent ; elles durent être bien plus considérables
que les nôtres.

voir et d'entendre de si nombreuses batteries lancer à la fois des milliers de boulets , de bombes et d'obus. Le sang-froid le plus imperturbable , le courage le plus ré- solu , eût été saisi d'effroi au bruit de ce tonnerre d'ar- tillerie et de mousqueterie qui portaient partout l'incen- die et la mort. Les batteries de la place , de leur côté , nous firent un mal affreux; nous assiégeans , nous fûmes forcés les premiers de suspendre notre feu, par la cause que nos pièces étaient démontées,nos embrasures ruinées, nos plates-formes écrasées , etc. » Il plut abondamment sur le soir.

Le vendredi 28 juin, la pluie ayant cessé , les attaques réciproques furent aussi vives que par le passé, sans ce- pendant avoir été plus violentes que celles de la veille. Notre batterie du bastion de Poterne , qui était la plus importante de notre ligne , était non-seulement déjà acculée à plus de cinquante pieds de sa plate-forme ordi- naire , mais encore avait été entièrement détruite dans la journée précédente. Il nous fallut plus de quatre jours pour la reconstruire avec des gabions, des fascines, des sacs à terre, etc., et pour y faire le rechange des pièces qui y avaient été démontées. A défaut du bastion , nos canonniers imaginèrent d'établir sur les courtines de Mons et des Capucins des batteries ambulantes, compo- sées de pièces de 16 et de quelques mortiers , et ils tiraient continuellement sur les tranchées, tant que l'en- nemi n'avait pas encore fixé de nouveau point de mire* ; aussitôt qu'il pouvait y répondre, nous nous empressions de changer de position. Le baron Unterberger dit, à cet égard, que , surpris de la sorte dans leurs batteries et

---

* Il faut répéter ici que les embrasures de l'ennemi étaient tout simplement des trous pratiqués dans les épaulemens, ce qui ne leur donnait qu'une direction fort peu étendue. Alors , quand nos batteries ambulantes changeaient de place , l'ennemi , ne retrouvant plus son point de mire, était obligé d'en refaire un autre , et pendant ce difficile et périlleux travail, nous les mettions en désarroi.

leurs retranchemens , cette tactique causait des pertes sanglantes aux assiégeans, et qu'elle leur fut extrêmement préjudiciable jusqu'au dernier jour du siége.

Je fus de service ce soir avec cent grenadiers dans la lunette de St.-Saulve. Sur les dix heures , au lever d'un beau clair de lune, le commandant Leféron, à la tête de deux cents hommes , tenta de faire une nouvelle sortie par mon poste ; mais cette manœuvre éprouva à peu près le même sort que celle du 17 précédent*. Néanmoins, les assiégeans furent mis en émoi par cette échauffourée; nos batteries avancées en profitèrent pour faire sur eux plusieurs décharges à mitraille. Je fus relevé le lendemain à neuf heures du soir , avec une perte de quatre hommes et de sept blessés.

L'ennemi travailla cette nuit à la construction de quatre sapes pour s'approcher des glacis et commencer sa troisième parallèle ; toutefois , ses travaux furent suspendus par la pluie; mais s'il les abandonna momentanément, ce ne fut que pour continuer de bombarder la ville dans les quartiers les plus reculés, et de tirer à mitraille sur les points où nous étions occupés à réparer nos dégradations.

Le samedi 29 juin au matin, la pluie ayant cessé, le feu redoubla tant sur la ville que sur nos batteries qui étaient dans le plus grand délabrement; la courtine de Mons, le bastion de Poterne, le grand ouvrage à corne de la porte de Mons, le bastion des Capucins étaient presque entièrement ruinés, et la mitraille, en nous harcelant, nous empêchait de les réparer; dans cette alternative, il ne nous restait à faire valoir que nos batteries ambulantes, devenues redoutables aux assaillants. Le reste de la journée

---

* Le *Courrier français* parla encore de cette sortie comme d'une victoire ; le duc d'Yorck, toujours par dérision, nous envoya ce journal dans un obus qui n'était pas chargé. Cet obus même, dans sa course, tua un de nos grenadiers.

et la nuit suivante se passèrent comme à l'ordinaire, c'est-à-dire accompagnées d'une grêle continuelle de projectiles de toute espèce. Tout en répondant aux agressions de l'ennemi, avec nos cavaliers encore peu endommagés et nos batteries ambulantes, nous nous occupions sans relâche des réparations les plus urgentes. Il y eut cette nuit plus d'incendies que de coutume ; la maison du général Ferrand, embrâsée pour la troisième fois, fut totalement réduite en cendres, et une grande partie des prisons *dites* de St.-Pierre furent également détruites.

L'ennemi construisit dans cette même nuit une batterie de 4 pièces de 24 (*N° 31 de la carte*), qui fut dirigée à plein fouet sur la redoute St.-Roch. Cette batterie, conjointement avec celle du n° 18, établie derrière, tirait aussi sur les ouvrages avancés de la place, qui se trouvent à gauche du petit ouvrage à corne, et qui pouvaient enfiler les sapes construites sous leurs feux. Un autre cheminement de tranchée se dirigeait vers le saillant des ouvrages à corne de Mons, de St.-Saulve et de leurs demi-lunes ; alors l'ennemi établit deux autres points d'attaque qui se soutenaient mutuellement, l'un sur les batteries avancées de la porte de Mons, et l'autre sur celles en avant du bastion de Poterne et de sa courtine ; et quand les boulets de la batterie n° 18 passaient par-dessus la redoute St.-Roch et les demi-lunes de gauche du petit ouvrage à corne, ils venaient frapper les ouvrages avancés des bastions des Huguenots, où il existe encore des traces de leurs coups multipliés.

Le dimanche 30 juin, à quatre heures du matin, toutes les batteries ennemies des deux tranchées du Roleur, de St.-Saulve et de Marly jouèrent ensemble contre nos remparts, nos bastions, nos cavaliers, nos ouvrages avancés et sur la ville. Nous ne pouvions encore y répondre que par nos batteries ambulantes que nous

avions réunies dans nos bastions de Mons et des Capucins. Une de nos bombes tomba sur un magasin de provisions de poudre, établi en arrière du n° 20 de la seconde
parallèle. La commotion fut si forte que la secousse se
fit ressentir jusque dans l'intérieur de la place. Le baron
Unterberger rapporte que cet événement ne causa la
mort qu'à deux hommes... Le feu de l'ennemi, pendant
la nuit, redoubla de violence. Deux mille projectiles
incendiaires éclatèrent dans la ville.

Le lundi 1er juillet, l'ennemi recommença son réveil-
matin dès le point du jour. Jusqu'à cinq heures du soir,
son feu fut constamment dirigé sur nos postes avancés, et
il fut affreux ; le ciel était tellement obscurci par la fumée qu'on ne voyait point le soleil.

Dans la nuit, trois mille bombes, obus et boulets rouges
furent lancés sur la ville, pour achever, dit le baron, de
détruire tout ce qui restait d'édifices dans Valenciennes.
Vers l'entrée de la nuit, quatre bombes tombèrent coup
sur coup sur la Maison de Ville. Une d'elles mit le feu au
dépôt des testamens, aux titres de propriétés et aux registres de l'état-civil. L'ennemi, qui ne s'aperçut pas de
cet incendie, laissa la facilité de sauver les restes des
archives et de les mettre en sûreté. Une autre bombe
brisa quelques poutrelles à l'écluse de la Rhonelle; l'inondation s'en suivit dans quelques quartiers de la ville ;
mais on s'empressa d'en prévenir les suites qui auraient
pu devenir fâcheuses. Une nouvelle bombe tomba sur
l'hôpital-général, et y tua plusieurs réfugiés, ce qui y
jeta l'épouvante. Un incendie éclata à l'hospice de l'hô-
tellerie ; six malades furent écrasés sous les décombres,
et plusieurs autres blessés dangereusement ; et pendant
tous ces ravages, les assiégeans n'en continuaient pas
moins leurs cheminemens de sapes qui, malgré tous nos
efforts pour en arrêter les travaux, furent conduits jusque dessous nos glacis. Dans la journée un de nos mili-

taires fut fusillé pour avoir volé des dentelles dans une maison incendiée et déserte.

Nous donnions quarante sous par heure à ceux qui allaient réparer les dégradations faites aux palissades, et déblayer dans les fossés le pied des remparts pleins de pierres, de briques, de terre et d'autres éclats. Nous avions pour ces travaux extrêmement périlleux plus d'ouvriers que nous n'en voulions, tant il est vrai que l'appât de l'argent fait faire bien des choses. Il faut dire aussi que tous ne revenaient pas recevoir le prix de leur salaire, la plupart d'entre eux étaient payés sur le lieu même avec une balle ou un boulet. On payait pareillement dix sous par obus à ceux qui en rapportaient dans la place au retour de leur service*; et comme nous en manquions, nous en eûmes bientôt cinq à six mille que nous leur renvoyâmes à notre tour.

Je fus ce soir-là de service avec cent grenadiers dans le demi-bastion de droite du grand ouvrage à corne de la porte de Mons. Le poste que je remplaçais s'était retiré une heure avant l'ordre voulu, et je ne trouvai dans cette batterie des plus importantes que quelques canonniers courageux qui essayaient de remettre en état leurs pièces et leurs embrasures dégradées. Ils se plaignaient amèrement d'avoir été ainsi abandonnés, de n'être point relevés, et ils avaient raison. Je m'empressais de faire poser mes sentinelles pour les aider, lorsque de nouveaux canonniers vinrent les remplacer; un renfort de cent hommes vint aussi, et j'en pris le commandement comme étant le plus ancien capitaine; ce détachement acheva de garnir toute l'étendue de ce demi-bastion de droite. L'ingénieur Tholosé passa par notre poste vers les onze heures de la nuit; il resta avec nous jusqu'à près de minuit. Sa présence fut utile aux canonniers : il leur donna des

____

* Ceci s'appelait faire son bivouac.

conseils, les encouragea et les aida même dans leurs travaux pénibles. Ce service, quoique des plus près du danger, fut pour moi le plus tranquille de tout le siége, et
je n'eus à regretter que la mort d'un seul grenadier, qui,
étant appuyé contre un mortier dont un boulet mit l'affût
en éclats, eut le corps percé de toutes parts : ce malheureux survécut encore deux heures à ces cruelles blessures.

Nous n'avons rien dit encore des secours que l'on devait porter aux blessés. D'abord, nous sommes forcé de
le dire, jamais dans les commencemens un officier de
santé ne paraissait à nos avant-postes, quoiqu'ils eussent
reçu l'ordre exprès d'y faire un service ponctuel et assidu ;
il résultait de ce grave inconvénient que quand un homme
était blessé, trois à quatre empressés le portaient à l'hôpital, où le malheureux restait quelquefois des demi-jour-
nées sans être pansé, encore souvent Dieu sait comment
il l'était ; ensuite les trois quarts du temps nos colpor-
teurs ne revenaient pas à leur poste, de manière que nos
gardes se trouvaient dépourvues très-souvent des trois
quarts de leurs hommes. On ne tarda pas à remédier à
ce grave et fâcheux abus, en exigeant que le blessé ne
fût conduit que sous le chemin voûté le plus voisin, où,
pourvu de linge et de charpie qu'il avait mis dans sa
giberne en partant, il était soigné par un camarade.
Cependant, pour être juste envers quelques chirurgiens,
nous devons ajouter que, sur la fin du siége, il y en eut
qui se rendirent assez assidûment sous ces poternes pour
prêter leurs soins, et faire transporter de suite les plus
grièvement blessés par des hommes de corvée préposés
pour cet objet spécial.

Dans la nuit du 1er au 2 juillet, l'ennemi construisit
une nouvelle batterie de quatre obusiers, et dans la matinée il fit jouer sur St.-Roch la batterie de 24 du n° 31.

Dans cette nuit, deux nouvelles bombes tombèrent sur

la maison commune ; l'une écrasa la salle aux plans rou-
tiers , d'où les papiers avaient été retirés l'avant-veille ;
l'autre réduisit en cendres les papiers relatifs aux domaines nationaux. Une autre bombe , tombée dans le chœur
de l'église Notre-Dame de la Chaussée , tua trois personnes et en blessa plusieurs autres.

Le 2 juillet, à la grande surprise des assiégeans, toutes
nos batteries , notamment celle du bastion de Poterne ,
furent remises en état et capables de répondre à leurs
attaques. Pendant la journée , nous fîmes sur eux
des décharges si bien dirigées et si bien nourries que le
désordre fut à son comble dans leurs batteries et leurs
parallèles. Néanmoins les dégats et les pertes majeures
qu'ils éprouvaient sans cesse ne les empêchèrent point
de persévérer dans leurs travaux de sapes, qui se trouvèrent assez avancés pour les étendre de droite et de gauche, et commencer leur troisième parallèle, au détriment
de leurs tranchées, surtout de leurs contre-batteries qui
restèrent en désarroi pendant toute la nuit.

Un déserteur de la place vint renouveler au quartier
ennemi le tableau de notre déplorable situation; il rapporta que notre boulangerie avait été incendiée , et que
les boulangers se refusaient d'entrer dans la citadelle
pour y continuer de faire du pain, et tout cela était vrai.

Dans la matinée , il y eut à l'hôpital-civil une rumeur
fomentée par des réfugiés qui y avaient été accueillis
même au détriment des habitans et des blessés ; cette
rumeur manqua de devenir sérieuse. Elle avait été dirigée
par l'un des commissaires chargés de l'administration des
secours. Il fut arrêté , et sa conduite soumise au juge de
paix Travestin, qui n'y donna aucune suite.

Le mercredi 3 au matin , on tira peu de part et d'autre , et l'ennemi profita de ce moment de relâche pour
se hâter d'achever la jonction des quatre sapes , et de
réunir entièrement les boyaux de sa troisième parallèle.

Le conseil de guerre rendit ce jour-là une ordonnance par laquelle il était défendu de faire ou de signer des pétitions, dans le dessein de demander à livrer la place etc., sous peine d'être rasé, chassé de la ville et privé de ses biens au profit des pauvres, etc. Cette mesure était sévère, mais plus nécessaire encore. Elle n'eut point d'exécution rigoureuse, quoiqu'elle en eût imposé beaucoup (*N° XXXIII.*)

La municipalité, craignant que le grand nombre de chiens renfermés dans l'hôpital-civil, qui couraient dans les rues, et ceux même retenus chez les particuliers, ne devinssent hydrophobes, surtout au milieu des chaleurs excessives qu'il faisait, prit ce jour-là un arrêté par lequel les chiens sans distinction seraient tués; et de deux à trois mille chiens qui existaient dans la place, un seul fut tué : encore y eut-il une rixe sérieuse entre les préposés de la police et le propriétaire du chien, auquel se joignirent une foule d'individus que cela non-seulement ne regardait pas, mais encore dont aucun n'avait de chien (*N° XVI*).

Nous avons vu dans une relation imprimée que l'on prit des mesures sévères contre les chiens enragés, dont le nombre, y est-il ajouté, augmentait d'une manière effrayante; ce fait est absolument controuvé, ou du moins on n'apprit pas qu'il y eût de morsure de ce genre à déplorer.

Dès le matin nous nous étions aperçus que les batteries à ricochet de la première parallèle ne tiraient plus sur nous, et nous pensions les avoir forcés au silence par nos feux croisés. En effet, le baron rapporte que la batterie n° 18, prise en écharpe par le feu de la courtine de Mons, avait été réduite au silence, et que s'il avait fait taire les autres batteries à ricochet, c'était pour ne pas tirer sur les gens qui se trouvaient en avant; quoiqu'il dise le lendemain que les pièces des contre-batteries avaient été réparées la nuit passée, qu'on avait retiré celles hors d'état de service et qu'on les avait remplacées par celles de la batterie n° 12 qui ne servait plus, cet aveu vient parfaitement à l'appui de ce que nous disions au commencement de ce paragraphe.

Sur le soir, nous fîmes sauter à l'ennemi deux magasins de poudre dans la batterie du n° 23. Cette explosion lui fit beaucoup de mal, et le baron n'en parle pas.

Le feu de cette nuit fut plus désastreux que de coutume. Les bombes ennemies réduisirent en cendres la plupart des bâtimens qui étaient sous leur portée. Au matin, un magasin de batterie sauta, et l'ennemi prétendit avoir vu *plusieurs malheureux en l'air;* ce que nous ne croyons pas probable, ainsi que nous l'avons déjà dit.

Le jeudi 4 juillet au matin, l'hôpital civil, qui avait déjà éprouvé tant de dégats par les bombes et les boulets rouges qu'on n'avait cessé de tirer dessus depuis quinze jours, fut enfin détruit au point que les étages supérieurs étaient devenus entièrement inhabitables. Un magasin considérable de provisions sauta le même jour dans le bastion de Poterne (c'est sans doute l'explosion dont on a parlé plus haut.)

Nous eûmes au matin un nouveau canonnier qui passa à l'ennemi.

Sur le soir, une bombe de la place fit sauter le magasin de poudre de la batterie n° 15 de la première parallèle, qui fit crever plus de trente bombes chargées, et périr plusieurs soldats autrichiens; dans le même quart-d'heure, une bombe autrichienne avait mis le feu dans la cour des Veuves, près St.-Nicolas, et l'incendie avait gagné l'aile gauche de la maison du gouvernement, déjà atteinte plusieurs fois; on parvint à se rendre promptement maître du feu.

Je fus de service ce soir-là avec cent fantassins. J'allai occuper la demi-lune entière des Capucins, qui, la nuit

précédente, avait été mise dans le plus grand désordre,
et la batterie presque toute démontée : l'on y faisait transporter de nouvelles pièces lorsque j'arrivai ; d'après des
ordres reçus, j'avais recommandé de ne pas tirer et
d'observer le plus grand silence. Mais des tirailleurs
hanovriens, étant sortis de leurs boyaux vers une heure
du matin, et ayant fait plusieurs décharges, sans doute
dans l'intention de reconnaître au juste le point que nous
occupions, mes soldats, emportés par trop d'ardeur, y
répondirent par quelques coups de fusil, et à l'instant
nous fûmes couverts d'une grêle de bombes, d'obus et
de mitraille qui, en moins de dix minutes, me mirent
neuf hommes hors de combat. Cette attaque inattendue
avait jeté l'alarme parmi ma troupe ; elle cherchait même
à abandonner son poste pour aller se réfugier sous la
voûte de communication, ce dont j'aurais été inconsola-
ble ; cependant j'eus assez de fermeté et d'empire sur elle
pour lui faire reprendre sa première attitude, et jusqu'au
point du jour elle ne cessa sa fusillade. L'ennemi suspendit
son feu ; et, au lever du soleil, il le recommença avec plus
d'impétuosité que jamais. A cinq heures de l'après-midi,
on sentit le besoin de le ralentir ; à neuf heures, on le
reprit avec la même intensité. C'était le moment d'être
relevé, et nous ne le fûmes qu'à quatre heures du matin.
Ma perte fut considérable pendant ce service de trente
et une heures ; elle consista en dix tués et vingt blessés.
Les canonniers de notre batterie, proportion gardée,
perdirent beaucoup plus d'hommes que nous, et la perte
générale de nos gardes avancées pendant ces deux
nuits dépassa cinq cents hommes mis hors de combat*.

---

* Le baron ne parle point de ces deux nuits ; cependant elles furent assez importantes pour qu'il ne dût pas les taire, ce qui nous ferait croire que c'est un oubli de
sa part.

Le général ennemi rapporte que la troisième parallèle touchait à sa fin, que les hommes de corvées avaient été forcés plusieurs fois d'abandonner leurs travaux, et qu'ils avaient eu des hommes tués et blessés. Il dit ensuite que dans la précédente nuit, 1,500 bombes et 1,000 boulets rouges avaient été lancés dans la ville, et à peu près le même nombre dans la nuit suivante; que les bombes et les obus commençaient à lui manquer, etc.

Le vendredi 5 juillet, le feu des tranchées fut pendant la matinée moins violent que celui de la veille; l'ennemi était plus occupé à accomplir des projets de nouveaux et prochains armemens de sa troisième parallèle. Dans l'après-midi, les assiégeans firent jouer ensemble leurs batteries des deux parallèles; leurs décharges étaient plus rapprochées que de coutume, et la ville souffrit beaucoup des projectiles incendiaires. Trois autres de nos canonniers passèrent ce jour-là à l'ennemi. Ils ne manquèrent pas de raconter tous les maux que nous éprouvions, et l'état affreux dans lequel nous nous trouvions. Ils ajoutèrent à leur récit que beaucoup de nos artilleurs étaient ou tués, ou blessés ou malades.

Le major-général Unterberger raconte avec bonne foi que ce jour-là même, ses hommes de corvées continuèrent à échanger les pièces de 24 des contrebatteries, dont 17, tant hollandaises que colonaises et autrichiennes étaient évasées; que d'autres étaient hors de service ou touchées du boulet ennemi; que plusieurs affûts étaient aussi ruinés du canon, ou fracassés par les bombes. Tous ces désastres annoncent que nos canonniers allaient bien. Les mortiers, ajoute-t-on, placés dans les crochets de sape firent cette nuit, de même que les obusiers, *un effet merveilleux*.

Un déserteur hanovrien, entré dans la place la nuit précédente, avait donné divers renseignemens utiles au général Ferrand; il l'avait prévenu en outre que nous

devions être attaqués simultanément sur toute notre
ligne la nuit suivante. En effet, à une heure du matin,
des essaims de tirailleurs sortirent de leurs tranchées et
marchèrent sur nous dans toutes les directions : ces
hommes étaient gorgés d'eau-de-vie. Nos avant-postes,
qui n'étaient point initiés dans le secret, avaient d'abord
reçu l'ordre d'observer le plus grand silence, et en cas
d'attaque, de ne tirer sur les assaillans que lorsqu'ils
seraient à cinq pas de nous. Nous ne tînmes point compte
de cet ordre, et je pense que cela nous servit très-bien.
Arrêtés au milieu de leur élan impétueux, ils furent
forcés de rétrograder au plus vite, et dans leur fuite ils
durent éprouver des pertes majeures; les nôtres, quoique
bien moins fortes, ne laissèrent pas néanmoins que
d'être assez graves; malheureusement tous nos postes
ne soutinrent pas le choc avec la même valeur, et il y en
eut qui, en se repliant, abandonnèrent des batteries
dont les pièces furent enclouées *.

Il y eut dans la nuit plusieurs incendies qu'on ne put
achever d'éteindre que le matin, et les pompiers perdirent trois de leurs plus intrépides ouvriers. La caserne
de la Poterne en Haut et celle de la Poterne en Bas (cette
dernière nouvellement construite), furent consumées; la
première a été rasée depuis, l'autre a été rebâtie.

Le samedi 6 juillet, le conseil de guerre prit un arrêté
rigoureux, mais nécessaire, contre l'ivrognerie, dont les
résultats causent presque toujours des rixes et des désordres nuisibles à la tranquillité de chacun. Le jour
même de cette proclamation, un commandant, qu'il faut
désigner pour ne pas laisser planer de soupçon sur
les autres, celui du deuxième bataillon permanent de
Valenciennes, fut trouvé mort-ivre au coin d'une rue.

---

* Le baron dans son journal ne fait point encore mention de ces attaques faites
avec le plus grand acharnement.

Il aurait été extrêmement fâcheux que, pour une première fois, l'exécution de l'arrêté n'eût pas eu au moins un commencement d'effet; en conséquence, le commandant fut conduit à la prison de St-Pierre pour y cuver d'abord son vin et être conduit ensuite aux travaux des remparts. Mais pour l'honneur du bataillon, les soldats vinrent implorer sa grâce, et le reste de la peine infligée fut écarté sans bruit (*N° XXXIV*).

Le même jour 6, le général Ferrari, commandant le siége, avait ordonné au major Unterberger de chercher de nouvelles positions pour achever d'incendier et d'anéantir la ville, en ayant le soin de s'attacher particulièrement à diriger la bombe et le boulet rouge sur les quartiers présumés où les habitans pouvaient être cachés. Ces établissemens avaient un double but, le premier de tirer sur la ville, le second de commencer une attaque vigoureuse sur la citadelle. Mais ayant surpris le général Unterberger et ses ingénieurs dans leurs recherches, nous les forçâmes bientôt à fuir à travers champs et d'abandonner leur projet pour le moment.

Sur les onze heures du matin, ces officiers, dans le cours de leur expédition, virent sauter un de leurs magasins qu'ils crurent d'abord être un de ceux des Anglais; mais à leur retour ils apprirent que c'était un magasin de poudre de la batterie du n° 4 de la première parallèle; cette explosion avait causé beaucoup de mal. Leurs feux pendant cette journée et la nuit qui suivit ne furent pas moins rigoureux que les jours précédens, et nous causèrent les mêmes ravages et les mêmes désastres.

Le 7 juillet, la troisième parallèle étant totalement achevée, on s'occupa de l'armer pendant la nuit, et dès le matin elle se trouva garnie de cinquante-huit pièces formant le tableau *XLIX*. Ces cinquante-huit bouches, jointes aux cent cinquante-quatre établies dans les deux premières parallèles, formaient un matériel de deux cent

douze pièces fixées sur la simple étendue du front de
Mons[*]; les batteries le plus particulièrement dirigées
sur le bastion de Poterne , que nos soldats appelaient
porte d'entrée du duc d'Yorck par les ravages conti-
nuels qu'on y causait, étaient, de la première parallèle,
celles des nos 9, 12, 13, 15, 16, 17 et 18; de la seconde
parallèles, celles des nos 25, 26, 27 et 28 ; et de la troisième, toutes, par leur concentration sur le plan général
de l'attaque.

Le 7 juillet, à trois heures du matin, c'est-à-dire vingt-
quatre heures après la descente de ma première garde, je
reçus l'ordre d'aller à la hâte occuper avec deux cent cinquante fantassins et quatre officiers seulement le poste du
saillant du chemin couvert du demi-bastion de droite de la
corne de Mons, où une garde de cent cinquante hommes
de Mayenne-et-Loire et de la Nièvre, tourmentés par le
feu de l'ennemi, s'étaient retirés après avoir perdu beaucoup de monde. Les canonniers , ainsi dépourvus d'ap-
puis, étaient allés se mettre à l'abri dans le fossé, sous la
contrescarpe , après avoir éprouvé de leur côté une
perte assez considérable. Quelques instans après, ils re-
vinrent à leur poste , quelques volontaires se joignirent
à eux, et ils attendirent en déterminés que les attaquans
revinssent pour les recevoir de pied ferme. Un capitaine plus ancien que moi avait le commandement du
détachement. Ces braves canonniers ne se sentaient
pas de joie de nous voir. Notre premier soin fut de poser
nos sentinelles ; ensuite nous portâmes des secours aux
malheureux blessés que nous réunîmes sous les galeries,
et nous les pansâmes de notre mieux. Les assaillans, avant
de s'en aller précipitamment, avaient encloué nos pièces
de campagne, dont il fallut changer une partie au point

---

[*] Nous ne comptons pas ici les cent huit qui existaient sur la rive opposée de
l'Escaut, et qui au total présentaient un ensemble de trois cent vingt.

du jour, et l'ennemi profita de cette circonstance pour
nous harceler par le feu le plus vif. Trois heures après,
nous fûmes relevés ; et, dans ce court espace, nous
perdîmes quatre hommes, entre autres notre capitaine-
commandant, qui fut tué d'un éclat d'obus au moment
d'entrer sous la Poterne de Mons. Un autre poste voisin
avait pareillement été anéanti comme celui-ci, et les
troupes qui vinrent nous relever lui étaient destinées.
Ayant fait constater l'erreur en rentrant en ville, on se
dépêcha de la réparer ; et, sans avoir égard à la corvée
que je venais de faire, je fus commandé de service pour
le soir même. Unterberger, je ne sais par quel motif,
se tait encore sur les attaques de cette nuit.

Le lundi 8 juillet, dès deux heures du matin, par conséquent deux heures plus tôt que d'habitude, les assaillans
firent jouer à la fois leurs deux cent douze bouches à feu[*],
en les dirigeant sur tous les points et dans toutes les directions. En même temps, une multitude de tirailleurs
ivres, sortis en hurlant de leurs boyaux, s'étaient élancés
sur nos chemins couverts et nos ouvrages avancés, avaient
saccagé deux de nos postes avancés et fait fléchir un
troisième[**]. Nos vaillans et courageux canonniers répondirent à de si bouillantes attaques avec cette activité,
cette présence d'esprit et cette adresse que rien ne pouvait égaler ; ce qui fait dire au général Unterberger que
chacun de leurs coups portait dans les tranchées l'épouvante, le carnage et la mort. Sans contredit, le mal que

---

[*] Le nombre en augmentait encore à chaque instant.

[**] Le premier de ces postes était celui du chemin couvert du bastion de droite
de la corne de Mons dont j'ai déjà parlé, et où nous nous étions rendus le matin ;
le second était celui des chemins couverts aboutissant à ces mêmes ouvrages sur leur
droite ; et le troisième, celui de la demi-lune Ste-Saulve, qui pour un moment avait
fléchi, mais avait bientôt repris son attitude première. L'ennemi, sentant qu'il ne
pouvait se maintenir dans ces deux premiers postes, y avait encloué quelques-unes de
nos pièces. Il y eut ce jour-là chez les assiégeans réjouissance et fanfares, pour une
action qui leur fut d'un faible avantage.

les assiégeans nous faisaient était à son comble ; les feux roulans de tant de batteries faisaient tomber sur nous, dans nos chemins couverts, dans nos palissades et autres ouvrages avancés , une pluie de balles , de boulets , de mitraille, de bombes, d'obus, de grenades, de cailloux, de tout ce que l'homme a pu inventer de meurtrier. Tous ces projectiles, lancés avec adresse, nous mettaient dans la contrainte de rester tapis au pied de nos palissades, d'où nous ne pouvions bouger sans craindre d'être tués. Notre artillerie avancée ne pouvait agir qu'avec la plus grande circonspection ; quelquefois même les positions n'étant plus tenables, nos canonniers, forcés de se retirer au pas de course dans les communications voûtées, n'osaient plus en sortir pour venir aborder leurs pièces.

On avait bien imaginé de nous donner des grenades, avec la manière de les lancer à la main dans les boyaux ennemis; mais nos soldats inhabiles, ayant de plus à se préserver eux-mêmes des coups qu'on leur portait sans relâche , ne réussirent point ; d'ailleurs , ces sortes de moyens eussent été plus nuisibles qu'avantageux, en ce qu'ils auraient servi plus sûrement à indiquer où nous étions établis.

Outre que notre service fut extrêmement pénible et presque continuel, de quels dangers n'étions-nous pas entourés à chaque instant? Que l'on se figure notre situation; couchés, comme nous l'avons déjà dit, le long des palissades, sans oser parler ni remuer , nous passions ainsi des journées entières exposés aux ardeurs d'un soleil brûlant de juin et de juillet* , et pendant la nuit aux vapeurs humides et froides de l'Escaut et de ses inonda-

---

* Unterberger répète dans plusieurs passages de son journal que les chaleurs de juillet étaient si excessives , que quantité de ses soldats tombaient en défaillance et mouraient subitement.

tions. Mais les souffrances les plus cruelles étaient cette soif qui nous dévorait, et que nous ne pouvions étancher ni même adoucir. En vain mâchions-nous notre biscuit moisi, et essayions-nous de l'avaler, c'était comme de la glu : il nous restait collé au palais. Si quelqu'un d'entre nous avait la témérité d'aller chercher de l'eau à la rivière et qu'il revînt, on sautait sur lui, on lui arrachait le bidon des mains, et l'on finissait par répandre plus d'eau qu'on ne parvenait à en boire : enfin, notre soif fut portée à un tel excès que l'urine même fut employée par quelques-uns pour se rafraîchir ; vraiment il faudrait avoir été té-moin de tout cela pour pouvoir s'en faire une idée. Le sifflement de milliers de balles et de boulets à la fois, d'explosions et d'éclats de bombes, d'obus et de grena-des, de cette grêle de pavés qui tombaient dans nos pos-tes, les déchiremens des palissades, les morts, les cris perçans de blessés à qui nous ne pouvions porter de se-cours, toutes choses, en un mot, qui dans tant d'autres circonstances nous auraient saisis d'effroi et d'épouvan-te, ne nous causaient pas la moindre agitation. La crainte d'être tué était en quelque sorte le moindre de nos sou-cis ; il y en avait même à qui la vie était si indifférente, qu'ils cherchaient la mort pour ne plus souffrir. Le som-meil, s'il faut le qualifier ainsi, joint à nos autres besoins, à nos fatigues et à notre abattement, était un assoupisse-ment général de toutes nos facultés physiques, qui durait aussi long-temps que le canon grondait bien fort, en sorte que cet assoupissement n'était jamais mieux interrompu que quand ce tonnerre d'artillerie et de mousqueterie cessait : semblable à cet enfant qui, quoique bercé violemment, commence à s'endormir, et se réveille dès que l'on cesse de faire mouvoir son berceau.

Ce soir même 8 juillet, à dix heures, je fus commandé de service avec cent grenadiers, pour aller occuper une partie des postes avancés de St.-Saulve. Dans notre trajet, un obus, en ricochant, blessa deux hommes. Je passai quarante heures dans ce poste sans aucune communica-tion avec la place, réduit à très-peu de biscuit et sans eau. J'éprouvai dans ce long espace de temps une perte de dix-huit grenadiers, tant tués que blessés ; et le poste qui occupait le saillant droit de la corne fut écrasé. Les blessés que nous ne pouvions transporter hors du danger jetaient des gémissemens lamentables, et les assaillans triplaient leurs projectiles sur eux, de manière qu'il n'é-tait pas rare de voir ces malheureux atteints une seconde, même une troisième fois ; Andrieux, grenadier de la Charente, succomba devant moi de la suite d'une troi-sième blessure essuyée ainsi. J'avais au bras gauche une forte contusion dont je ne m'aperçus qu'à la citadelle en changeant de chemise ; quand attrapai-je le coup ? je n'en sais rien : je fus deux ou trois jours sans pouvoir re-muer le bras, ce qui ne m'empêcha pas pour cela de con-tinuer mon service.

Nous nous aperçûmes aux tâtonnemens et aux travaux méthodiques des assiégeans qu'ils redoutaient nos mines; ils cherchaient avec circonspection à s'approcher le plus près possible de nos chemins couverts et à en faire le couronnement, afin de détruire nos mines, en con-treminant eux-mêmes. Malheureusement pour nous, Morin, capitaine commandant les mineurs, officier très-instruit dans cette partie, avait été tué quelques jours auparavant, et personne ne connaissait ni les allans ni les aboutissans de nos mines ; du reste, qui que ce soit n'était exercé dans cet art. « Le général Ferrand, qui vou-lait tout voir par lui-même et tout ordonner, ce qui était physiquement impossible, n'avait point prêté l'œil à cette partie importante de la défense d'une place ; » en sorte que nos mines étaient dans le plus mauvais état, sans galeries et surtout sans écoutes, ce dont nous eûmes la conviction plus tard ; ce qui fait qu'on ignorait en-

tièrement si l'ennemi contreminait ou s'il ne contreminait pas. Cependant le 19 juillet suivant, un aide de
mine ennemi * , qui déserta, vint nous assurer qu'on avait
contreminé à droite et à gauche sous les saillans des chemins couverts des ouvrages à corne de Mons et de St.-
Saulve, ce qu'il nous certifia pour avoir travaillé lui-même
à ces mines. Alors il fut convenu d'aller bien vite à leur
recherche par des galeries diagonales qui devaient nécessairement les rencontrer ; mais il était trop tard. Ce qui
nous donne une nouvelle preuve de ce fait, c'est le major
Unterberger qui rapporte lui-même que dès le 8 les mineurs avaient commencé à s'enfoncer derrière la troisième
parallèle, en face du grand ouvrage à corne de Mons, et
à pousser trois rameaux en avant. L'ennemi se proposait au moyen de globes de compression de ruiner les
galeries que nous pouvions avoir dans les environs , et
peut-être même aussi de renverser dans le fossé les chemins couverts et la contrescarpe. On y fit travailler en
conséquence toute la nuit du 8 au 9 avec beaucoup d'ardeur , et le soir suivant on commença les ouvrages des
nos 38 et 39 de la troisième parallèle. Le général autrichien ajoute que notre artillerie joua ce jour-là à plusieurs
reprises ; et sur des points différens ; que nos boulets ,
nos bombes et nos obus causèrent de grands ravages ,
qu'une quantité d'embrasures furent emportées , et que
nous avions rendu les communications extrêmement dangereuses.

Comme nos bastions , nos redoutes et nos batteries
étaient fort mal blindées, plus mal fascinées encore, par
le manque de matériaux et la précipitation que nous
mettions à réparer les dégâts que nous causait l'ennemi
à toute heure , nos artilleurs s'étaient déterminés à se
construire une petite casemate en arrière de leur batte-

* Cet artilleur était un Comtois qui s'était enrôlé chez les Autrichiens.

rie, où ils se mettaient à l'abri ; et quand l'ennemi avait cessé ses feux, ils venaient subitement faire leur salve, c'est-à-dire mettre à la fois le feu à toutes leurs pièces; les batteries ambulantes tiraient pareillement par intervalle, et répétaient rarement leurs feux dans la même position; aussi voyons-nous souvent le major Unterberger se plaindre des ravages et des pertes immenses que ces manœuvres causaient dans ses retranchemens.

Tous les matins, en appuyant notre oreille contre terre, nous entendions le canon gronder ; ce qui nous faisait réjouir chaque jour, en nous imaginant que c'était enfin notre armée qui venait au secours de Valenciennes; mais nous nous trompions, tout ce bruit-là venait du siége de Condé. L'ennemi, de son côté, redoutait à chaque instant que l'armée du Quesnoy ne cherchât à venir délivrer la place, quoique Cobourg, avec son armée d'observation, fût en mesure de lui résister en cas d'attaque.

Le feu de la nuit fut affreux ; quinze cents bombes et huit cents boulets rouges furent lancés sur la ville, et des incendies éclatèrent de toutes parts. Une heure avant le jour, on prit un peu de repos pour recommencer le 9 jeudi, une heure après, avec le même acharnement. Les Français, en répondant avec vigueur aux attaques croissantes de leurs nombreux et redoutables adversaires, s'attachèrent plus particulièrement à diriger des feux croisés sur les nᵒˢ 27 et 28 de la seconde parallèle, batteries qui étaient les plus à portée de nous faire du mal; et Unterberger était d'un étonnement sans égal de nous voir si lestes et si habiles à réparer les dégradations sans fin que son artillerie nous causait, et surtout à nous garantir si bien de ses coups par le seul secours de sacs à terre. Il ne cessait point non plus de se plaindre du mal que nous lui faisions sans cesse; qu'en moins de deux heures nous lui avions mis six pièces de son plus haut calibre hors de service ; que ses embra-

sûres étaient sens dessus dessous, etc. Plus de deux
mille hommes de corvée avaient travaillé pendant toute
la nuit à la construction de nouveaux cheminemens et
de nouvelles batteries. Les bombes de 30 commençaient
à manquer chez eux, ce dont nous nous aperçûmes au
relâchement de ce projectile. Le lendemain, ils apprirent
l'*heureuse nouvelle* de la prise de Condé assiégée par le
général Wertemberg, place qui se rendit faute de vivres.
La garnison, faite prisonnière de guerre, devait rendre
la place le 13 suivant; nous, nous n'apprîmes cette
funeste nouvelle que cinq à six jours après.

Le 10 juillet mercredi, à une heure du matin, nous
fûmes relevés dans le poste des avancés de St.-Saulve.
De retour à la citadelle, le soldat eut le temps de faire
la soupe avec de la viande salée : il y avait long-temps
qu'il n'en avait mangé. Nous nous réunissions assez or-
dinairement une trentaine d'officiers dans un quartier
déjà ravagé, pour y manger plus tranquillement notre
morceau de biscuit. Nous avions choisi, à cet effet, près
de St.-Nicolas incendié déjà depuis quelques jours, une
maison aux trois quarts détruite, et je m'y trouvais ce
jour-là mercredi avec mes camarades. Il était midi. Un
commissaire des guerres, nommé Brucy, chargé de veiller aux incendies pour en empêcher le plus possible le
désordre*, s'y trouvait aussi. Il plaisantait beaucoup, en
causant, sur l'effet des bombes ; il assurait qu'elles le
respectaient et qu'il n'en serait jamais atteint. A peine
avait-il achevé de parler, que parmi une douzaine de
bombes qui éclatèrent tout-à-coup et à la fois sur le
quartier, il en tomba au milieu de nous une qui, s'engouffrant dans un cellier, entraîna une dizaine de nos

---

* Ce Brucy était en outre secrétaire du conseil de guerre. C'était un homme d'esprit, qui rédigeait toutes les proclamations du conseil de guerre; il avait signé pour
copie conforme l'ordonnance rendue trois ou quatre jours auparavant (*No XXXIV*).

7

camarades et les ensevelit : ce pauvre Brucy était du nombre ; heureusement que me trouvant du côté de la porte, je ne fus point englouti, et je pus me sauver avec douze à quinze autres, sans éprouver aucun mal, quoique nous fussions assaillis par de nouvelles bombes tant dans la cour que dans la rue. Il n'y a pas de doute que le lieu où nous nous retirions n'eût été signalé à l'ennemi par des traîtres de l'intérieur de la place.

En passant, après cet événement, par la Place d'Armes pour me rendre à la citadelle, je fus témoin d'un fait que je vais rapporter; il démontrera combien étaient fortes les matières combustibles avec lesquelles les assiégeans chargeaient leurs projectiles incendiaires. Un obus, tombé dans la rue de l'Ormerie, roulait doucement sur le pavé; un soldat, qui le voit venir de son côté, se couche vivement à plat ventre, tout auprès de la borne placée au coin de cette rue et de celle d'Entre-deux-Mazeaux, pour en éviter les éclats. L'obus s'arrête précisément près de ses reins, la mèche tournée sur lui. La roche qu'il contenait étant consumée, deux ou trois personnes présentes et moi nous accourons à son secours pour éteindre le feu qui avait pris à ses vêtemens; mais quelle fut notre surprise de le trouver presqu'entièrement coupé en deux et sans vie !

Le soir à neuf heures, je fus commandé de service pour aller occuper avec cent fantassins, en face de Marly, les ouvrages avancés de la porte de Cardon. Notre position était tranquille et à proximité de la Rhonelle, dont les inondations baignaient les alentours; nous eûmes de l'eau pour nous désaltérer pendant les trente heures que nous y passâmes. Je ne perdis que quatre hommes qui périrent par imprudence. Dix de mes soldats, malgré ma défense expresse, voulurent aller explorer le faubourg de Marly. Marchant comme des étourdis, ils se fourrèrent dans une embus-

càde, et quatre d'entre eux furent frappés à mort ; les
six autres, qui n'eurent que le temps de se sauver, furent
punis de six heures de faction en sentinelle perdue, et
l'un d'eux y fut blessé.

En rejoignant notre poste ce soir, et en passant dans
la rue Cardon, à peu près à cent pas de la Place d'Armes, nous fûmes les témoins d'un spectacle déchirant.
Il venait de tomber sur une cave spacieuse, dans laquelle
s'étaient réfugiées plusieurs familles, une bombe qui ne
rencontrant pas assez de résistance par la maison déjà
réduite en cendres, avait enfoncé la voûte, écrasé quelques personnes, avait mis par son explosion tout en
éclats, et communiqué le feu aux meubles et aux effets
qui se trouvaient entassés dans cette cave. Les malheureux habitans déshabillés, surpris de la sorte dans leur premier sommeil au milieu de cet embrâsement, poussaient
des cris affreux ; et c'est dans ce moment effroyable que
nous vîmes sortir pêle-mêle d'un escalier souterrain qui
vomissait des torrens de flammes et de fumée, des femmes
à l'œil hagard, au visage pâle et décharné, leurs cami-
soles et leurs cheveux en feu, des vieillards et des enfans
que leurs forces ne pouvaient plus soutenir, étendus sur
le pavé et foulés sous les pieds. L'ennemi, pendant cette
scène d'horreur, ne cessait de lancer des bombes et des
obus sur le foyer de l'incendie. Mais malgré cette épouvante, au milieu de ces cris lugubres et gémissans dont
les accès semblaient ne s'éteindre que par la mort, on
voyait les pompiers, toujours infatigables, affrontant
les plus grands dangers, travailler à arrêter les progrès de
l'incendie avec une ardeur, un calme et un ensemble admirables. Pour nous, qui devions nous rendre à notre poste,
nous fûmes forcés de continuer notre route sans pouvoir
leur être d'aucune assistance ; et si jusqu'alors nous
avions été en quelque sorte insensibles sur notre propre
compte, nous ne pûmes nous défendre d'une émotion

profonde à l'aspect de tant de tortures, de souffrances et de maux*.

Vers minuit, au moment où l'ennemi, de ses trois parallèles, nous accablait à la fois de ses boulets, de ses bombes, de ses obus, de ses balles, de sa mitraille et de ses pavés, les Anglais nous donnaient une alerte sur le front de Ste.-Catherine. Ils pensaient qu'en voyant toute notre attention fixée sur la partie de Mons, ils pourraient surprendre la ville du côté de la porte de Cambrai; mais après avoir éprouvé une perte notable, ils furent obligés de prendre la fuite et d'aller se cacher dans leurs boyaux de la Briquette. Nous ne savons pas pourquoi Unterberger ne fait point mention de cette échauffourée.

Le jeudi 11 juillet au matin, après une heure de repos, l'ennemi fit son signal d'attaque au point du jour, et ses batteries tirèrent à la fois comme de coutume sur toutes nos positions; il n'y eut que la ville qu'on laissa un peu tranquille au milieu de ses désastres de la nuit passée, car on lui avait lancé dix-huit cents bombes et douze cents boulets rouges. Nous répondîmes à ces feux par des salves périodiques de nos bastions, de nos ouvrages avancés, et surtout de nos batteries ambulantes qui les mettaient dans une éternelle confusion; nous nous attachâmes particulièrement à pointer sur leurs mortiers et leurs pièces de plein fouet, et nous parvînmes à en réduire plusieurs au silence.

Comme les mineurs autrichiens travaillaient sans discontinuer à leurs fougasses** pour attaquer nos chemins couverts, le baron Unterberger jugea à propos de faire modérer sur le soir le feu de ses parallèles; deux heures après il le fit recommencer avec une vigueur extrême;

---

* Plus d'une fois, dans le cours du siége, les habitans de Valenciennes furent exposés à de semblables tourmens.

** C'est ainsi que nous dénommions dans ce temps-là leurs globes de compression.

il devait, disait-il, avant de faire sauter les Français, le faire continuer ainsi pendant 24 heures, afin de les harasser, et puis de les déconcerter. En effet, comme le baron l'avait dit, il ne nous fit pas grâce d'une minute ; pendant un jour et une nuit nous fûmes foudroyés par ses batteries, et l'explosion de ses mines fut renvoyée à un autre jour.

Le général Tholosé et surtout ceux qui étaient de garde aux avant-postes, pensaient que l'ennemi contreminait pour éventer nos mines. La terre blanchâtre et et graveleuse, qui couvrait et élevait de plus en plus les épaulemens de la troisième parallèle devant nos deux ouvrages à corne, nous offrait assez la preuve de ses travaux actifs et souterrains. Mais les mineurs, à l'exception d'un seul qui assurait qu'on creusait sous les glacis, allaient souvent aux écoutes, et venaient abuser le général, en lui répétant les uns et les autres qu'ils n'entendaient absolument aucun bruit, et que, par conséquent, l'ennemi ne contreminait pas.

Il avait bien été question en conseil de guerre de faire sauter nos mines, mais la proposition fut rejetée par deux raisons; la première, parce que l'ennemi n'était pas en assez grand nombre et pas assez avancé sur nos glacis, et qu'ensuite nous nous nuirions essentiellement à nous-mêmes, en détruisant ainsi la ligne fortifiée de nos palissades et de nos chemins couverts.

Le soir même du 11 sur les dix heures, les batteries ennemies éclatèrent à la fois dans toutes leurs lignes ; une heure après le feu cessa tout-à-coup, et les postes avancés commençaient déjà à être inquiets de ce silence, lorsqu'on vint les prévenir en hâte de se retirer promptement dans leurs contrescarpes, toutefois en laissant des sentinelles perdues. On crut d'abord que nous allions faire jouer nos mines; d'autres disaient, au contraire, que c'étaient les assiégeans qui avaient l'intention de nous

faire sauter ; cette crainte venait de ce que l'on sup-
posait qu'ils n'étaient plus dans les tranchées de leur
troisième parallèle. Quoiqu'il en soit , une demi-heure
était à peine écoulée, qu'ils nous lancèrent sur le terrain que nous occupions des milliers de bombes et
d'obus; mais comme nous étions blottis dans nos contrescarpes , nous eûmes très-peu de blessés. Le baron Unterberger nous apprend que les assiégeans ayant été instruits de la question qui avait été agitée le matin en conseil de guerre de faire sauter nos mines, ils avaient trouvé
prudens d'évacuer leur troisième parallèle , et que le
soir on les avait pareillement prévenus, aussitôt que les
mêmes craintes nous avaient portés à venir nous réfugier
de notre côté dans nos contrescarpes. Le baron rapporte encore que, passant de la seconde parallèle dans
la troisième avec le capitaine Péuigel, une de nos bombes
tomba à l'entrée du magasin de la batterie de mortiers
du n° 26 et y creva. Un artificier et un bombardier, qui
étaient dans le magasin , eurent la présence d'esprit de
jeter une capotte sur un baril de poudre qui était ouvert, et le couvrirent de leur corps ; la bombe éclata
à trois pieds et ne fit que les couvrir de terre. Le feu
prit aux fascines de dessus le magasin ; ils l'étouffèrent
en y jetant de la terre : cette conduite leur valut la médaille.

Le vendredi 12 juillet, le feu des alliés fut forcé de se
ralentir par les dégats infinis que nous avions causés
pendant la nuit dans leurs batteries, quoiqu'elles fussent
masquées. Ils furent obligés de regarnir de mortiers le
n° 26 de leur deuxième parallèle, ainsi que de pièces de
24 le n° 27 , dont ils venaient tout récemment de rétablir la batterie. Les réparations de leurs tranchées et le
double déplacement de ces bouches à feu , durent leur
demander un travail et un temps considérables.

A deux heures de l'après-midi, le 12, mon tour de service revint avec quatre-vingts grenadiers, et nous allâmes occuper la contre-garde du bastion des Capucins. La chaleur était accablante; les boulets, bombes et obus, exposés en pile au soleil, étaient si chauds, qu'on craignait de s'en servir pour charger les pièces; d'ailleurs on était haletant de chaleur; ces motifs nous permirent ce jour-là de rejoindre tranquillement notre poste. Mais à l'approche de la nuit, le feu des assaillans redoubla sur nous avec une ardeur extraordinaire, notamment sur la ville, dont nous ne parlerons plus, en assurant une fois pour toutes que cette malheureuse cité, à compter du 14 juin jusqu'au 26 juillet, recevait régulièrement par nuit mille à douze cents bombes, sans y comprendre un pareil nombre d'obus, de boulets rouges, etc. Une bombe, qui tomba sur la manutention, y tua plusieurs personnes, entre autres trois enfans.

Dans la nuit qui suivit le 12, un obus, ayant éclaté en l'air et très-près des artilleurs de notre batterie, les mit en désordre pour un moment. L'ennemi, qui s'en aperçut, voulant achever d'y mettre la confusion, lança sur eux mille projectiles qui nous furent funestes à tous : au point du jour, nous comptions, tant canonniers que grenadiers, neuf tués, et vingt-deux blessés qui s'étaient traînés sous la voûte de communication pour s'y panser eux-mêmes.

Les chaleurs de la journée du 13 furent encore plus rigoureuses que celles de la veille, et l'ennemi nous laissa assez tranquillement brûler par le soleil jusqu'à la nuit.

Ce jour-là, la garnison de Condé, faite prisonnière, sortit de la place et la livra aux assiégeans* : nous n'en savions rien.

La prise de cette place nous porta d'extrèmes atteintes ; elle rendit plus libres les mouvemens de l'ennemi, qui sut en profiter pour établir de nombreuses et formi-

* Cette place était commandée par le général Chancel.

dables batteries sur la rive gauche de l'Escaut , et enfiler les fronts de Poterne et de la courtine de Mons. Il réussit, et parvint, par un feu foudroyant, à détruire par la suite tous nos points de défense de ce côté. Il n'était plus possible, malgré les traverses que nous nous étions empressés de construire, de nous maintenir dans cette position, quoique les batteries de l'ennemi fussent contre-battues avec vigueur par le bastion des Huguenots, et son retranchement , ainsi que par la demi-lune du front de Tournai, etc., qui les prenaient en flanc, etc.

Le duc d'Yorck, qui voyait sensiblement diminuer de jour en jour ses munitions et ses hommes, aurait indubitablement été forcé de lever le siége , si la prise importante de Condé ne fut venue à son secours. Le baron Unterberger , dans son journal du 14 , rapporte que le duc, dès le 12 , lui avait donné l'ordre de faire tirer de Condé les pièces et projectiles nécessaires pour continuer le siége avec la plus grande vigueur ; et que les armemens considérables , comme nous l'avons déjà dit , qu'il avait fait faire sur la rive gauche de l'Escaut, provenaient d'un immense attirail d'artillerie qu'il y avait puisé.

Le 14 juillet au matin, au point du jour, nous entendîmes de toutes parts des salves d'artillerie et de mousqueterie; ce qui, dans le premier moment , nous transporta de joie , en nous faisant croire que c'était notre armée qui célébrait la fête du 14 juillet , et qu'elle était assez près pour chasser enfin l'ennemi et venir nous délivrer ; nous nous étions même déjà mis en élan pour nous rassembler et courir au-devant de nos libérateurs, les frères d'armes de l'*armée du Nord*. Mais nous étions dans l'erreur, ces scènes bruyantes n'étaient autres choses que des réjouissances pour la prise de Condé. Des cris perçans d'allégresse , accompagnés d'outrages et de menaces que nos ennemis , surtout les Anglais , nous jetaient aux oreilles, semblaient vouloir nous avertir que Valenciennes ne tarderait pas à subir le même sort. Un *Te Deum* fut chanté dans le camp des alliés ; chaque soldat reçut une triple ration d'eau-de-vie, et la soirée se prolongea fort avant dans la nuit , au milieu des fanfares , des danses et des plaisirs *.

Le 14 à une heure du matin, j'avais été relevé de garde, en ajoutant deux hommes seulement à la perte que nous avions déjà éprouvée la nuit précédente. A huit heures du soir mon service recommençait , et j'étais destiné d'abord pour l'avancé de St.-Saulve ; mais le chef de bataillon chargé du service général , ayant remarqué que c'était pour la quatrième fois que j'allais de suite dans les postes avancés les plus périlleux , me fixa avec cent hommes pour l'intérieur des remparts, à partir du Bastion-Royal jusqu'à celui des Huguenots, ce qui comprenait les courtines des Huguenots, de Mons et des Capucins , et les bastions des Capucins et de Poterne. Ce service consistait à placer des factionnaires sur toute la ligne des remparts , notamment près des bastions. Ces sentinelles n'avaient d'autre consigne que de voir ce qui se passait de remarquable dans les postes avancés pour en prévenir aussitôt et crier : Gare la bombe ! A ce sujet , il leur arrivait très-souvent de crier presqu'en même temps , suivant la successibilité rapide de ce projectile en l'air : Gare la bombe à droite ! Gare la bombe à gauche ! Gare la bombe au centre ! Gare la bombe partout ! Ces cris avaient pour but de fixer l'attention de chacun qui , en se mettant vivement à plat ventre selon l'indication , à droite , à gauche , évitait pour l'ordinaire les dangers que pouvait causer la bombe en tombant et en éclatant. Les hommes qui n'étaient pas en faction ne restaient point oisifs ; on les adjoignait aux canonniers

---

* On s'étonne de ce que le général Ferrand ne tenta pas ce soir-là une sortie , c'était le moment ou jamais.

pour les aider aux réparations continuelles de leurs batteries, et ceux-là étaient sans contredit plus exposés que les sentinelles elles-mêmes. Sur le matin, une bombe tomba, dans le bastion de Poterne, sur un canonnier qui était debout, et l'engloutit dans l'entonnoir qu'elle s'était creusé, de manière qu'on ne vit plus aucune trace ni de ses vêtemens, ni de son corps.

La nuit du 14 fut assez tranquille, et l'on n'entendit guère que la continuation de ces cris de joie qui se prolongeaient dans le lointain. Mais dès que le jour du 15 commença à paraître, le feu reprit avec une ardeur incroyable. Nos artilleurs y répondirent avec cette agilité et cette adresse qui leur étaient ordinaires, de façon qu'avant le milieu du jour les réparations que nos ennemis s'étaient efforcés de faire dans le jour et la nuit précédente, étaient tout-à-fait détruites.

Dans la matinée du 15 juillet, quatre mille Hessois vinrent remplacer une partie des pertes de l'ennemi. En même temps, les assaillans faisaient ajouter aux batteries nos 38 et 39 de la troisième paralièle, situées entre les deux ouvrages à corne, quatre pièces de 18, pour contre-battre la face de la demi-lune de Mons, ainsi que les flancs de droite et de gauche des grand et petit ouvrages à corne; et comme les bombes et les obus manquaient dans cette parallèle, les assaillans firent remplacer dans la batterie n° 41 les six mortiers par six autres hollandais, qui, en raison de leur structure, permettaient de lancer sous des angles plus petits les bombes dans nos chemins couverts.

La batterie ennemie n° 31, construite depuis peu, et dirigée contre la redoute St.-Roch et la branche gauche du petit ouvrage à corne, nous faisait beaucoup de mal. Le général Ferrand, qui apprend cela, s'adresse à un sergent des plus habiles de nos canonniers, et lui promet une bonne récompense s'il parvient à détruire cette batterie. Le sergent vole à la redoute St.-Roch, manœuvre deux pièces de 16, et en moins de cinq heures met la batterie ennemie en éclats et dans l'impossibilité de servir de long-temps. Le sergent va réclamer la promesse faite, et le général, dit-on, se rétracte de sa parole. Le canonnier, outré, déserte, et nous accable bientôt de projectiles dans tous les points qu'il connaît mieux que l'ennemi. Le lendemain le feu prit et consuma notre magasin aux fourrages ; et nos batteries de St.-Roch, du bastion de Poterne, etc., éprouvèrent journellement des chocs violens et inaccoutumés. Le fait que je rapporte ici n'est point controuvé ; ce sergent criait son nom toutes les fois qu'il nous causait du dommage ; et ce nom, je me plais à ne plus me le rappeler.

Sur le midi, un magasin de batterie sauta dans la demi-lune de la porte de Mons, ce qui épouvanta d'abord nos soldats ; mais ils retournèrent bientôt reprendre franchement leur poste : cette explosion nous coûta cinq à six hommes.

Sur le soir, un trompette apporta au général Ferrand une lettre du général en chef Custine, portant l'autorisation du duc d'Yorck de permettre à une femme de sortir de Valenciennes. Elle se nommait Melletier, femme du rédacteur du journal de Valenciennes intitulé l'*Argus*. Elle était enceinte, et avait avec elle une domestique et une petite fille d'environ neuf ans. Elle sortit par la porte de Tournai et fut menée à Onnaing au quartier du général Ferrari, qui, ne voulant pas l'autoriser à aller à Paris comme elle en témoignait vivement le désir, la fit conduire à Mons.

Il y avait eu pendant ce pourparler une suspension d'armes de trois heures, dont les Français, les Autrichiens, les Anglais, les Hanovriens et les Hessois profitèrent pour se réunir, nous en pénétrant jusque dans leurs tranchées, et eux en venant dans nos chemins couverts et nos palissades. Alors on se prit bras-dessus

bras-dessous, on trinqua, on but ensemble maintes ra-
sades d'eau-de-vie ; on causa, on se complimenta, on
s'embrassa mutuellement ; enfin nous étions joyeux et
contens, comme si nous eussions rencontré de véritables
amis après une longue absence.

Mais les généraux ennemis prirent bientôt ombrage
d'une entrevue aussi cordiale, et ils s'empressèrent de faire
dissoudre ces réunions, en faisant jouer leurs batteries
aussitôt que leur parlementaire fut rentré. Cependant on
ne se quitta pas sans trinquer et boire de nouveau, sans
se donner des poignées de mains, des accolades, et sans
se faire réciproquement des adieux de bonne amitié. Chacun de retour à son poste, il y eut des tranchées ennemies
un cri spontané de : *Vivent les Français !* auquel nous répondîmes par les mêmes acclamations : *Vivent les Autrichiens, vivent les Anglais!* Ces démonstrations allèrent
si loin, ce que l'on aura peut-être de la peine à croire,
qu'à compter de ce jour jusqu'au dernier du bombardement, les assiégés et les assiégeans ne cessaient
de claquer des mains et de crier : *Bravo, bravissimo !*
toutes les fois qu'un projectile était bien lancé et qu'il
causait beaucoup de ravages. Les Français furent les
premiers qui commencèrent leurs applaudissemens ; et
les Autrichiens, dans leur accent, faisaient continuellement retentir l'air de leurs *Prafo, prafizimo !* C'était
vraiment comme si l'on eut été à disputer un prix, où chacun apportait tous ses soins et toute son habileté pour
mieux réussir et exciter l'approbation des autres ; mais
le plus souvent on ne réussissait pas à son gré, alors on
était prévenu d'avoir été trop à gauche, trop haut, trop
bas, etc. Le jour suivant, sans aller plus loin, une bombe
ennemie tombe dans le bastion de Poterne et tue deux
canonniers ; un troisième monte à l'instant sur l'épaulement pour crier : *Bravo !* il a la tête emportée d'un boulet de 24, ce qui n'empêcha pas ceux qui restaient de

redoubler les cris de : *Bravo, bravo!* Qui peut concevoir des faits semblables au milieu de tant de dangers? Pour moi, qui en ai été le témoin, je me suis bien souvent demandé si tout ceci n'était point un songe....

Nous profitâmes de ce court armistice pour examiner les brèches extérieures entamées sur la demi-lune du Roleur, la courtine entière du grand ouvrage à corne, la lunette St.-Saulve et les demi-lunes établies derrière et sur le côté gauche de cette lunette. Elles étaient déjà presque toutes praticables et je les ai vues telles; et moi-même, ainsi que plusieurs autres, nous nous fîmes inconsidérément un jeu de descendre par ces brèches dans le fossé, et d'y gravir pour retourner dans les ouvrages. L'ennemi, quoiqu'il n'en parle pas, fut ainsi prévenu des points faibles par lesquels il put attaquer plus sûrement dans la nuit du 25 au 26. De notre côté, nous trouvons extraordinaire que le général Ferrand, ainsi que Tholosé, Dembarère et autres, ne disent pas un mot de ces brèches importantes, qui ont entièrement contribué à hâter de plusieurs semaines la reddition de la place.

Le général Ferrari témoignait depuis quelques jours au baron le désir de faire construire du côté d'Anzin une batterie qui pût ricocher sur la courtine de Mons, où les Français, avec leurs pièces ambulantes, continuaient d'être si entreprenans et si redoutables. Précisément ce jour-là 15, le baron était en course pour répondre aux intentions de son général, lorsque le feu cessa de part et d'autre. Il s'imagina dans le premier moment que la place demandait à capituler, et qu'un armistice en était la conséquence. Les Français, qui se montraient en foule sur les remparts, sur les épaulemens et jusqu'aux avant-postes autrichiens, venaient le fortifier dans cette *heureuse idée* ; mais il ne tarda pas à savoir que cette suspension momentanée n'était que pour faciliter la sortie de cette femme Melletier. Toutefois, le baron profita de cette circonstance pour s'approcher des ouvrages de la place et les examiner de plus près.

Quelques hommes passèrent à l'ennemi dans cette soirée; il se trouvait dans le nombre le sergent d'artillerie dont nous venons de parler. Ce dernier rapporta à l'ennemi qu'il n'existait plus dans la place que quatre-vingt-dix bouches à feu en état de servir encore, que les autres étaient démontées, et que les faibles restes de la garnison ne demandaient qu'à se rendre; qu'on était harassé et constamment entre la vie et la mort, etc.

Quoique les Autrichiens nous eussent déjà fait part que Marat avait été poignardé par Charlotte Corday, ils nous lancèrent néanmoins à l'entrée de la nuit des obus vides, dans lesquels cette nouvelle se trouvait redite; ces obus contenaient en outre des injures, des menaces, que c'en était fait de la république, que nous serions tous fusillés les uns après les autres pour *expier nos forfaits*, etc... Quel contraste avec tout ce qui s'était passé trois ou quatre heures auparavant !

Dans la nuit du 15 au 16 juillet, notre feu fut des plus actifs; et, quoique le baron assurât que les siens y avaient répondu plus fort encore, pour ne pas, prétendait-il, nous laisser prendre d'ascendant, il n'en était pas moins vrai qu'au matin leurs embrasures, leurs épaulemens étaient sens dessus dessous, et que la plupart de leurs pièces étaient réduites au silence. Le jour venu, nous maintînmes notre avantage sur eux en continuant de les assaillir. Nos artilleurs, étant parvenus à connaître au juste la direction des passages de communication entre le grand parc d'Onnaing et les tranchées ennemies, y dirigeaient leurs projectiles avec une adresse et une précision telles que des chemins étaient encombrés de débris d'artillerie qui obstruaient la circulation des autres pièces; et ces pauvres Hessois, arrivés de la veille, avaient déjà perdu en moins de trente-six heures les deux cinquièmes des quatre mille hommes qui formaient leur corps.

Le 16 à cinq heures du soir, je fus relevé ; pendant cette garde, je fus témoin du fait que je vais rapporter. Le général Unterberger venait de faire rétablir une forte batterie de mortiers (n° 22) dans un ravin situé en face du bastion des Capucins, à environ trois cents mètres des avancés de la place. Un tertre qui se trouvait en avant la garantissait des insultes de nos boulets, et par cela même nous foudroyait impunément. Un ancien artilleur, quoique peu instruit, conçoit néanmoins que cette batterie n'est pas hors d'atteinte ; il propose au capitaine Suard, son commandant, de faire un essai contre elle, et ne demande que six coups de canon. Cette permission lui ayant été accordée, le canonnier, d'après son calcul, pèse une certaine quantité de poudre, en charge une pièce, l'ajuste avec un petit morceau de bois à peu près de la longueur de son doigt ; il se met à l'écart, y fait mettre le feu et examine la portée du boulet. Il charge une seconde fois la pièce avec une nouvelle mesure de poudre, il rectifie son point de mire en rognant un peu son petit morceau de bois ; il fait tirer la pièce, reconnaît encore un léger défaut qu'il corrige, et par une troisième décharge il parvient à faire tomber le boulet dans la batterie ennemie. Pour réussir ainsi, le boulet, par une trajectoire presque insensible, ne devait passer qu'à un ou deux pouces du tertre ; plus haut il passait par-dessus la batterie, plus bas il atteignait le monticule. L'artilleur, au grand étonnement de son capitaine, de ses camarades et des spectateurs, chargé en chef du service de ce bastion, détruisit en moins de trois heures cette batterie de mortiers, dans laquelle l'ennemi ne put désormais se maintenir. A la prise de Valenciennes, les canonniers autrichiens voulurent connaître le chef qui avait si bien dirigé la batterie des Capucins; on leur présenta notre vieux artilleur, qui reçut de leurs mains un très-beau sabre d'honneur.

La nuit du 16 au 17 ne fut pas aussi active que les précédentes; nous devions nécessairement tous travailler à nos réparations, prendre ensuite un peu de repos et laisser refroidir les pièces*.

Le mercredi 17 juillet au matin, le feu recommença de part et d'autre avec cette impétuosité ordinaire. Les mineurs ennemis avaient poussé leurs trois galeries à quarante-huit mètres en avant**, et les deux rameaux auxquels ils travaillaient furent conduits dans ces mêmes directions, sous un terrain de pur gravier.

Une de nos bombes tua le second officier des mineurs ennemis ; une autre fit sauter un magasin de poudre de provision de leur batterie n° 28. Unterberger, qui se trouvait alors aux avant-postes, fut fortement ébranlé de cette commotion. Pendant le reste de la journée et la nuit suivante, nos artilleurs achevèrent de porter le ravage dans les retranchemens et dans les troupes de l'ennemi, ce qui le força de taire son feu des batteries n°s 4 et 6 et de toutes celles de la seconde parallèle. Ce jour-là, il fut amené dans les parallèles six canons de 16 et quatre mortiers de 12 pouces, qui avaient été tirés de Condé.

Le 18 juillet, jeudi au matin, le feu fut assez vif des deux côtés; nos boulets portaient moins juste que la veille et les jours précédens, parce que nos embrasures

---

* Une fièvre brûlante que constata par écrit le chirurgien-major du bataillon de la Charente, me fit dispenser de service : je restai quatre jours sur le grabat. Cette indisposition provenait des chaleurs excessives et de cette soif dévorante que j'avais éprouvées dans la journée précédente Je repris mon service le 22 suivant.

** La première de ces galeries pénétrait sous les palissades de l'angle droit du grand ouvrage à corne de Mons ; la seconde était dirigée sur l'angle opposé et très-près de la route de sortie de la porte de Mons; la troisième était en ligne directe sous la droite de la route de Mons.

et nos épaulemens, étant plus délabrés que de coutume, ne permettaient pas à nos canonniers de pointer posément. Mais il n'en était pas de même de nos mortiers, qui, mieux abrités, nous donnaient la facilité de les ajuster avec plus d'aplomb, et de causer par cela même plus d'avaries et de désordres chez nos ennemis.

Les mineurs des deux partis ne s'entendaient point travailler réciproquement, quoique nos adversaires eussent déjà pénétré bien avant sous nos glacis et nos chemins couverts. Les nos 32, 38 et 40 de leur troisième parallèle, dont les batteries, au moyen des zigzags, dépassaient pour ainsi dire nos avancés de St.-Saulve et de Mons, n'attendaient plus depuis deux jours que le moment de commencer contre nous une attaque terrible d'artillerie, en faisant éclater leurs globes de compression et fondant ensuite sur nous avec des masses considérables d'infanterie. Mais prévenus par des déserteurs de la place des intentions que nous avions, ils n'osèrent point encore mettre leurs projets à exécution. Nous, de notre côté, comme nous ne doutions point de leurs desseins, nous avions chargé et bourré nos fourneaux, les mèches étaient allumées, et nous étions décidés à y mettre le feu aussitôt que nous trouverions les assiégeans un peu plus près qu'ils ne l'étaient. C'est dans cette attente réciproque que nous passâmes la journée du 18 et la nuit suivante à nous échanger une grande quantité de boulets, de bombes, d'obus, de mitraille et de balles, auxquels nos ennemis ajoutaient des milliers de grenades et les pavés de la grand'route de Mons.

La municipalité renouvela son invitation aux *citoyens* et aux *citoyennes* de donner du linge, de la charpie et des étoupes de fin lin pour le pansement des blessés, et bientôt, grâce particulièrement aux dames, on n'en manqua plus (*XVI*).

Depuis le 15, le colonel Mongrif, pour suivre les intentions du général Ferrari , s'était occupé sans relâche de la construction de deux batteries situées en avant de la Bleuze-Borne et touchant au canal*. Elles furent bientôt armées de huit pièces de 24 et de six mortiers qu'on avait tirés de Condé (n°s 57 et 58). Cette position, à neuf cent cinquante mètres environ du corps de la place , quoiqu'un peu éloignée, remplissait néanmoins parfaitement le projet de l'ennemi, celui d'être en ligne directe de l'avenue de la courtine de Mons qu'on pouvait balayer d'un bout à l'autre avec la batterie de canons , et d'atteindre avec succès nos batteries ambulantes et celle de mortiers établie sur la porte de Mons, qui s'y trouvaient embusquées, et qui jusqu'alors avaient causé tant de ravages dans les tranchées de l'ennemi. Cette batterie avait encore l'avantage de battre en revers le point gauche du bastion de Poterne. Dès le moment que nous nous aperçûmes de ces travaux, la position nous parut dangereuse ; aussi tirâmes-nous sans relâche sur les ouvriers, et nous étions déjà parvenus à leur enfoncer des plates-formes, à leur démonter des pièces , avant même que ces batteries fussent mises en action. Plusieurs fois, dans le cours de cinq à six jours, la batterie de canons fut démontée et défaite entièrement.

Le 19 juillet au matin , un aide de mines déserta et entra dans la place ; cette désertion causa beaucoup d'alarmes chez les assiégeans. En effet, cet homme nous avait rapporté, dans le plus grand détail , tous les travaux de mines qu'ils avaient faits et auxquels il avait participé lui-même.

Au point du jour, le feu des deux partis fut recom-

* Ce colonel en avait bien déjà fait construire une dans l'emplacement même de la Bleuze-Borne (no 59), position dominante qui se trouve sur la droite de la chaussée de Condé ; mais ce point était trop éloigné et ne remplissait pas d'ailleurs le but que l'on s'était proposé.

mencé avec le même acharnement que dans les journées
précédentes. L'ennemi fit jouer ce jour-là pour la première fois ses batteries d'en avant Bleuze - Borne ,
(57 et 58). Leurs boulets, qui, comme nous venons de le
dire , prenaient en travers notre bastion de Poterne et
enfilaient en même temps la courtine de Mons dans
toute son étendue, firent, par cette attaque , un mal affreux , ce qui nous força pour le moment d'abandonner
ces deux positions. Nous avions bien cherché d'abord
à établir des épaulemens de traverses; mais ces travaux,
faits à la hâte avec des terres mouvantes et n'offrant ainsi
qu'une faible résistance, furent bientôt éboulés, et nous
fûmes contraints de transporter nos batteries ambulantes
dans la courtine des Capucins.

Cependant nous obtenions toujours un avantage marquant sur les batteries ennemies , et les avancés de St.-
Saulve avaient ruiné de fond en comble la batterie du n°
27 de la seconde parallèle ; ce qui mit , la nuit suivante ,
Unterberger dans la nécessité de remplacer encore une
fois les pièces de 24 de cette contre-batterie.

Les mineurs autrichiens ne discontinuaient pas leurs
travaux souterrains; on leur avait donné cent cinquante
quintaux de poudre pour charger leurs fourneaux.

Les deux machines que l'ennemi employait pour mettre des grains aux bouches à feu évasées , ne suffisaient
pas au service, quoiqu'elles allassent nuit et jour ; on fut
contraint d'en établir une troisième ; et sans la sage pré-
caution du général Puttenstein , commandant l'artillerie
de campagne , de faire venir une quantité de bombes de
Luxembourg et de mettre en activité les fonderies du
pays, il y aurait eu long-temps que l'ennemi eût été à bout
de l'immense approvisionnement qu'il avait fait traîner
de Vienne, ainsi que de toute l'artillerie qu'il s'était pro-
curée en Hollande. A la prise de Condé on fut désormais
à l'abri de tous besoins , soit en artillerie, soit en projectiles , en munitions de poudre , etc.

Dans l'après-midi du 19 , le magasin de provision de poudre du bastion des Capucins sauta , et il y périt plusieurs hommes.

Par une circonstance extraordinaire, mon tour de service ne revint que sur les cinq heures du soir , et j'allai ce jour-là relever avec quarante grenadiers et soixante fantassins, le poste du chemin couvert de la lunette St.-Saulve. Dans la nuit qui suivit, j'éprouvai des pertes sanglantes, par l'effet des obusiers et des pierriers hollandais. A ce sujet, il faut dire comment les assiégeans s'y prenaient pour mieux nous atteindre et nous maltraiter plus sûrement.

Leurs batteries d'obusiers , éloignées tout au plus de 48, et ensuite de 24 mètres de nos palissades , lançaient avec une faible détonation leurs obus , qui roulaient doucement sur la terre comme si l'on eût joué à la courte boule. Si le projectile rencontrait un palis et qu'il y fût arrêté, l'explosion en déchirait un ou plusieurs et en faisait jaillir les éclats dans les côtes ou les reins des hommes qui se trouvaient blottis derrière ces palis ; s'il restait entre deux , l'explosion devenait encore plus meurtrière ; s'il passait outre , en faisant un bond par-dessus nous , ce qui arrivait le plus souvent, il était peu dangereux, parce qu'il roulait toujours derrière et au-dessous de nous ; mais s'il restait sur notre banquette , il nous faisait beaucoup de mal. Cependant nous ne fûmes pas long-temps sans nous prémunir contre ces dangers. Les assiégeans ayant la maladresse de laisser à leurs obus , aussi bien qu'à leurs bombes, les mèches pour l'espace entier de leur portée ordinaire , il en résultait que, n'en parcourant que la huitième partie , nous avions le temps de les prendre et de les jeter à l'écart, avant que les mèches ne communiquassent le feu. Ainsi donc, quand les factionnaires aux écoutes entendaient venir un obus , le plus près se chargeait de prévenir ou d'empêcher lui-

même les effets de son explosion. Néanmoins on ne réussissait pas toujours, il arrivait quelquefois que l'obus
crevait plus vite qu'on ne s'y attendait ; alors malheur
pour ceux qui se trouvaient à sa portée, lorsqu'il venait à éclater plus subitement. Quant aux pavés, aux
barres en fer et aux grenades qu'ils nous envoyaient pareillement à bas bruit, ils étaient si près de nous *, que,
forcés de leur faire décrire une courbe, leurs projectiles
passaient par-dessus nous et ne nous atteignaient qu'assez
rarement. Cependant, vers la fin, les bombardiers, en
leur donnant une impulsion moins forte, en faisaient ricocher qui nous blessaient mortellement. Quands ces pavés et
morceaux de fer, en masse de dix à douze pièces, tombaient, la terre en était tellement ébranlée, qu'on eût dit
qu'un pan de mur s'écroulait sur nous et nous engloutis-
sait sous ses décombres**. Les grenades, que nous reje-
tions comme les obus lorsqu'il en tombait sous notre
main, ressemblaient par leur chute et leur fracas à ces
fusées volantes qui, à la fin de leur course, éclatent par
les mille pétards et les mille serpentins.

En général, les blessures que nous éprouvions de cette
manière étaient inguérissables, d'autant plus qu'on n'a-
vait pas sur-le-champ des chirurgiens pour procéder aux
premiers pansemens ; cependant nous dirons, pour être
juste, qu'il y eut plus tard quelques chirurgiens, entr'autres, MM. Duchesne et Agassé père, de Valenciennes, qui
s'établirent en quelque sorte en permanence sous les voûtes de communications. Ces lieux se trouvèrent ainsi désormais presque convertis en hôpitaux, car depuis plusieurs semaines déjà nous n'en avions pour ainsi dire plus
dans la place : l'hôpital civil, saccagé dans le haut, était
encombré dans le bas d'hommes et surtout de femmes, et

---

* La distance qui nous séparait n'était pas de plus de douze à quinze mètres.
** La grand'route de Mons avait été dépavée dans l'étendue de plus d'une lieue.

l'Hôtel-Dieu, ainsi que les trois autres hôpitaux, ne présentant qu'un tas de décombres, n'étaient plus habités.

Le samedi 20 juin, le feu fut fort animé de part et d'autre. La batterie de canons d'en avant Bleuze-Borne (n° 58), qui battait le flanc gauche de notre bastion de Poterne et en ligne directe notre courtine de Mons, nous avait contraints dès la veille de transporter nos pièces ambulantes dans la courtine des Capucins, qui, quoique éloignées du centre des batteries ennemies, furent néanmoins mises en action d'une manière avantageuse. Le baron Unterberger fit joindre aux six mortiers du bord du canal (57), deux autres mortiers tirés aussi de Condé. Il aurait bien voulu faire servir ces batteries contre la citadelle, mais il en était trop éloigné. Dans son bulletin du jour, le baron ne fait monter ses pertes depuis le commencement du siége qu'à cent vingt-cinq morts et 111 blessés. Le général Tholosé rapporte que l'ennemi y avait déjà perdu plus de trente mille hommes, et certainement il était bien moins éloigné de la vérité que le baron n'en était près.

Comme les batteries 57 et 58, ainsi que celles des n°s 56, 55 et 54, continuaient à nous harceler, et que le bastion des Huguenots et les batteries circonvoisines n'étaient pas encore parvenus à les démonter tout-à-fait, nous renouvelâmes nos feux dès le matin; nous tirâmes dessus six cents boulets, deux cents bombes à peu près, et en moins de trois heures nous leur avions mis en éclats, canons, mortiers, affûts, plates-formes, etc., particulièrement des 58 et 57me batteries. Aussi l'ennemi se plaint-il amèrement que dans cette nuit il fut, non-seulement bouleversé, mais encore qu'il n'avait pu réparer ses batteries, tant notre feu de la nuit et du matin avait été violent et soutenu.

Les journées des 21 et 22 juillet, dont je ne ressentis pas les excès, furent des plus meurtrières, et partout

ce n'était que le carnage et la mort. Les chaleurs
excessives qu'il fit pendant ces deux jours, jointes à la privation d'eau , ne faisaient qu'augmenter les souffrances,
et les maux étaient poussés à un tel point qu'un grenadier blessé mortellement disait : « Tant mieux, je
ne vais bientôt plus souffrir ! »

Ma fièvre étant passée, mon service recommença dans
la nuit du 22 juillet, à une heure du matin, et je vins occuper avec cent cinquante hommes , commandés par un
capitaine plus ancien que moi, le poste le plus périlleux,
celui du chemin couvert de la demi-lune du Roleur ; nous
y arrivâmes au milieu des grenades, des obus, des pierres , des barres en fer et d'une fusillade épouvantable.
Les hommes que nous relevions avaient été écrasés , et
ceux qui restaient s'étaient réfugiés sous les contrescarpes, quoique cela fût expressément défendu. Aussitôt établis dans nos palissades, nous commençâmes notre fusillade ; mais, soit que les assiégeans fussent fatigués , soit
qu'ils crussent que nous fussions en plus grand nombre,
ils arrêtèrent incontinent leurs feux, et nous laissèrent
tranquilles le reste de la nuit. Nos canonniers en profitèrent pour travailler activement au remplacement des
pièces qui avaient été mises hors de service *.

Au point du jour, notre artillerie en général étant ra-
vitaillée recommença ses attaques avec tant d'impétuosité
que la terre en tremblait. L'ennemi ne fut point en retard
pour nous répondre. Toute la ligne ennemie avait été
forcée de se taire et d'attendre la nuit pour tâcher de réparer les dégâts infinis causés dans ses tranchées. Les
batteries des n°s 27 et 28 de la seconde parallèle furent
dégradées au point qu'elles avaient exigé à elles seules le

---

* C'est particulièrement dans ce poste avancé, ainsi qu'à celui de la lunette St.-
Saulve , que nous fûmes à même de nous apercevoir , par la couleur des pierres et
des terres graveleuses que l'ennemi jetait et qui roulaient jusqu'à nous , qu'elles ne
pouvaient provenir que des entrailles de la terre, et qu'il contreminait.

remplacement de huit bouches à feu. Les ouvriers surtout leur manquaient, et leurs chemins de communica-
cations, aussi bien que leurs boyaux, étaient obstrués par
des débris de batteries et des décombres de toute nature.

L'ennemi, dans cette journée et une partie de la nuit
suivante, fut dans un mouvement et une agitation perpé-
tuelle. Nous essayâmes bien d'en profiter en faisant valoir
notre mousqueterie, mais un coup de fusil nous en valait
cinquante autres, ce qui nous contraignit à être plus cir-
conspects. Dès le matin, sur les dix heures, la batterie
du bastion de Poterne avait été mise en désarroi, et nos
canonniers, toujours infatigables, s'excédaient de travaux
et de peines pour la remettre en état, car on s'attendait
bientôt à une attaque vive et générale.

La perte que j'avais éprouvée dans la journée de la
veille 22 et la nuit qui suivit, avait été peu considérable ;
mais le 23 juillet, dès le point du jour, un feu violent partit à la fois sur tout le front de l'ennemi, et il continua de
la sorte jusqu'à midi. Dans notre poste particulièrement,
nos palissades étaient sens dessus dessous, ce n'était
plus que désastre et confusion; et, si j'en excepte la nuit
du 25 suivant, jamais je n'avais vu tant de tumulte ni
essuyé une perte aussi cruelle. Le capitaine qui commandait avait été tué la veille, et je l'avais remplacé. Sur les
deux heures de l'après-midi, je fus relevé par deux
cents hommes du bataillon des Deux-Sèvres et de celui
des Gravilliers. Le chef de bataillon Leféron, qui commandait cette troupe, me dit en m'abordant : « Où sont
vos hommes, vous ont-ils abandonné ? — Non, voyez-en
les cadavres !.... » Il ne me restait plus qu'une centaine
d'hommes des cent cinquante que j'avais en arrivant le
22 au matin. Cette nuit-là, tout était en feu dans la ville;
on y voyait comme en plein jour, et la lumière de la lune,
quoique dans son plein, était éclipsée par l'éclat des incendies. La poterne de communications dans le terre-

plain du grand ouvrage à corne avait été enfoncée dans
deux endroits , et les malheureux blessés y étaient dans
le plus grand danger , etc.

Le lendemain 24 juillet , à cinq heures du matin , je
vins avec cent grenadiers de la Côte-d'Or m'établir dans
le chemin couvert du saillant gauche du grand ouvrage à
corne ; ce service dura jusqu'au 26 juillet, jour où je fus
hissé du fossé sur le rempart, et ce fut le dernier que je
fis dans Valenciennes.

Reportons-nous au 22 juillet précédent, et analysons,
d'après le journal du baron Unterberger, les préparatifs
que fit l'ennemi pour sa grande attaque du 25 au soir.
« Les mines de l'ennemi auxquelles on avait travaillé sans
discontinuer étaient presque prêtes. Il avait été décidé
qu'un ou deux jours avant leur explosion on ferait jouer
ensemble avec la plus grande vigueur les batteries des
trois parallèles , afin de faire taire celles de la place et
d'épouvanter les Français.

» Pour cet effet, le baron fit transporter le soir du 22
aux batteries de la troisième parallèle , les munitions et
les troupes nécessaires. D'après les instances vivement
réitérées de la part des Anglais, on leur permit de servir
la batterie n° 18 bis de la deuxième parallèle , et les
artilleurs hanovriens servirent la 32e batterie de la
troisième. Dans la soirée , deux officiers-supérieurs
d'artillerie furent commandés pour la tranchée , afin de
porter leur attention sur toute son étendue. On recom-
manda particulièrement aux commandans des batteries
de redoubler d'ordre , de surveillance et d'activité dans
le feu de la nuit suivante. » Nous, de notre côté, nous pré-
voyions bien , aux mouvemens et aux préparatifs immenses qui s'opéraient sous nos yeux, que l'ennemi pré-
méditait une attaque soudaine et extraordinaire; et nous
l'attendions avec résolution , courage et sang-froid.

L'ennemi fit armer les batteries de ses trois parallèles

de cent trente-quatre nouvelles bouches à feu de tout calibre (*N° L*); et cette artillerie formidable, répartie sur
une simple étendue de trois bastions, était là toute prête
à foudroyer les courageux défenseurs de Valénciennes,
déjà réduits à un bien petit nombre.

Le 23 juillet, à trois heures du matin, une salve des
huit mortiers de la batterie n° 22 de la seconde parallèle fut le signal d'une attaque générale, et bientôt partit
de toutes les batteries ennemies un feu si terrible, qu'il
est impossible de s'en faire une idée : des masses de
parapets se détachaient, des pans de murs entiers s'ébou-
laient dans les fossés; les bombes écrasaient nos batteries et réduisaient en cendres les maisons de la place.
Les boulets, qui passaient par-dessus les remparts, sif-
flaient à travers la ville et y causaient les plus grands
ravages. Les Français, toujours calmes, toujours intrépides, répondaient à ce bruit et ce fracas épouvantables
avec une résolution et une adresse au-dessus de tout
éloge. Tel est le langage que le baron Unterberger
lui-même tenait à notre égard.

Nous avions reçu l'ordre d'attendre les assiégeans à
la baïonnette et de ne faire feu que lorsqu'ils tenteraient
de vouloir franchir nos palissades. Fidèles à cette injonction, nous reçûmes ainsi des nuées d'Autrichiens et
d'Anglais gorgés d'eau-de-vie, qui, sortis de leurs
boyaux au moment des foudres de leur artillerie, s'élan-
cèrent de toutes parts sur nos chemins couverts. Forcés
de rentrer au plus vite dans leurs lignes, ils se contentè-
rent de nous assaillir de balles, de grenades et de pavés.
Unterberger, dans son journal, ne dit pas un mot de cet
assaut et de ce cruel échec, où ils firent des pertes incal-
culables.

« Quand le jour fut venu, on vit que les Français
avaient fait sur la courtine de Mons deux embrasures en
bois à la *Montalembert*, couvertes par dessus; mais les

batteries réunies des assaillans , tirant sur ce point de mire, les eurent bientôt confondues, de manière à ce qu'il ne restât presque plus rien sur le parapet.

» Vers midi, les assiégeans apaisèrent leurs feux pour laisser refroidir leurs pièces. Aussitôt que les assiégés s'en aperçurent, ils recommencèrent à tirer. On les força pour un moment au silence, mais ils reparurent bientôt de nouveau avec une telle vivacité, que les alliés ne pouvaient concevoir une opiniâtreté aussi inattendue.

» A l'entrée de la nuit, le feu reprit pour la troisième fois , et les ennemis firent jouer leurs mortiers à pierriers et à grenades pour achever de nous écraser dans nos places d'armes , et de nous rendre très-périlleuses les réparations de nos palissades et de nos chemins couverts. Leurs mineurs avaient fini leurs travaux de mines, et ils s'apprêtaient définitivement à charger leurs fourneaux. Les deux batteries 57 et 58, établies dans le bas de Bleuze-Borne, sur le bord du canal, avaient pris dans la nuit précédente une grande part au commencement de l'action ; mais en moins de deux heures, elles avaient été écrasées par le bastion des Huguenots , le bastion de la porte de Tournai , et leurs batteries avancées. Les restes de la garnison étaient restés sous les armes depuis trois heures du matin , et avaient occupé les avancés de la citadelle et autres points de la place , dans la crainte que ce ne fût une fausse attaque.

Le jour du 24 juillet et la nuit suivante furent assez tranquilles ; les assiégeans avaient trop à faire dans leurs tranchées pour s'occuper à nous bombarder ; toute leur attention se bornait à continuer sur nos avancés leur jeu d'obus, de grenades et de pavés, pendant que leurs batteries de 24 des nos 38 et 39 de la troisième parallèle, rétablies de fond en comble pour la troisième fois, tiraient à mitraille sur nos batteries et notre courtine de Mons , dans laquelle nous avions fait revenir nos pièces ambulantes, depuis que nous avions anéanti leurs batteries fixées sur le bord du canal.

Nos ennemis s'étaient extrêmement approchés de nos chemins couverts; ils redoutaient néanmoins que nous n'eussions des mines prêtes à faire sauter sous les pieds de ceux qui auraient la témérité de s'en rapprocher davantage; ils craignaient ensuite que nous ne vinssions à les devancer dans leurs projets de nous faire sauter les premiers. Leurs braves ingénieurs, dit le baron, avaient débouché par la sape en quatre endroits, et en s'avançant trop, ils avaient perdu quelques hommes. Les Français, de leur côté, sans s'inquiéter des redoutables pièces de 24 qui, dans tout autre circonstance, les auraient épouvantés, continuaient à lancer des bombes qui, en moins d'une demi-journée, avaient fait sauter à l'ennemi trois de ses magasins de provision de poudre.

L'ennemi aurait bien voulu *nous faire danser* dans la nuit qui venait de s'écouler, mais la charge des fourneaux et certains travaux non encore entièrement terminés l'en avaient empêché; ce qui en fit surseoir l'ordre pour le lendemain.

Le jeudi 25 juillet, à la pointe du jour, on nous envoya quelques renforts, et je reçus pour ma part vingt-cinq grenadiers, pour remplacer ceux que j'avais perdus et renforcer mon poste*. Nous nous aperçûmes au matin que les travaux de sape étaient parvenus tout près de nous; nous nous efforçâmes d'arrêter les travailleurs par une fusillade soutenue et la mitraille; mais, à leur tour, méprisant nos coups, ils s'occupèrent sans relâche de prendre les dispositions nécessaires pour l'explosion des

---

* Nous n'ignorions point le parti définitivement pris par l'ennemi; les terres graveleuses amoncelées sur leurs épaulemens, les rapports de leurs déserteurs, notamment de celui du 19, qui nous avait assuré qu'on minait sous nos glacis, ne nous laissaient plus aucun doute à ce sujet; aussi nous sommes-nous souvent demandés pourquoi le général Ferrand n'a pas, sur la fin, cherché à prévenir son ennemi, en

mines creusées sous nous et pour l'attaque de vive-force
de nos chemins couverts, qui, à l'entrée de la nuit, devait
avoir lieu sur trois colonnes. La première, composée
des troupes impériales, devait se porter de front sur le
saillant de gauche de la demi-lune du Roleur; le grand
ouvrage à corne, sur son saillant gauche, serait attaqué
par la deuxième colonne formée des Anglais et des Hanovriens; et la troisième, se composant des Hongrois et
des Valaques, devait agir de la même manière sur le
petit ouvrage à corne et sa lunette avancée. Chaque colonne avait son ingénieur et un bon nombre d'ouvriers
armés d'outils et de matériaux nécessaires pour construire de suite les logemens convenables. Toutes ces
troupes se rendirent sur le soir dans la tranchée, où
elles se placèrent en attendant le moment favorable de
l'attaque. Le baron Unterberger, qui nous fournit une
partie de ces détails dans son journal, fit rentrer dans la
deuxième parallèle les canonniers de la troisième, les
plus proches des globes, afin de ne pas les exposer à
leurs effets désastreux, le terrain surtout étant très-pier-
reux*. Quant aux autres batteries, elles devaient faire,
dans l'action, le feu le plus vif possible, toutefois sans
gêner les mouvemens des assaillans.

Nous, pendant cette grande agitation et ces préparatifs immenses, dont nous nous étions parfaitement aperçus pendant la journée, nous n'avions cessé de les accabler
de nos projectiles**, et ils nous avaient faiblement répondu pendant la matinée. Sur les deux heures de l'après-

faisant éclater quelques mines avancées; le moment était cependant favorable. La
mort du général nous laisse là-dessus un problème qui ne sera jamais résolu d'une
manière exacte.

* Les divers mouvemens de l'ennemi dans cette journée du 25, avant l'explosion
des globes, leur coûta de douze à quinze cents hommes.

** Unterberger, pour être conséquent avec lui-même au sujet du globe placé devant la lunette St.-Saulve, dont il ne parle pas, ne cite que les batteries des nos 31,
32, 33, 34, 35 et 36; mais le feu de celles des nos 40 et 41, qui étaient vis-à-vis cette
lunette, cessa pareillement, et nous sommes certain de cela.

midi , leurs feux reprirent cette vigueur accoutumée ;
ils les suspendirent entre le coucher du soleil et le lever
de la lune, c'est-à-dire sur les huit heures , et c'est sans
doute dans cet intervalle que les nombreuses troupes
d'attaque vinrent se ranger dans leurs boyaux avancés.
Dans cette nouvelle relâche , nous retombâmes bientôt
dans la même anxiété de la veille : ce morne silence était
pour nous le pronostic d'un grand événement. Absorbés
pour ainsi dire dans des réflexions insensibles, nous attendions les événemens avec ce stoïcisme mêlé de crainte,
d'insouciance et de résignation , car désormais nous ne
pouvions plus douter que nous ne touchassions à un dé-
nouement prochain et sanglant.

NUIT TERRIBLE DU 25 AU 26 JUILLET.

Sans m'attacher pour le moment à faire connaître les
contradictions sans nombre qui existent entre le récit
du major Unterberger et son plan de siége , et même
dans les deux ouvrages à la fois , je vais retracer avec
sincérité , et suivant des notes exactes que je recueillis
dans le temps, tout ce que je vis et ce que je ressentis
dans une nuit qui nous fut si cruelle et si funeste.

J'étais, comme je l'ai déjà dit, de service avec cent
grenadiers , depuis la veille à cinq heures du matin , et
j'occupais le chemin couvert de la face gauche du
grand ouvrage à corne , à partir de son saillant jusqu'à l'épaulement voisin. Il pouvait être neuf heures ,
lorsqu'au moment où la lune à son lever , sortant à travers les arbres d'Etrœux , apparaissait presque devant
nous et commençait à remplacer le dernier crépuscule
du jour , un feu général partit subitement de la première et de la seconde parallèle.

Après quelques décharges faites avec confusion, le feu
s'apaisa , et incontinent deux coups de canon de 24 de
la batterie nº 10 donnèrent le signal de l'attaque. Il
pouvait être alors neuf heures et un quart , lorsque

l'explosion d'un premier globe de compression (ce que nous appelions dans le temps *fougasse*), éclata à environ cent pas de la droite de mon poste, où je me trouvais de ma personne. La commotion, dont nous ressentîmes assez vivement la secousse, avait fait sauter le glacis et le chemin couvert de la face gauche de la demi-lune du Roleur; à l'instant même des cris perçans et prolongés de : *Vorwarts, vorwarts, vorwarts!* (ce qui signifie : *en avant, en avant*), partirent près de ce lieu bouleversé, et vinrent frapper nos oreilles*. Une minute à peine s'était écoulée, que je vis très-distinctement, l'une touchant l'autre, deux autres explosions, dont la lumière était pâlie par la terre et les matériaux enlevés, et qui me semblèrent comme deux gerbes de feu. Ces éruptions, qui éclatèrent un peu loin sur ma gauche, me firent calculer qu'elles n'étaient pas très-éloignées de la lunette St.-Saulve; aussitôt des cris confus de *Allahs, allahs, allahs!* (cris des Valaques) se firent entendre sur ce point; enfin, deux minutes au plus après la dernière détonation, un autre globe fit sauter le chemin couvert et les palissades de la face du demi-bastion de gauche de la corne de Mons où j'étais avec mes grenadiers; et au même instant, une multitude d'Anglais et d'Hanovriens, gorgés de genièvre, aux cris effrayans de *Hourras, hourras, hourras**!* sortent des boyaux voisins et marchent au

---

* Le général Ferrand, dans ses mémoires, dit qu'au moment de l'explosion des globes, le chemin couvert de chaque point d'attaque fut assailli par *environ* vingt-cinq à trente mille hommes. Est-il possible qu'un œil exercé sur plus de vingt champs de bataille ait ainsi exagéré le nombre des assaillans, sur la simple étendue de deux mille deux cents mètres. Pour rectifier une erreur aussi forte, nous évaluerons l'ensemble des troupes ennemies dans leur attaque de vive-force à deux mille hommes environ, et leur réserve, ainsi que les grandes gardes des tranchées, de sept à huit mille hommes.

** Au milieu de ces cris confus, on entendit une infinité de voix, répétant dans notre langue, d'une manière bien articulée : *En avant, en avant! tue, tue les Français!* et par contraste : *Rends-toi Sansculotte, Rends-toi, Carmagnole, rends-toi!* (Ce mot *Carmagnole* était le nom d'une chanson populaire).

pas de course sur le lieu qui venait d'être enseveli par l'explosion. J'affirme avec une entière conviction que ces trois événemens se passèrent ainsi sur les points que j'indique ; mais le baron Unterberger ne les rapporte pas de la même manière , ni dans son journal ni sur son plan de siége. Il prétend que le premier globe de compression éclata au saillant droit du chemin couvert du grand ouvrage à corne. Je doute d'abord qu'il y ait eu une explosion sur ce point , ou pour mieux dire nous n'en vimes aucune, et ce qui me confirme l'erreur du baron, c'est qu'il ne l'indique pas sur sa carte.

Dix à douze minutes après, continue-t-il , le second globe prit feu devant la place d'armes rentrante , et l'endroit est désigné sur le plan ; mais ce fait me parait invraisemblable sous plusieurs rapports ; d'abord, parce que, comme il n'y avait que vingt à vingt-cinq mètres du point indiqué à la position que nous tenions, si l'explosion eût eu son effet sur le terrain décrit , celui sous le glacis de la place d'armes rentrante de gauche de la demi-lune du Roleur, elle nous aurait indubitablement atteints sur notre droite où je me trouvais de ma personne; en second lieu, ce globe, ne se trouvant qu'à dix ou douze mètres de celui placé devant la face gauche de la demi-lune du Roleur, lui eut vraisemblablement communiqué son feu et l'eut embrâsé ; je répète donc que je ne vis et n'entendis sur ma droite qu'une seule détonation, celle produite devant le saillant gauche de la demi-lune du Roleur.

Un fait assez remarquable à cette occasion , qui viendrait assez volontiers à l'appui de ce que nous avançons, c'est que le baron ne parle sur ce point que de deux colonnes agissantes , celle des impériaux et celle des Anglais, quoiqu'il y eût selon lui une commotion de trois globes de compression. Peut-être nous objectera-t-on que comme le globe, placé sous le glacis de la place

d'armes rentrante, se trouvait pour ainsi dire dans la
direction de celui du saillant gauche de la demi-lune du
Roleur, en s'emparant de ce premier terrain on marchait naturellement sur celui de cette place d'armes
rentrante ; soit, j'y consens; ce qui ne prouverait pas cependant que le globe sous la place d'armes existât réellement ;
nous n'insisterons plus sur la non-existence du globe.

« La troisième, continue le baron, après un pareil intervalle, c'est-à-dire *de dix à douze minutes*, éclata devant le
saillant de la demi-lune du grand ouvrage à corne, qui
est la face gauche de la demi-lune du Roleur : l'effet fut
pareil à celui du premier. » Je vis en effet, ainsi que je
l'ai déjà dit, cette explosion à environ cent pas sur ma
droite ; mais au lieu d'être la dernière des commotions,
elle avait été au contraire la première.

On m'objectera peut-être que les deux explosions simul-
tanées que je vis dans le lointain sur ma gauche furent
l'ouvrage des Français, dans l'intention, comme le rapporte Unterberger, de faire sauter les Valaques et les
Hongrois ; mais, dans ce moment, ces troupes n'avaient
point encore commencé de mouvement, elles étaient
dans leurs tranchées où elles observaient le plus profond
silence, et ce ne fut qu'immédiatement après les commotions faites qu'on les entendit crier : *Allahs !* et qu'elles
durent prendre leur course sur nous.

Il n'est pas indifférent de retracer ici un passage
essentiel du rapport de Tholosé. « Toutes les réflexions
critiques, dit-il, qui ont été faites sur le jeu de nos mines,
seront mises au néant, si l'on considère 1° qu'avant l'attaque de la nuit fatale du 25, on ne pouvait les faire
jouer sans tomber dans une grande faute, puisque l'ennemi, qui en était à dix ou douze toises (vingt à vingt-
cinq mètres), n'en aurait pas beaucoup souffert ; mais
au contraire il en aurait profité en se logeant dans les
entonnoirs, pour exécuter avec sécurité le jeu des batte-

9

ries de la brèche , pour lesquelles l'explosion des fourneaux était préparée; 2° que la nuit de l'attaque, *on n'a pu*
les faire sauter , puisque la déroute fut si complète , que
presque au même instant assaillans et fuyards étaient
pêle-mêle dans les fossés où se trouvait l'entrée des mines.
Dans cette position, que pouvait faire le mineur dans la
galerie de garde pour mettre le feu? *Il s'est retiré sans*
doute avec le corps de réserve qui devait le soutenir. »

Cependant, à supposer encore que nous aurions, par un
calcul combiné, essayé de faire jouer la mine, on n'ignore
pas à cet égard qu'il faut au moins six minutes pour parvenir à faire éclater une mine, et qu'il fallait à l'ennemi, em-
busqué à trente pas de nous, tout au plus une minute pour
franchir le terrain qui nous séparait. La position de notre
mine nous indique ensuite qu'elle aurait, par son explosion , gravement compromis nos volontaires placés dans
le chemin couvert du saillant gauche de la lunette St.-
Saulve. D'ailleurs , si c'eût été nos mineurs qui eussent
fait sauter la mine , comment seraient-ils restés dans la
galerie où plusieurs furent tués*? Les faits se sont donc

---

* On lit dans une note de l'ouvrage de Ferrand, page 71 , que c'est par erreur
que le conseil de guerre et les autorités constituées avaient annoncé que nos mines
avaient sauté dans la nuit du 25 au 26 juillet.

« Après la capitulation , on s'est assuré qu'il n'y avait eu que l'explosion de trois
fourneaux de mines que l'ennemi avait faits sur le saillant de l'ouvrage à corne de
Mons ; ces trois fourneaux étaient, à la vérité , très-près de nos mines qui étaient ,
dans cette partie , dénuées de *galeries d'écoute.* Nous en faisions faire , tant pour
cet objet que pour éventer les fourneaux de l'assiégeant; néanmoins, lors de l'explosion desdits fourneaux, nos mineurs périrent dans les galeries voisines. »

Sans doute, l'éditeur de cette note, tout en voulant détruire une première erreur,
ou du moins l'exagération qui existe dans les faits, en commet ici une bien plus
grave , que l'on va reconnaître facilement. L'ennemi , dans la nuit du 25 au 26 ,
n'avait point fait en effet sauter nos mines , et il n'en avait même pas l'intention ; il
y en eut seulement une, celle d'en avant St.-Saulve, à laquelle communiqua l'explosion du globe qui s'y trouvait établi tout auprès , dont personne autre que moi ne
parle, les uns par ignorance , et Unterberger par un motif secret que nous ne nous
permettrons pas d'interpréter, dans la crainte de nous tromper peut-être nous-même.

« Nos mineurs, est-il dit dans la note, périrent dans les galeries voisines. » Ce fait
est absolument invraisemblable, car pour venir atteindre des mineurs, il fallait de toute
nécessité que le feu de l'explosion rencontrât nos mines avant de venir frapper des

entièrement passés tels que je viens de le dire, et à peu près de même que le décrit le général Tholosé.

En examinant d'un autre côté avec attention le plan d'une attaque générale, aussi bien combiné que celui de cette nuit, on s'étonnerait beaucoup de ce qu'il n'y aurait eu aucun globe de compression devant le front du petit ouvrage à corne St.-Saulve, tandis que trois, les uns pour ainsi dire sur les autres, se seraient trouvés devant le grand ouvrage à corne de Mons. A ce sujet, tout le monde, excepté l'incrédule Ferrand, savait que l'ennemi travaillait sous terre depuis plusieurs jours devant le saillant de la lunette St.-Saulve. Tout est donc erreur, dans cette circonstance, chez Unterberger; et celle qui n'est pas la moindre de sa part, c'est de prétendre qu'il s'écoula *dix à douze minutes d'intervalle d'une explosion à l'autre*, lorsqu'il ajoute plus bas « qu'à peine la terre lancée par le dernier globe était retombée, qu'un cri affreux se fit entendre sur la gauche : c'était la colonne des Anglais prêts à l'assaut, qui s'élançait avec furie et bravoure vers la palissade du chemin couvert; presqu'en même temps, la colonne impériale s'ébranla, et se trouvant placée plus près du chemin couvert, elle y arriva en même temps que les Anglais. » Le bon sens fait justice de semblables contradictions. Autrement, le but des assaillans, celui de nous poursuivre et de nous harceler dans le premier mouvement d'épouvante, occasionné par la commotion des globes, eût été manqué; dans ces vingt à vingt-cinq minutes, nous eussions eu le temps de revenir de notre stupeur et de reprendre la défensive aussi vigoureusement que dans la nuit de l'avant-veille, où ils avaient été si bien châtiés. Nous ajouterons ensuite

mineurs placés derrière et plus loin. Or, ces deux contrastes viennent à l'appui de mon assertion, la seule plausible, et qui est qu'en effet la mine établie en avant du glacis St.-Saulve sauta par la communication du globe établi à côté, et que naturellement les mineurs ainsi surpris durent y périr.

qu'il est inconcevable que des troupes en masse,
exaltées par les liqueurs fortes, impatientes du carnage,
eussent attendu tant de temps et ne se fussent pas
livrées de suite à toute la fureur qui les transportait.
Nous répéterons donc qu'il ne s'écoula pas plus de trois
à cinq minutes entre la première et la dernière des
explosions ; que les Autrichiens, les Anglais, les Hongrois, les Hessois et les Valaques, coururent soudaine-
ment sur nos chemins couverts, immédiatement après
l'explosion presque simultanée de leurs globes de compression; et que leurs cris, comme le dit Unterberger,
retentirent à la fois de toutes parts.

Quoi qu'il en soit de mes convictions, de l'emplacement des globes et du moment de leurs explosions, il
n'est pas moins vrai de dire, avec le major-général Unterberger, que le bruit et le fracas des commotions
fut épouvantable ; que la terre en frémit dans tous
les environs, et, comme un volcan enflammé, vomit des
masses énormes. Les secousses, le sifflement et la chute
de cette terre enlevée si haut, des palissades en éclats,
des pierres et des hommes lancés en l'air, ce tonnerre
continuel d'une artillerie sans nombre, les cris perçans
d'un côté de tant de blessés, de l'autre de tant de soldats
en furie, tout, en un mot, présentait un spectacle à la
fois majestueux et plein d'horreur.

Les Français, en petit nombre, reculent d'abord à
l'aspect d'un ennemi formidable et acharné; mais bientôt
ils se réunissent en pelotons, reviennent et marchent à sa
rencontre. Une fusillade s'engage alors et s'anime de toutes parts ; on s'avance les uns sur les autres, on s'entre-
mêle à la baïonnette, et, cette arme meurtrière devenue insuffisante, on ramasse pour s'en assommer des
éclats de bombes, dont la terre était parsemée ; on se
prend aux cheveux*, on se déchire avec les ongles et les

---

* On n'était pas dans ce temps-là à la Titus.

dents, on s'égorge, et des cris de rage retentissent au milieu de ces scènes de sang et de carnage. Enfin les assaillans, au moins quatre contre un, nous enfoncent, nous repoussent, nous précipitent dans les fossés, où ils descendent promptement par les pas de souris, pour achever de mettre en pièces le peu de ceux qui n'étaient pas encore morts. Ce qu'il y avait de plus terrible dans ce combat, c'est que le canon et la mousqueterie de la place qui faisaient pleuvoir la mitraille et les balles sur le centre des attaques, frappaient par derrière nos malheureux soldats, pendant qu'ils étaient accablés par devant. L'ennemi vainqueur gravit les brèches et prend d'assaut la demi-lune du Roleur et le terre-plain du grand ouvrage à corne. Les quelques braves qui garnissaient ces postes importans succombent au nombre et sont massacrés sur leurs batteries. Mais ce qui était le comble du malheur pour nous, c'est que nous n'avions sur ce point ni généraux, ni officiers supérieurs pour nous guider, ni même pour apprécier notre conduite, qu'ils déclarèrent, dans leurs pamphlets calomnieux, avoir été celle de *lâches*, de *fuyards*, de *soldats qui avaient abandonné leur poste sans avoir tiré un seul coup de fusil*, etc.

Pendant que les Autrichiens et les Anglais ne nous faisaient aucun quartier dans cette partie du grand ouvrage à corne, ne respectant même aucun des blessés qui gisaient sous les voûtes et dans les galeries, les Hongrois et les Valaques, sous la conduite du général Vankeim, marchant avec la même résolution et le même acharnement sur le petit ouvrage à corne, dépassent les deux entonnoirs formés par le globe et la mine, montent à l'assaut aux cris de : *Allahs ! allahs ! allahs !* s'emparent de la lunette St.-Saulve, et bientôt ils se trouvent en présence d'un détachement de Dauphin commandé par le colonel Batin. Un combat inégal et opiniâtre s'engage; nos braves, après s'être défendus avec une intrépidité et un courage sans exemple, écrasés par le nombre, fléchissent, et sont forcés, après avoir laissé les trois quarts des leurs sur le champ de bataille, de se replier sur la poterne de Mons; celle-ci se trouvant fermée, une partie d'entre eux passe sous une des arcades près les écluses de la porte de Mons, et se sauve par la berme sur la poterne de Cardon.

Les Valaques et les Hongrois se rendant ainsi maîtres de la lunette St.-Saulve, d'autres colonnes, dit Unterberger, attaquent à la hache la fraise de la Flèche, et achèvent de s'emparer à la baïonnette des autres collatéraux du petit ouvrage à corne *. Deux compagnies du bataillon des Deux-Sèvres, commandées par le chef de bataillon Leféron, qui gardaient ces positions, s'y défendent comme des héros et disputent le terrain pied à pied. Ces deux cents hommes se firent écharper, et quelques faibles débris purent à peine rejoindre les restes du colonel Batin. Les assaillans, continuant désormais des succès peu difficiles à obtenir, poursuivent quelques français isolés et achèvent de tout massacrer.

De fortes divisions de troupes légères, de leur côté, commandées par le général Kray, descendaient en même temps d'Anzin, passaient sans bruit le canal, et attaquaient par derrière la lunette et le réduit du Noir-Mouton; ils s'en emparent par la force du nombre, y égorgent tout, et détachent aussitôt des troupes considérables, qui passent, sans être aperçues, sur les digues qui conduisent à la redoute St.-Roch, traversent sans difficulté un petit canal qui longe le rempart depuis la citadelle jus-

---

* Je ne sais pas positivement ce que le baron Unterberger veut dire par *la fraise de la Flèche*; tout ce que je crois me rappeler à cet égard, sans pouvoir en garantir au juste l'emplacement, c'est qu'il y avait, outre les palissades, plusieurs rangs de pieux placés en face des ouvrages de gauche de la corne St.-Saulve; mais ce dont je me ressouviens parfaitement, c'est que tous les ouvrages, notamment la lunette St.-Saulve, construite en terre, avait des brèches très-praticables.

qu'au Bas-Escaut, dont les eaux étaient très-basses, et se réunissent à d'autres colonnes qui, partant du village St.-Saulve, remontent le long du Bas-Escaut. Dans cette position, elles enfoncent les portes de la redoute, y pénètrent, et font main basse sur presque tous les hommes trouvés dans cet ouvrage. Mais ne pouvant pas se maintenir dans ces deux positions qui étaient battues par différents points de la place, et n'ayant pas eu la facilité dans si peu de temps de s'y mettre à couvert ni d'y établir des communications, le général Kray prit le parti de les évacuer, après avoir jeté quatre canons à l'eau et en avoir emmené quatre autres avec lui.

Aussitôt que les troupes assaillantes se furent emparées des chemins couverts et des avancés de nos ouvrages à corne, leurs ingénieurs, en tête de sapeurs et d'ouvriers, vinrent de suite faire travailler au couronnement des entonnoirs produits par les globes de compression ; ils se logèrent dans la lunette St.-Saulve et dans le terre-plain du grand ouvrage à corne, et établirent sur ce dernier point deux batteries, de trois mortiers chacune, etc.

Nous perdîmes, dans ces trop funestes attaques, de mille à douze cents hommes presque tous tués, et le major Unterberger ne fait monter la perte des siens qu'à six tués et cent quatre-vingts blessés. Ce rapport est vraiment dérisoire ; le canon de la place dut, à lui seul, leur en mettre d'abord hors de combat au moins plus de dix fois autant ; ensuite les pertes de l'ennemi au milieu de nous durent être sans contredit aussi fortes que les nôtres ; les assaillans, entassés les uns sur les autres et ivres comme ils l'étaient, durent porter des coups moins assurés que nous, qui étions sur la défensive et de sang-froid ; d'ailleurs, il a toujours été reconnu que, corps à corps et à l'arme blanche, dans ces temps-là surtout, nous étions plus agiles et plus adroits que nos ennemis. Nous ne comptons pas ici ce qu'ils durent perdre dans la nuit et les deux jours précédens, où, dans leurs travaux préparatoires, ils étaient presque toujours à découvert.

Mais qu'étais-je devenu au milieu de ce carnage? Pour le dire, il faut bien que je parle de moi-même avec quelques détails. Je serai sincère dans mon récit ; je ne me flatte pas d'ailleurs d'avoir dû la vie dans cette circonstance où tant d'autres la perdirent, à un sentiment de bravoure ou de présence d'esprit, et je suis assez franc pour avouer que j'en fus plutôt redevable à un de ces hasards inouïs qui veulent, par exemple, que sur cent hommes il en tombe quatre-vingt-dix-huit, et que vous soyez un des deux qui restent debout.

Tapi contre une palissade à la droite de mon détachement, l'explosion du globe de compression construit sous le glacis de gauche du grand ouvrage à corne ne parvint point tout-à-fait jusqu'à moi, en sorte qu'elle ne me fit point sauter en l'air, mais me rejeta avec la plus grande violence contre l'épaulement que j'avais à ma droite, où je fus couvert de terre, de pierres et d'éclats, sans cependant éprouver aucune atteinte grave. Trois ou quatre hommes placés à ma gauche furent rejetés de la même manière. Je ne puis dire s'ils périrent sur le coup, ou s'ils furent tués par la suite ; toutefois je ne les revis point, pas plus qu'aucun de mes autres grenadiers.

A peine m'étais-je mis sur mon séant, tout étourdi encore des effets de la commotion, que j'entendis les cris tumultueux et perçans de *Hourras!* et que je vis paraître en même temps une foule innombrable d'assaillans, la plupart en chemise, et les autres en habits rouges ; ce qui me les fit reconnaître pour des Anglais qui, traversant en confusion l'espèce d'abîme produit par l'explosion, s'élançaient dans notre chemin couvert. Sentant renaître dans ce moment mes forces et mon courage, je me relève, j'ôte mon habit dont la couleur bleue m'aurait trahi, je me dirige sans trop de précipitation vers le pas de souris que je connaissais mieux qu'eux, et j'y arrive par conséquent le premier ; je descends dans le fossé ; je me rends de suite à la poterne de Mons, avec l'intention de prévenir de l'approche des assaillans, et de la faire fermer, dans le cas où par hasard elle ne l'eût pas été ; dans cette circonstance, ma foi, si je l'eusse trouvée ouverte, ou qu'on eût voulu me l'ouvrir ainsi qu'à d'autres, je serais rentré dans la place, et cela avec d'autant plus de raison que je n'avais plus de troupe.

La position critique dans laquelle je me voyais me causa d'abord un serrement de cœur; mais je n'avais pas le temps de réfléchir, il fallait prendre un parti, et c'est ce que je fis. A cet effet, je rallie quelques soldats qui se trouvent sous ma main, et je marche à leur tête du côté des ouvrages St.-Saulve, où le feu paraissait le plus vif et le plus rapproché; mais à peine avions-nous tiré quelques coups de fusil, que nous sommes refoulés et contraints à venir nous retirer derrière la traverse de la poterne et dans l'angle droit du bastion. Pendant que nous sommes réduits ainsi à la plus cruelle extrémité, les Valaques et les Hongrois, venant par notre gauche, ne tardent pas à paraître, courant sur nous. Ceux de nos soldats rangés derrière la traverse les accueillent d'abord par une fusillade assez bien soutenue, qui semble les arrêter un moment; mais en remarquant la confusion qui règne dans l'encoignure de la poterne, l'ennemi persiste, fond sur nous à la baïonnette et nous égorge. Le massacre fut tel que sur environ deux cent cinquante, une dizaine seulement d'entre nous purent, en filant le long du bastion de Poterne, se sauver près du Bas-Escaut, sortant de la ville et peu éloigné de là. Cinq à six passèrent le ruisseau, et quoique les eaux fussent basses, ils durent néanmoins périr dans les marécages; les trois autres et moi qui restions de ce côté, nous nous mîmes à plat ventre, et nous fûmes presque les témoins d'une boucherie sur un reste de Français étendus devant la poterne. Là, je pus me livrer un moment à l'image affreuse de ma position. Une heure environ après ce spectacle horrible, n'entendant plus de bruit que celui du canon des remparts, d'où l'on tirait à outrance sur les travailleurs qui s'occupaient à s'établir dans les fossés , nous nous décidâmes tous quatre à revenir à la poterne de Mons, et nous nous couchâmes parmi les cadavres dont le lieu était jonché : il pouvait être alors une heure du matin.

J'étais donc enseveli en quelque sorte sous un tas de morts et de quelques mourans ; les Valaques venaient de temps en temps plonger leurs longues baïonnettes dans le corps de ceux qu'ils croyaient encore vivans , et achever de nous dépouiller de nos vêtemens. L'un me prit la cravatte de soie noire que j'avais au cou, un autre m'ôta mon gilet , un troisième ma chemise qu'il déchira en me l'arrachant de dessus le corps, et par trois fois on me leva les jambes pour me tirer des bottes à retroussis que l'on trouva si vieilles qu'on me les laissa, ainsi que ma culotte qui ne valait pas beaucoup mieux. J'avais la face tournée sur un mort, et je ne remuais pas plus que si je l'eusse été moi-même ; ils avaient beau me fouler aux pieds et me pétrir sous leurs souliers ferrés, rien ne décelait que je fusse en vie.

Sur les deux heures, ils cessèrent tout-à-fait de venir nous mettre ainsi en pièces, et le feu qui n'avait cessé de durer de part et d'autre depuis le commencement de l'action s'apaisa entièrement. Une heure environ après , le jour commença à paraître ; le canon et la fusillade avaient cessé. Après quelques instans , n'entendant plus de bruit autour de moi, j'essayai de me lever ; mais cela m'était impossible , j'avais les membres rompus ; cependant en redoublant d'efforts, je parvins à me mettre sur les

genoux ; un voisin* m'aperçoit, il se lève de son côté et
me dit d'un ton déterminé et même plaisant : « Il faut
convenir que nous en revenons d'une belle ! Avez-vous
quelques blessures? — Non , lui répondis-je , mais j'ai
le corps brisé. — Moi, me répliqua-t-il, j'ai le bras
gauche traversé d'une balle , mais j'espère que cela ne
sera rien. Ces b...-là ne m'ont rien laissé , et vous , au
moins, vous avez votre culotte et vos bottes .. Mais al-
lons-nous rester ici éternellement? Il faut dire à nos
camarades d'en haut qu'ils viennent nous ouvrir. » En
même temps il se met à crier : « *Eh! dites-donc, vous
autres là-haut.* » — Mais taisez-vous donc , lui dis-je vivement; si les Anglais et les Autrichiens nous entendaient,
vous nous exposeriez à être canardés. » A peine eus-je
prononcé ce dernier mot, qu'une voix généreuse, partie
du boyau ennemi fait dans le fossé en face de nous à
environ vingt-cinq pas, nous dit en bon français : « *Soyez
» tranquilles, désormais il ne vous sera plus tiré un seul
» coup de fusil; ainsi tâchez de vous sauver comme vous
» le pourrez**.* — *Merci , frère d'armes*, lui répliqua incontinent Robineau. » Au même moment, des dragons de

---

* Il se nommait Robineau, sergent dans le bataillon des Deux-Sèvres.

** Beaucoup de gens du métier prétendent qu'un boyau semblable était impossible,
car on ne sait d'où il aurait pris son point de départ; d'autres assurent que ce logement n'existait pas , par cela seul que le baron Unterberger n'en fait aucunement
mention. Cette assertion n'est pas du tout concluante, car si le baron eut dû parler
de tous les travaux qui furent faits autour de Valenciennes, on ne craindrait pas
d'assurer que partout la terre fut mise sens dessus dessous , et qu'il ne rapporte pas
même la dixième partie de ses immenses travaux. Sans entrer davantage dans les raisons que les théories peuvent suggérer à ce sujet, je retracerai ce que mes yeux ont
vu et ce que mes oreilles ont entendu. Il est notoire que , couché devant la poterne
de Mons parmi les cadavres , je vis au jour, dans le fossé qui se prolonge en face de
la poterne , de la terre fraîchement remuée et mise en épaulement ; que j'entendis
sortir de ce point couvert ces paroles déjà rapportées : *Soyez tranquilles*, etc. Je
joindrai à ces deux faits une autre preuve encore plus forte : le 28 , il y avait suspension d'armes; jaloux de faire connaître le lieu d'où était partie cette voix généreuse, je me rendis dans le fossé avec plusieurs camarades , et nous nous avançâmes
assez près pour voir parfaitement un boyau de quatre à cinq pieds de large , qui
descendait du flanc droit de la contrescarpe de gauche dans le fossé, par le moyen de

la république, placés sur le rempart à l'angle droit du bastion, qui jusqu'alors n'avaient osé parler, nous prévinrent qu'on ne pouvait pas nous ouvrir, mais qu'ils allaient chercher des cordes pour tâcher de nous hisser.

En attendant que les cordes vinssent, Robineau et moi nous fîmes notre inspection parmi les cadavres, et nous reconnûmes que deux blessés pouvaient être secourus. Pendant ce temps-là, des cordes arrivèrent, et on nous en glissa une grosse, au bout de laquelle était un bâton de deux pieds mis en travers. Nous commençâmes à y asseoir le plus grièvement blessé, mais il n'eut pas la force de s'y cramponner ; alors nous demandâmes d'autres cordes qu'on nous jeta, et avec lesquelles nous l'attachâmes ; mais en le hissant avec trop de précipitation, la corde, qui se détordait, le fit heurter si gravement au mur et au cordon du rempart, qu'arrivé au haut il expira. (La hauteur du fossé sur le rempart était, dans cet endroit, de quarante-deux pieds). Le second, beaucoup plus fort, fut monté sans accident. Robineau, qui aurait dû être le troisième en raison de sa blessure, venant d'apprendre mon grade, porte la main à sa tête en me faisant un salut militaire et me force pour ainsi dire à anticiper sur mon tour, et je suis bientôt hissé ; enfin Robineau fut tiré sans aucun accident*. On me conduit dans le bas du rempart, je m'assieds le long des matériaux entassés à l'entrée de la poterne pour la rendre inaccessible à l'ennemi ; là, on me donne quelques vête-

marches en terre pratiquées dans le mur. Ce boyau, passant sous la contrescarpe suivante, se continuait jusque près des écluses de la porte de Mons. Nous pensons que ce chemin couvert, considéré comme perdu, avait été ainsi pratiqué pour surveiller nos mouvemens par la poterne de Mons.

* Robineau, ainsi que beaucoup d'autres, au lieu de filer avec les débris de leur détachement sur la poterne de Cardon, étaient restés à celle-ci. Robineau était reconnu dans son bataillon pour être un des plus braves. Depuis cet évènement, je n'en ai plus entendu parler.

mens tant bons que mauvais, je bois la moitié d'un verre
d'eau-de-vie, et je m'endors comme un bienheureux.
A mon réveil, une multitude de soldats assemblés autour
de moi étaient à me contempler. L'oreille gauche me
bourdonnait, j'y portai la main, elle était pleine de sang
sorti de l'intérieur, et depuis ce moment j'en ai perdu
l'ouïe*.

Revenons au corps de la place. Qu'avait-on fait dans
l'intérieur pendant cette nuit? Le général Ferrand rapporte qu'informé aussitôt par un officier de garde aux
avant-postes des événemens qui venaient de s'y passer,
*il se serait transporté sur les lieux, en allant d'abord sur
le front d'attaque de St.-Saulve, où les troupes, malgré
la supériorité de l'ennemi, se maintenaient encore ; qu'il
serait rentré ensuite dans la place, où il aurait rallié ses
soldats et les aurait ramenés pour prendre leur premier
poste, etc.*; mais nous sommes forcé à regret de dire
que ces faits sont de la plus grande inexactitude, que le
général Ferrand n'a pu être entraîné à les dénaturer
ainsi que par les circonstances difficiles et périlleuses
où le comité de salut public l'avait réduit, au sortir de
Valenciennes. Il est donc de toute vérité que ce soir-là
on ne put faire de sortie par la poterne de Mons, qui,
déjà fermée comme de coutume, fut barricadée très-peu
de temps après l'explosion des globes de compression**;
on n'aurait guères pu sortir aussi par celle de Cardon,
pendant que les faibles restes de nos troupes seraient
rentrés pêle-mêle dans la place.

Comme j'attache une très-grande importance à constater que le général Ferrand et autres, dès le moment

---

* Ces événemens sont consignés dans les *Archives de la Guerre*, ainsi que
dans un ouvrage intitulé *Archives de l'Honneur*.
** La poterne avait été barricadée avec des poutres et des moëllons de la caserne
de Poterne en Haut, incendiée.

des explosions, ne purent sortir par la poterne de Mons, fermée et barricadée, je vais , au risque de me répéter , rapprocher les dires de chacun de ceux qui parlent au sujet des événemens du 25 juillet au soir.

Commençons par le baron Unterberger qui s'exprime ainsi : « On poursuit l'ennemi (les Français) jusque dans le grand fossé de la courtine de la porte de Mons ; peu s'en faut que dans leur furie, nos soldats n'entrent pêle-mêle dans la place avec les fuyards par la poterne de gau-che du bastion de Poterne , qui heureusement *se ferme à temps* , laissant dans le fossé tous ces infortunés à la merci du vainqueur irrité, qui ne fait de quartier à per-sonne. » Ce fait seul démontrerait assez clairement que le général ne pouvait être sorti par la poterne de Mons pour prendre part à l'action , sans avoir été exposé lui-même à subir le sort de tous ceux qui furent égorgés à la poterne ; *il n'aurait pas non plus pris la fuite ,* en sui-vant le mouvement des débris de Dauphin et des Deux-Sèvres , qui en passant par la berme se retirèrent à la poterne de Cardon. Du reste, comment concevoir qu'un général en chef accompagné d'aucun autre général, au-rait ainsi compromis le salut de la place en allant rallier quelques pelotons déjà défaits?

Je continue. Le général Tholosé dit qu'après les explo-sions des globes de compression et l'attaque de vive-force de nos chemins couverts, il s'était rendu à la maison commune , qu'il était allé ensuite avec le représentant Charles Cochon sur les remparts pour y chercher le gé-néral Ferrand , et qu'ils ne l'y avaient pas trouvé... Que l'on remarque ici que si le général Ferrand eut vraiment rallié des troupes sur les remparts pour aller dans les fossés au secours de Dauphin et des Deux-Sèvres , Tho-losé et Cochon auraient bien certainement su où était le général ; mais ni l'un ni l'autre ne le trouve , ou pour mieux dire personne n'a vu le général Ferrand ; et Tho-

losé, dans cette circonstance, ne parle pas plus de la poterne de Mons que si jamais il n'y en eût eu.

Le général Tholosé dit ensuite que revenus à la maison
commune qui était le rendez-vous principal, il (Ferrand)
y arrive bientôt après, et sur des explications réciproques, le général Ferrand aurait répliqué : « Vous voulez donc m'inculper, ne viens-je pas de vous dire que je
viens du *fossé*, où j'ai fait en vain tous mes efforts pour
rallier les troupes et les faire donner.—Je crois parfaitement ce que dit ici le général Ferrand, mais quel est ce
fossé ? Ce ne peut être celui de la poterne de Mons : elle
était fermée et barricadée, et le général Tholosé, qui ne
dut se rendre avec le représentant que sur les remparts
de cette poterne, n'en dit pas un mot. A ce sujet, voici
ce que rapporte M. Hécart ; c'est sur note écrite de sa
main que je parle.

« Un officier de garde* rentré précipitamment dans la
place après le premier choc essuyé dans les chemins
couverts de Mons et de St.-Saulve, ne se rendit point
d'abord chez le général Ferrand, mais bien chez le commandant de la place Mongenot, qui était déshabillé et
couché. A la nouvelle de l'attaque ennemie, il s'habille
à la hâte, court chez le général Ferrand pareillement
déshabillé, couché et endormi. Le général réveillé s'habille promptement et court aux remparts. »—Le laps de
temps qui dut s'écouler entre le départ de l'officier des
postes avancés et l'arrivée du général Ferrand sur les
remparts ou dans le fossé, dut être au moins de trois
quarts d'heure, et le cours de l'attaque ennemie ne dura
pas plus de cinquante à cinquante-cinq minutes. Or, le

---

* D'après des renseignemens positifs donnés par M. Brassart, encore vivant, à
Douai, et l'un de nos plus fameux pointeurs de ce temps-là à Valenciennes, je crois
que cet *officier* envoyé par Brassart dans la place, aussitôt après les explosions des
globes, était tout simplement un *canonnier* nommé Flamen, de Douai, qui était de
service dans la demi-lune du Roleur avec ce même Brassart.

général Ferrand ne pouvait être allé d'abord dans les fossés, en être revenu, avoir rallié des troupes sur les remparts et être retourné sur le point de l'action ; il ne put sortir non plus par la poterne de Mons, le massacre y était déjà consommé. Maintenant où alla le général Ferrand, car il dut aller quelque part ? Je vais me résumer. Le général Ferrand demeurait dans la rue Cardon, et avait bien moins de chemin à parcourir pour arriver à la poterne de Cardon qu'à celle de Mons ; donc, ce ne put être qu'à la poterne de Cardon qu'il vint, et il y arriva au moment même que les restes de Dauphin et des Deux-Sèvres rentraient dans la place. Dire que le général Ferrand ne fit pas dans cette circonstance des efforts inouïs pour rallier ses troupes et les conduire au feu, je commettrais un blasphème envers un général en chef qui, si j'en excepte les généraux Tholosé et Dembarère, n'avait aucun lieutenant pour le seconder, et était, par conséquent, presque toujours forcé de faire les choses par lui-même. Le fait de la présence du général sur les remparts de Cardon étant ainsi moralement démontré, le général Tholosé ne dut pas le trouver en effet à la poterne opposée, celle de Mons.

Reprenons le fil des faits.

« Aux premiers bruits des explosions des globes, dit le général Tholosé, il se transporta à la maison commune, où il trouva le premier des représentans du peuple, qui lui rapporta que *nos troupes avaient abandonné le chemin couvert**, et que l'ennemi y était établi.—Pas encore, lui répondit Tholosé, et si le général veut me confier trente compagnies de volontaires, je réponds sur ma tête de

---

* Si le représentant du peuple fut allé le lendemain dans les chemins couverts, aux palissades, aux batteries avancées et dans les fossés, il y aurait vu que la terre était jonchée de mille à douze cents cadavres, que partout elle était teinte du sang français ; et que ces malheureuses victimes ne pouvaient avoir *ni abandonné leur poste, ni fui, ni trahi leur patrie.*

les débusquer. Nous allâmes ensemble ; ajoute Tholosé, sur le rempart pour chercher le général Ferrand, qui ne s'y trouva pas; revenus à la maison commune, qui était le rendez-vous, il y arriva bientôt après ; je lui renouvelai la proposition faite au représentant, il me dit qu'il venait de faire tous ses efforts pour rallier les troupes, et que rien n'était plus possible. Poussé par ma conviction, qu'une sortie vigoureuse nous remettrait en possession du terrain perdu, j'insistai en faisant observer que si l'on tardait jusqu'au jour, l'ennemi retranché serait alors en mesure de nous résister, et que par ce retard nous pouvions perdre huit jours de siége. Il se fâcha en disant : *Vous voulez donc m'inculper ; ne viens-je pas de vous dire que je viens des fossés, où j'ai fait en vain tous mes efforts pour rallier les troupes et les faire donner?*

« Ce n'était pas, continue Tholosé, par ce moyen qu'on pouvait obtenir de chasser l'ennemi, ce n'était pas avec des *fuyards* * qu'on pouvait tenter une expédition aussi hardie, mais bien avec les troupes fraîches qui se trouvaient dans la place, et dont on pouvait électriser le courage et la sensibilité. » —Dans tout cela, Tholosé avait parfaitement raison; et il me semble que si ce général, venu à temps, fût sorti par la poterne de Mons où nous étions encore au moins deux cent cinquante, il est presque certain qu'encouragés par la présence de ces nouvelles troupes, accompagnées de quelques officiers actifs et intelligens, et surtout conduites par le général Tholosé, nous nous serions ralliés à eux, ainsi que beaucoup d'entre ceux qui se retiraient par la poterne de Cardon; et que, fondant ainsi sur un ennemi qui nous croyait en pleine déroute, il nous eût été facile de reprendre nos positions et de nous remettre sur la défensive, quoique

* Cette expression est aussi dure qu'exagérée.

nous ne pussions nous dissimuler désormais qu'étant
définitivement abandonnés par notre armée du camp de
César, dit aussi de Paillencourt, nous n'avions guère plus
de huit jours de résistance à opposer, et que ce délai
n'aurait rien changé à la capitulation honorable que le
duc d'Yorck fut forcé de nous accorder le surlendemain.

Le général Ferrand rapporte, dans ses mémoires, que
le 26 juillet, au point du jour, il ordonna aux généraux et
officiers supérieurs Dembarère, Tholosé, Boileau, Beauregard, Batin, Leféron, Gambin, Lecomte, Richon, et autres dont il dit avoir oublié les noms, de se mettre à la tête
des troupes et d'aller sur le champ prendre possession
de tous les postes avancés du front d'attaque, ainsi que
des chemins couverts; ce qui fut, selon lui, exécuté avec
toute la célérité possible. Mais ce fait est controuvé et
même absurde. D'abord, quelles troupes pouvait avoir
cette masse d'officiers généraux et officiers supérieurs? les
débris de la garnison étaient presque entièrement de service dans l'intérieur de la place. Ensuite, par où seraient-
ils sortis? cela n'aurait pu être que par la poterne de
Mons, elle était barricadée, et j'étais là couché contre un
madrier; ce ne pouvait être par celle de Cardon qui, entourée d'eau, n'avait d'autre issue qu'une chaussée très-
étroite qui aboutissait aux bermes, d'où l'on n'aurait pu
déboucher sans être assaillis et pulvérisés par un ennemi
nombreux et concentré, qui était à couvert dans différens points avancés. D'ailleurs, cette mesure extrême,
si elle eût été exécutable, en dégarnissant ainsi la place
du peu de troupes qu'elle avait et de tous ses chefs,
aurait pu gravement en compromettre la sûreté. Dans
tous les cas, cette échauffourée ne ferait point du tout
honneur à ces officiers généraux, lorsque le général Ferrand dit un peu plus loin que le même jour, à onze heures
du matin, nos troupes qui gardaient les ouvrages extérieurs du front d'attaque *abandonnèrent leur poste sans*

avoir été attaquées. Mais, nous le répétons, il ne sortit et ne put sortir personne, et s'il y eut ce jour-là des Français dans les ouvrages extérieurs, ce n'étaient que des cadavres. Quant aux feux que l'on aurait faits ce matin de la place, ce ne fut que sur les huit heures que notre cavalier des Capucins fit quelques décharges sur les Autrichiens, qui achevaient d'établir deux batteries de mortiers dans le terre-plain du grand ouvrage à corne, et qu'une légère fusillade eut aussi lieu pendant quelques minutes dans la courtine de Mons par des soldats isolés. Au surplus, écoutons ce que dit Unterberger à l'égard de cette matinée, et nous verrons qu'une attaque vive et sérieuse, celle de la nuit précédente, dut être la dernière du siége.

« Le 26, dit Unterberger, je fis de bonne heure la visite de *tous* les logemens faits dans les ouvrages emportés... L'ennemi faisait feu de son canon et de sa mousqueterie sur le terre-plain du grand ouvrage à corne, et jetait des bombes dans l'ouvrage de la grande lunette du petit; on ne pouvait encore songer à l'établissement d'une batterie dans le terre-plain du grand ouvrage; on n'avait pour y communiquer que la galerie souterraine déjà mentionnée, dont la largeur n'était que de quatre pieds, et où il se trouvait des escaliers. Ainsi, j'enjoignis au major d'artillerie de faire transporter des crochets de sape, six mortiers de dix avec tout leur attirail, dans cet ouvrage à corne, en les descendant par les pas de souris de la contrescarpe et en les passant par la communication voûtée. Cela fut exécuté tout de suite, *et l'on se mit à chasser l'ennemi de son cavalier par des bombes;* nos batteries, du reste, continuaient leur feu contre la place, *auquel l'ennemi ne répondait que par moment et avec faiblesse.* »

Le général Tholosé, dans ses mémoires, rapporte que dans la soirée du 26, accompagnant le général Fer-

rand dans les fossés de la courtine de Mons, ce dernier
fut surpris d'y trouver les grandes gardes couchées et
endormies, au lieu d'être allées occuper, comme elles en
avaient reçu l'ordre , dit-il , les chemins couverts ainsi
que les ouvrages extérieurs , et que le général Ferrand
leur en avait fait des reproches vifs et sévères. Tholosé
ajoute à cette occasion que l'attaque subite de la veille ,
faite par l'ennemi dans nos chemins couverts, avait produit sur l'esprit de la garnison un tel sentiment de
frayeur et d'horreur pour le service des avant-postes
que l'on s'était formellement refusé à s'y rendre. C'est la
première fois que nous trouvons le général Tholosé en
contradiction avec la vérité et même avec le raisonnement. Rappelons les faits et les circonstances, et son erreur sera bientôt reconnue. D'abord, les assiégeans, dès
la veille 25 , s'étaient rendus maîtres de la demi-lune du
Roleur, du terre-plain du grand ouvrage à corne, où ils
avaient six mortiers en batterie , de la lunette Saint-
Saulve et autres ouvrages circonvoisins ; et tous ces
points importans , ainsi au pouvoir de l'ennemi , mettaient au néant tous les chemins couverts qui se trouvaient en avant; ensuite les assiégeans, dans ces positions,
dominaient en quelque sorte tous les autres ouvrages de
cette partie dans lesquels ils n'avaient pas jugé à propos
de s'établir. Or, dans cet état de choses, si l'ordre irré-
fiéchi eût été donné d'aller s'emparer des chemins couverts
et des postes avancés, il devenait inexécutable. D'un autre côté, dans le moment que parle Tholosé, on était en
conférence pour la capitulation; par conséquent,il existait une suspension d'armes , et respectivement entre
assiégés et assiégeans des sentinelles formaient une ligne
de démarcation que nous ne pouvions rompre sans
nous exposer, surtout pendant la nuit, à causer l'alarme,
et un premier coup de feu eût engagé une fusillade qui
aurait entraîné la rupture de l'armistice et mis en problème

toute espèce d'accommodement. Le chef de bataillon de
Laage , qui commandait seul sept à huit cents hommes
dans les fossés, me rapporta dans le temps que le général
Ferrand fut en effet furieux de voir ainsi la troupe cou-
chée et endormie dans les fossés; mais que sur l'observation judicieuse qui lui fut faite , il s'apaisa aussitôt et
dit au commandant en se retirant : « *Laissez reposer tranquillement vos soldats, ils n'ont pas toujours dormi.* » Si le
général Tholosé vivait encore, je suis certain qu'il s'empresserait de réparer une erreur sans doute involontaire;
autrement, ce fait paraîtrait très-grave et semblerait pour
ainsi dire être une accusation fondée contre des troupes
qui n'avaient pu aller , comme de fait , que jusque dans
les fossés de la courtine de Mons.

Avant de passer outre , disons deux mots sur ces pré-
tendues brèches dont le général Ferrand ne cesse de
parler dans le cours de ses mémoires , entre autres de
celle du bastion des Huguenots, à laquelle trente à quarante hommes de front auraient pu , dit-il , facilement
monter.

Il y avait plus de trois brèches faites aux murs de la
ville, s'il faut les appeler ainsi ; mais aucune n'avait été
faite avec l'intention de livrer assaut, et l'ennemi n'avait
même pas eu l'idée de croire qu'il les avait commencées.
En effet , le major Unterberger , dans son journal du 26
juillet, rapporte « qu'après s'être approché de la place ,
il vit avec surprise les ravages que son artillerie avait
causés au corps de la place. Bien des gens , dit-il ,
avaient douté jusqu'alors de l'effet de nos feux ; en plusieurs endroits, les parapets étaient effacés , les revête-
mens ébranlés , déchirés par le canon , surtout ceux de
la courtine de la porte de Mons et du bastion de Poterne , où ils étaient écroulés dans le fossé et formaient
presque brèche. »

Le bastion de Poterne, dont vient de parler le baron,

avait en effet été extrêmement maltraité par la majeure partie des batteries ennemies; mais notre bastion se trouvant couvert par sa contrescarpe, il en résultait que le boulet n'avait pu porter que jusqu'à vingt pieds au-dessous de son parapet ; par conséquent , le bastion ayant quarante-cinq pieds de haut , vingt-cinq pieds de muraille pour aller jusqu'au fossé étaient intacts. Ce qui prouve le fait , c'est qu'une pierre carrée, marquant le millésime 1638, époque de la construction des nouveaux remparts de la ville, incrustée dans le mur et se trouvant dans l'alignement parfait de la brèche supposée, à vingt pieds environ du sol', cette pierre, dis-je, ne fut aucunement atteinte du boulet. A la vérité, quand beaucoup de terres venaient à s'écrouler au pied de ce mur, le général avait soin de les faire enlever sur-le-champ , ce qui rendait la brèche tout-à-fait impraticable. D'ailleurs, si elle eut été accessible, est-ce que les deux cent cinquante et tant de victimes qui jonchaient la terre devant la poterne, à deux pas de là , n'y auraient pas gravi plutôt que de se laisser égorger de la sorte? De plus, un grand nombre d'assiégeans, dans leur état d'ivresse et d'exaltation, arrivés presqu'en même temps que nous dans le fossé, auraient certes profité d'un moment aussi favorable pour essayer de monter à l'assaut. Donc, il n'y avait point de brèche praticable.

Celle du bastion des Huguenots pouvait être aussi large que le prétend le général Ferrand, mais les fossés étaient pleins d'eau, et de plus entourés de postes avancés et de marécages profonds, qui en rendaient l'approche réellement impossible. Quant à la troisième brèche, dont parle aussi le général Ferrand, celle de la courtine de Mons , faite sur le front des trois mortiers situés sur le rempart au-dessus et à gauche de la porte de Mons , elle était bien moindre que les deux premières et par conséquent

---

* Aujourd'hui cette pierre se trouve plus près du fossé, parce qu'en réparant le bastion, ainsi que le rempart de la courtine, on n'en a pas enlevé les décombres.

moins accessible encore. Du reste, nous pouvons dire que le rempart de la courtine de Mons ne présentait qu'un amas de crevasses que l'ennemi avait faites , pour tâcher d'éteindre le feu de nos batteries ambulantes, qui lui causaient tant de mal.

Mais il était bien d'autres brèches réellement praticables dont personne ne parle, quoiqu'elles existassent sur toute l'étendue des ouvrages avancés des grand et petit ouvrages à corne ; et ce fut particulièrement celles de la corne gauche du grand ouvrage et de la lunette St.-Saulve, celle-ci construite en terre et mise pour ainsi dire au niveau du fossé, qui facilitèrent aux assaillans, dans leur attaque du 25 au 26 , les moyens de pénétrer dans nos ouvrages fortifiés. Quand Unterberger rapporte à ce sujet que les brèches n'étaient praticables à aucun de nos ouvrages extérieurs , nous lui demanderons comment il a pu y pénétrer dans la nuit du 25 au 26 ? Ce n'est certainement pas en coupant à la hache quelques pieux, que ses troupes auraient pu gravir au haut de nos murailles pour s'emparer de nos postes ; il fallait donc de toute nécessité qu'il y eut des brèches,et bien profondes, et bien accessibles, où ils ne tardèrent pas à percer des boyaux pour entrer dans le terre-plain du grand ouvrage à corne, dans la lunette St.-Saulve , etc. Une fois les assaillans maîtres de points si importans, il nous devenait désormais impossible de pouvoir occuper les chemins couverts et les ouvrages intermédiaires. Tous ces faits ainsi reconnus et constans doivent entièrement changer la nature des expressions flétrissantes que nos représentans et généraux débitèrent en aveugles contre un nombre considérable de soldats qui furent massacrés et qui périrent au champ de l'honneur.

Le même jour 26 , sur les onze heures du matin , le général Ferrand reçut par un trompette , envoyé de la part du duc d'Yorck, deux lettres, l'une pour lui, l'autre pour la municipalité. Le général anglais nous sommait pour la seconde fois de livrer la place dans le plus prompt délai; dès cet instant il y eut un armistice; cette pièce était conçue en ces termes :

Seconde sommation de Frédéric duc d'Yorck, au général Ferrand, le 26 juillet.

« Le désir de retrancher autant que possible des malheurs irréparables qu'entraîne une résistance inutile ¹, m'avait dicté la proposition que je vous ai faite le 14 juin dernier; vous ne l'avez pas écoutée, soit que vous vous crussiez être en état de faire face à la manière dont vous seriez attaqués, soit que vous vous flattassiez d'être secourus.

» Mais aujourd'hui qu'il semble que cette double erreur doit être détruite, le même amour d'humanité vient vous offrir une capitulation qui sauverait votre honneur avec ce qui reste de propriétés aux malheureuses victimes de votre obstination.

» Voulez-vous arracher aux nécessités de la guerre la destruction complète de cette belle ville, ou voulez-vous conserver ce qui a échappé jusqu'à présent. Je dois vous dire, en gémissant sur les horribles suites d'une opiniâtreté qui n'a plus de terminaison, ni politique, ni militaire : Votre réponse va prononcer irrévocablement le sort de Valenciennes; après ce jour vous ne serez plus admis à capituler; je n'écouterai aucune proposition, et la ville étant prise d'assaut, vous ne savez que trop quelles en sont les suites terribles.

Signé FRÉDÉRIC, duc d'Yorck. »

A la lecture de cette lettre, le général s'empressa de faire remettre l'autre paquet à la municipalité et de convoquer sur-le-champ un conseil de guerre général, auquel il adjoignit une députation des autorités constituées, où l'on donna aussitôt communication des deux pièces adressées. Cela fait, le conseil de guerre et l'ad-

ministration municipale demandèrent à connaître de
suite quels étaient les moyens de défense que la place
pouvait avoir encore. A peine cette séance était-elle
ouverte, qu'une immense quantité d'individus s'étaient
déjà attroupés autour de la maison commune, vociférant les injures les plus grossières et les plus menaçantes.

Pendant que l'on était ainsi en conférences, une personne eut l'infâmie d'enlever furtivement la lettre adressée à la municipalité et de la lire à la populace assemblée. On fit plus, elle fut imprimée et répandue une
heure après dans toute la ville. Ce dernier trait de perfidie acheva de mettre le peuple en rumeur, et faillit devenir funeste aux intérêts de la capitulation. Voici la
copie de cette pièce :

Lettre du duc d'Yorck à la municipalité de Valenciennes,
le 26 juillet.

« Je vous envoie copie de ce que j'écris au commandant de votre ville, en vous prévenant qu'il va vous exposer à un traitement horrible, s'il refuse cette fois
d'accepter l'offre d'une capitulation qui sauvera l'honneur de la garnison et le reste de vos propriétés ; vous
devez ce traitement à une opiniâtreté bien mal vue dans
la circonstance où il ne vous échappera pas qu'il ne peut
vous défendre ni être secouru. Sa proclamation du 21
juin est un *libelle* contre les armées qui sont devant vos
murs (*No XXXI*). La réputation de ces armées, braves et
disciplinées, ne peut être tachée de pareilles calomnies :
mais craignez la vengeance d'un soldat irrité par de pareils
écrits. Le chef le plus humain ne pourrait vous y soustraire, si vous vous en laissiez venir à ces extrémités ; gardez-vous des insinuations qui sacrifient tout ce que vous possédez à l'intérêt d'un seul, et que ceux d'entre vous qui
peuvent et veulent le bien écartent vite, par une délibération sage, la dévastation et le carnage qui suivraient

une résistance prolongée infructueusement de quelques jours. Si votre commandant ne capitule pas aujourd'hui, demain il ne sera plus admis. Si votre ville est prise d'assaut, elle sera pillée, et rien ne pourra empêcher que les soldats et les bourgeois ne soient massacrés. Puisse cet exemple terrible, que j'aurais voulu vous éviter, influer sur les autres villes, et donner assez d'énergie aux bons habitans pour les soustraire au sort qu'une impardonnable mollesse leur fait partager dans la vôtre avec les méchans.

Signé FRÉDÉRIC, duc d'Yorck.

Au milieu de l'exaspération à laquelle cette lettre avait donné lieu, on demandait à hauts cris la tête de Ferrand et des représentans du peuple, et l'on voulait aller porter les clefs de la ville au duc d'Yorck. Heureusement que les bataillons de la Charente, de la Côte-d'Or, et un piquet de dragons de la république parurent au même moment sur la place. Le général s'y montra alors, et dit à ces rassemblemens* que l'on allait traiter avec les assiégeans, mais que jusque-là il ne fallait pas entraver les opérations du conseil par des demandes qui ne pouvaient pas être accordées. La présence du général, son sang-froid, joint à la force armée, apaisèrent un peu les cris des séditieux**; le général rentra au conseil et reprit le cours des propositions entamées.

Les personnes déléguées pour constater l'état de la place vinrent assurer qu'elle n'était plus tenable; plusieurs membres du conseil dirent, de leur côté, qu'elle pouvait encore résister quelques jours. Le général

---

* Les militaires que le général crut reconnaître dans ces attroupemens, n'étaient, comme nous l'avons déjà dit, que des réfugiés travestis avec des habits de nos soldats tués.

** Sur le soir il se forma de nouveaux rassemblemens, qui restèrent en permanence jusqu'au 28, jour où la capitulation leur fut enfin connue.

Tholosé, qui devait mieux s'y connaître que qui que ce
fût, dit qu'elle ne pouvait pas tenir plus de dix jours,
tandis que le général Ferrand prétendait que la défense
de la place pouvait se prolonger au moins pendant
quinze jours *.

L'effervescence, qui allait toujours croissant, la ville
presque réduite en cendres, les habitans aux abois, et
tous les ouvrages de la place dans le plus grand délabrement, forcèrent le conseil à entrer en négociation
avec le général ennemi. En conséquence, le conseil-général de la commune adressa au général Ferrand les
représentations suivantes :

*Représentations du conseil-général de la commune de
Valenciennes au général Ferrand, commandant en
chef dans la place, le 26 juillet.*

« Personne n'ignore les sacrifices que cette ville vient
de faire : la plus grande partie des propriétés détruite ;
un grand nombre des habitans écrasés sous les ruines des
maisons ou tués par le fer de l'ennemi ; presque toutes
les femmes et les enfans ensevelis dans les souterrains,
y respirent un air fétide, dont la malignité se propage
et les conduit à la langueur et à l'anéantissement, dont
quantité se trouve déjà victime de cette maladie, par le
défaut de médicamens, de médecins et chirurgiens, dont
la plupart sont morts, malades ou blessés.

» La désolation des campagnes environnant cette cité,
réunie à tant de maux intérieurs, fait penser au conseil-général de cette commune qu'il a acquis le droit de
représenter au général Ferrand, commandant de cette

* Sans contredit, le général Ferrand, quoiqu'il eut montré jusqu'alors le plus
grand courage, se surpassa encore dans ces dernières et difficiles circonstances, où,
déployant un de ces beaux caractères de l'ancienne Rome, il étonna et fit trembler le
prince de Cobourg et le duc d'Yorck ; aussi croyons-nous fermement que la capitulation honorable à laquelle nous étions loin de nous attendre, fut l'ouvrage tout
entier de l'attitude ferme et imposante de notre général.

place, que depuis quatre-vingt-sept jours , c'est-à-dire depuis le 1er mai, elle est assiégée ; qu'elle est bombardée depuis quarante-trois jours et quarante-trois nuits sans relâche ; que néanmoins , depuis cette époque, notre armée ne s'est point présentée à notre vue ; cependant la résistance présumable d'une place telle que celle-ci , quand elle est assiégée, est connue du Conseil exécutif de la république et des généraux de nos armées. — Nous ne pouvons nous dissimuler que notre armée a tenté trois fois, sans succès, de secourir Condé; que cette place a dû succomber ; et qu'au moment où nous avions le plus grand besoin de sa présence , cette armée a abandonné , presque sans résistance , la position qui empêchait l'ennemi de nous attaquer. On observe que cette armée est partie du camp de Famars moins forte de vingt-trois mille hommes que lorsqu'elle a tenté de secourir Condé.

» Les obligations de la république envers nos concitoyens et de nos concitoyens envers la république, sont réciproques ; la république, au contraire, peut-être par des raisons majeures et pour ne pas compromettre le sort de son armée , n'est venue aucunement à notre secours ; et par là, elle est censée nous abandonner à nous-mêmes et à la première de toutes les lois , celle de la nature , qui nous commande impérieusement le soin de notre conservation.

» Après une résistance si opiniâtre , et telle que l'histoire n'en montre pas d'exemple, pourquoi, lorsqu'il en est temps aujourd'hui, ne pas conserver l'honneur et la vie de la garnison par une capitulation honorable qui nous est offerte par le général de l'armée combinée ? Il n'y aura point plus tard de motif suffisant à présenter à l'ennemi pour le déterminer à renoncer à prendre la ville à discrétion , lorsque, si l'on peut se servir de cette expression, il nous tiendra au collet ; comment

alors le général pourra-t-il, malgré son désir, remplir
la promesse solennelle consignée dans la proclamation
de l'arrêté du conseil de guerre du 2 juillet, par laquelle
il s'engage *à ne pas compromettre la vie des habitans et
de la garnison*, et surtout après ce qui s'est passé cette
nuit? (*No XXXIII.*)

·» Comme toute défense doit avoir un but utile, d'a-
près les considérations ci-dessus, et d'après la sommation adressée particulièrement à la municipalité par
Frédéric duc d'Yorck, le conseil-général est convaincu
que quelques jours de plus d'une résistance inutilement
prolongée entraîneraient dans une perte inévitable une
grande cité, une multitude de citoyens qui ont déjà tant
souffert, et une partie considérable de l'armée de la
république, sans utilité pour elle.

« Général, vous devez être assez fier d'une résistance
telle,qu'aucune ville assiégée et bombardée tout à la fois
d'une manière si terrible,que l'historien n'en montre pas
d'exemple, pour croire avoir déjà éminemment rempli
votre devoir et mérité un témoignage honorable de la
nation.

» Ont signé : *Benoît* l'aîné ; *Pourtalès*, maire ; *Hécart*, *Remy-Pillion*, *Lalen-Plichon*, *Ravestin* fils,
Doille, *Scribe*, *Rebut*, *Dufrenoy*, *Joseph Verdavaine*,
Fenaux, *Ravestin* père, *Brabant*, *Hamoir*, procureur
de la commune, *Wattecamps*, *Preuvost-Hérent*, *Hourez*, *Hollande*, *Abraham*, *Delahaye*, *Mortier*, secrétaire-greffier.

» Ces représentations ayant été lues à tous les
citoyens assemblés, la municipalité les engagea à nom-
mer onze députés pour les signer, et ont signé, savoir :
Perdry cadet, *Flory* fils, *Bécart*, *Lussigny*, *Deruesne*,
Vanier, *J.-B. Henry*, *Duquesne*, *Henri de Bavay*,
Chef de-Ville, et *Rhoné-Dath*.

A Valenciennes, le 26 juillet 1793.
Signé MORTIER, *secrétaire-greffier.*

D'après ces exposés adressés au général Ferrand , le conseil de guerre, sans désemparer, après les avoir mûris avec attention , rédigea pour la capitulation un considérant de vingt-cinq articles , ainsi qu'il suit :

L'an 1793 , IIe année de la république française , le 27 juillet , le conseil de guerre assemblé extraordinairement pour délibérer sur la situation de la place de Valenciennes , *considérant :*

1º Que le siége et le bombardement de cette place , qui ont eu lieu sans interruption depuis le 14 du mois de juin dernier d'une manière dont l'histoire n'offre pas d'exemple , ont réduit cette ville dans l'état le plus déplorable , que la moitié des bâtimens sont écrasés, l'autre moitié est fort endommagée ;

2º Que le nombre de victimes encombrées , écrasées sous les débris , ainsi que tous les citoyens qui ont été frappés des bombes et des boulets , présente également le spectacle le plus déchirant ;

3º Qu'il n'existe plus d'asiles pour réfugier les vieillards, les femmes , les enfans et la garnison : la maladie épidémique s'y étant manifestée , et cette maladie exerçant les plus cruels ravages dans toute la ville ;

4º Que l'hôpital-général , dont les emplacemens paraissent les plus à l'abri *, sont criblés de bombes et de boulets , au point que le local destiné au logement des soldats malades n'est plus habitable ** ;

5º Qu'il n'existe plus aucun autre emplacement pour les malades ; plusieurs des chirurgiens ont été tués et écrasés , que les autres sont attaqués de maladies , et qu'il n'y a plus aucun moyen de pourvoir au soin des malades ;

---

* Nous devons avertir que nous avons voulu suivre l'orthographe textuelle des pièces manuscrites.
** On aurait pu ajouter que l'incendie s'y était déclaré plusieurs fois et que les fournitures des salles avaient été consumées depuis long-temps.

6° Que les malheurs du peuple sont à leur comble, et que c'est au milieu des cris, des douleurs et des gémissemens de tous les infortunés, que le conseil-général de la commune, d'après la nouvelle menace de Frédéric d'Yorck, a présenté le vœu de ses concitoyens pour la capitulation, vœu qui a été soutenu et appuyé par une multitude de citoyens présens, et par onze députés que la commune a choisis en conformité de la loi;

7° Que l'incendie de l'arsenal, la consommation de la plus grande partie des munitions, et la circonstance qu'un grand nombre de bouches à feu sont hors de service, ne laissent plus de ressources certaines;

8° Que la garnison est diminuée de moitié, tant par morts que par maladies et blessés; que le reste est exténué de fatigues, ayant à peine une nuit sur cinq;

9° Que le 25 de ce mois, vers dix heures du soir, l'ennemi, ayant fait sauter nos mines*, s'est emparé des chemins couverts et de l'ouvrage avancé; qu'il en est résulté de grandes pertes, et que les soldats n'ont pu tenir leur poste, que ceux qu'on y a renvoyés ensuite en sont revenus aussi pêle-mêle aux deux poternes, au point que l'ennemi a failli entrer par les poternes par force majeure**;

10° Qu'il est constaté que la place ne peut tenir plus de six jours, en supposant même que ce qui reste de garnison, accablé et harassé de fatigue, puisse apporter la résistance convenable, dans la circonstance surtout qu'on pourrait monter à l'assaut de deux côtés;

11° Que la brèche est déjà faite, et que les six jours que la place peut encore tenir ne sont à mettre en ba-

---

* L'ennemi ne fit point sauter nos mines, il n'y en eut qu'une qui éclata accidentellement; les explosions que l'on put entendre provenaient des globes de compression ennemis, qui bouleversèrent nos chemins couverts des deux ouvrages à corne.

** L'ennemi ne faillit point entrer par les poternes; l'une était barricadée, et l'autre entourée d'eau de manière à être impénétrable; or, si ce fait supposé se trouve répété par plusieurs voix, ces voix ne sont que les suites d'un écho.

lance avec les inconvéniens cruels qui résulteraient d'un pillage et d'un massacre universel ;

12º Que le conseil de guerre s'est solennellement engagé envers les citoyens, par son arrêté du 2 de ce mois, de sauver la vie ; l'honneur et les propriétés de tous les habitans ;

13º Considérant aussi qu'il n'y a aucune certitude, ni même l'espoir bien fondé d'avoir du secours dans un si court intervalle, après avoir attendu inutilement l'espace de plus de six semaines , et sans que depuis la première époque du *blocus* l'on ait jamais reçu aucune nouvelle de l'intérieur, directement ou indirectement, outre la crainte que la garnison ne puisse plus tenir à de nouvelles fatigues ;

14º Que déjà les troupes envoyées , le 26 à midi et le 27 au matin * , aux avant-postes du front d'attaque , les ont abandonnés , parce que ceux de la garnison envoyés à ce poste avaient déjà perdu leur énergie, ce qui ne peut provenir que de la grande fatigue et de l'affaiblissement qu'ils éprouvent ; que les officiers-généraux qui commandaient ces avant-postes n'ont jamais pu les contenir ;

15º Qu'aujourd'hui après ce refus , plusieurs soldats se sont portés au pillage du magasin des effets militaires ** , ce qui ajoute l'indiscipline à l'insubordination et à tous les autres effets de découragement ;

Mû par toutes ces considérations , et déterminé prin-

---

* Ces faits sont encore controuvés, et le conseil de guerre fait gratuitement un reproche sanglant à la garnison qui , ni le 26 à midi ni le 27 au matin , ne put être envoyée aux avant-postes du front d'attaque, puisque, dès la nuit précédente du 25 au 26 , l'ennemi s'était emparé de ces mêmes avant-postes , et que le lendemain même 26 avant-midi , il y avait une cessation d'armes pour les conférences de la capitulation , et que des sentinelles furent réciproquement placées dans les premiers fossés et leurs avenues.

** Il y a encore ici une grave calomnie que nous ne pouvons passer sous silence· Non, nos soldats ne pillèrent point , et ceux qui en effet se portèrent à ces excès coupables étaient des vauriens travestis en habits pris sur des militaires tués ou morts de la suite de leurs blessures.

cipalement et uniquement par la demande formelle et fortement exprimée de tous les habitans de la commune;

Le conseil de guerre a arrêté et arrête de proposer la capitulation suivante :

ARTICLES	RÉPONSES :
DE CAPITULATION,	
Proposés par le général de division FERRAND, commandant les troupes de la république française à Valenciennes ; A FRÉDÉRIC DUC D'YORCK, commandant l'armée combinée du siége de Valenciennes.	*Le général* FERRAND *remettra à Son Altesse Royale le duc* d'YORCK, *commandant en chef l'armée combinée, employée au siége de Valenciennes, pour sa majesté l'empereur et roi, la ville et citadelle de Valenciennes, aux conditions ci-après stipulées :*
Le général FERRAND remettra au duc d'YORCK la ville et la citadelle de Valenciennes, aux conditions suivantes :	
Art. 1er. La garnison sortira avec les honneurs de la guerre, ainsi que tout ce qui tient au militaire.	*Art.* 1er. *La garnison sortira par la porte de Cambrai* avec les honneurs de la guerre, et mettra bas les armes à la maison dite de la Briquette, *où elle déposera ses drapeaux et canons de campagne, sans les avoir endommagés d'une manière quelconque ; il en sera de même des chevaux de cavalerie, artillerie, des vivres et autres services militaires ;* ceux des officiers leur seront laissés avec leurs épées (1).
Art. 2. Toutes les munitions quelconques, pièces d'artillerie et tout ce qui compose et fait partie de l'armée, lui sera conservé.	*Art.* 2. *Refusé.*

(1) Tout ce qui est ci-dessus en romain n'avait point été mentionné d'abord ; et , ainsi qu'on le voit , on ne parlait pas des *honneurs de la guerre* , que le duc d'Yorck avait cependant promis de nous accorder au moment où les articles du général Ferrand lui furent remis par l'aide-de-camp Laviguette. Cette omission grave, ainsi que

Art. 3. La garnison sortira de la place le sixième jour après la signature de la capitulation, par la porte de Tournai, pour se rendre dans tel lieu de la république que le général Ferrand jugera convenable, avec armes et bagages, chevaux, tambours battans, mèches allumées par les deux bouts, drapeaux déployés, et tous les canons qu'elle pourra emmener.

Art. 3. La garnison sortira le 1ᵉʳ août, ainsi qu'il est dit à l'article 1ᵉ, et comme elle sera prisonnière de guerre, il lui sera indiqué, 24 heures avant sa sortie, l'endroit où elle se rendra en France pour y prendre la parole d'honneur et le revers des officiers, ainsi que les autres arrangemens relatifs aux soldats, qui s'engageront à ne pouvoir servir pendant toute la durée de la présente guerre contre les armées de Sa Majesté et celles de ses alliés, sans avoir été échangés, conformément aux cartels et sous les peines militaires (3).

Art. 4. Les autres pièces d'artillerie seront évacuées dans la huitaine après le départ de la garnison, ainsi que les munitions et le mobiliaire militaire.

Art. 4. Refusé pour tout ce qui concerne l'artillerie et généralement toutes les munitions de guerre et de bouche, et autres objets militaires; mais accordé pour tout ce qui est du mobile personnel des officiers et soldats de la garnison (4).

Art. 5. Les voitures et chevaux nécessaires pour le transport des bagages et pour monter les officiers, seront payés de gré à gré.

Art. 5. Il sera fourni par mi-payant, à la garnison, ce qui lui sera nécessaire en voitures et chevaux pour le transport de ses bagages, et les commissaires de guerre, qui resteront de sa part dans la place, seront per-

---

plusieurs autres articles, pareillement omis, furent vivement réclamés par une nouvelle lettre que le général Ferrand adressa au duc le 28 juillet suivant; quelques-uns de ces articles furent accordés ou modifiés, comme cela se verra dans le cours du traité.

(3) La garnison, arrivée à Avesnes-le-Sec, lieu qui lui avait été assigné, fut divisée en deux parties; l'une, destinée à renforcer les troupes qui assiégeaient Lyon, fut dirigée contre cette ville, et l'autre fut envoyée en Vendée.

(4) Comme l'objet essentiel, celui d'avoir obtenu les honneurs de la guerre et d'être libres, était rempli, on ne tint plus au reste des conditions.

sonnellement responsables du retour desdites voitures et chevaux.

Art. 6. Il sera fourni le nombre de douze chariots couverts, c'est-à-dire qui ne seront point visités.

Art. 6. Refusé.

Art. 7. Les soldats convalescens en état d'être transportés seront emmenés, et les voitures nécessaires pour ce transport seront fournies également par les assiégeans.

Art. 7. Accordé sous les conditions de l'article 5.

Art. 8. Quant aux malades qui ne pourront souffrir le transport, ils resteront dans les hôpitaux qu'ils occupent, soignés aux frais de la république par les officiers de santé qui y sont attachés, sous la surveillance d'un commissaire des guerres, et lorsque ces malades seront en état d'être transportés, il leur sera de même fourni des voitures.

Art. 8. Accordé, bien entendu que les commissaires restés pour l'administration économique des hôpitaux, seront soumis à la police militaire, ainsi que ceux dont il est question dans l'article 5, et que les soldats convalescens seront prisonniers comme il est stipulé à l'article 5.

Art. 9. Les représentans du peuple et toutes personnes attachées à la république, sous quelque dénomination que ce puisse être, participeront à la capitulation du militaire et jouiront des mêmes conditions.

Art. 9. Tout ce qui n'est pas militaire étant réputé bourgeois, jouira du traitement accordé à cette classe (9).

Art. 10. Les déserteurs resteront réciproquement dans les corps où ils sont, sans être inquiétés; à l'égard des prison-

Art. 10. Refusé; les déserteurs seront livrés scrupuleusement avant la sortie de la garnison, et l'on fera les perquisitions né-

(9) Cet article tenait vivement au cœur des représentans du peuple. Le général Ferrand, peu rassuré lui-même sur leur compte, insista beaucoup sur cet article, et le duc d'Yorck ne voulut rien entendre.

niers, ils pourront être échangés.

Art. 11. Il sera nommé de part et d'autre des commissaires pour constater les objets qui seront adjugés à la république, ainsi que tous les papiers concernant l'artillerie, les fortifications et greffe militaire, tant ceux de cette place que de toute autre place appartenant à la république. Il en sera de même pour les papiers de toutes les administrations civiles et militaires.

Art. 12. Les habitans des deux sexes, actuellement en cette ville ou y réfugiés, les fonctionnaires publics et tous autres agents de la république française, auront leur honneur, leur vie et leurs propriétés sauves, avec la liberté de se retirer où ils voudront.

Art. 13. Pour le maintien de l'ordre, de la police, la sûreté des personnes et la conservation des propriétés, les autorités constituées et les tribu-

cessaires pour trouver ceux qui pourraient être cachés. Les prisonniers autrichiens et ceux des puissances alliées seront rendus de bonne foi (10).

Art. 11. Il sera nommé des commissaires de tous départemens militaires et civils pour recevoir les papiers, effets et bâtimens militaires, artillerie, fer coulé, arsenaux, munitions de guerre et de bouche, caisses militaires et civiles, en un mot tous les objets appartenant au gouvernement, sous quelle dénomination que ce puisse être; les commissaires seront introduits dans la place immédiatement après l'échange des ôtages; les chefs des différens corps seront personnellement responsables des infidélités qui se seraient commises dans la remise des papiers, caisses, artillerie et autres objets ci-dessus nommés.

Art. 12. L'ordre et la discipline des armées alliées garantissent les bourgeois de toute espèce d'insulte dans leurs personnes et leurs effets.

Art. 13. Refusé; mais les corps administratifs et judiciaires seront maintenus jusqu'à ce qu'il y ait été autrement pourvu par Sa Majesté impériale.

---

(10) Ils n'oublièrent pas de les demander avant de partir.

naux resteront en fonctions jusqu'à ce qu'il y soit autrement pourvu. Les jugemens des tribunaux seront maintenus , et aucune autorité constituée ne pourra être recherchée pour les faits légaux de son administration ou de sa juridiction.

Art. 14. Personne ne pourra être inquiété pour ses opinions, telles qu'elles aient été, ni pour ce qu'il aura dit ou fait légalement avant ou pendant le siége.

Art. 15. Les habitans ne seront pas assujétis au logement des gens de guerre.

Art.16.Les habitans ne pourront être obligés à aucun service militaire, et ceux qui l'ont fait jusqu'à présent ne pourront être considérés comme tels.

Art.17.Les habitans ne pourront non plus être tenus aux corvées militaires.

Art. 18. Ceux qui voudront aller habiter ailleurs seront libres de sortir de la ville avec leurs ménages , bagages , meubles et effets , de disposer de leurs immeubles ou réputés tels, au profit de qui bon leur semblera, dans le terme de six mois.

Art. 19. Tous ceux qui voudront rester ou venir habiter en cette ville y seront reçus et

Art. 14. L'intention de Sa Majesté l'empereur et roi est que les habitans ne soient aucunement inquiétés.

Art. 15. Accordé autant que l'existence et la capacité des bâtimens militaires le permettront.

Art. 16. Les habitans ne seront obligés de faire de service militaire que dans les cas usités dans les provinces de Sa Majesté l'empereur aux Pays-Bas; quant à ceux qui sont armés ou en uniforme , ils seront traités comme les autres militaires, selon l'article 3.

Art. 17. Renvoyé à l'article 16.

Art. 18. Il sera permis aux habitans de se retirer avec leurs effets,dans l'espace de six mois, où bon leur semblera, et il leur sera délivré des passeports en conséquence.

Art. 19. Accordé.

jouiront des mêmes avantages
que les autres habitans.

Art. 20. Les monnaies actuelles, notamment les assignats, continueront d'avoir cours.

Art. 20. Refusé de reconnaître les assignats comme monnaie, jusqu'à disposition ultérieure.

Art. 21. Les domaines nationaux vendus en conformité aux lois existantes, seront conservés aux acquéreurs.

Art. 21. Cet article n'étant point du rapport militaire, sera réservé, comme le précédent, à des dispositions ultérieures.

Art. 22. La commune continuera de jouir des propriétés qu'elle possède actuellement, tant mobilières qu'immobilières, notamment les blés qu'elle a en magasin pour la subsistance des habitans.

Art. 22. Renvoyé à l'article précédent. Quant aux blés, aux magasins, on en disposera au profit de celui à qui il appartient de droit.

Art. 23. Les colléges, hôpitaux et autres établissemens de charité, demeureront en la libre et paisible possession et jouissance de tous leurs biens, tant meubles qu'immeubles.

Art. 23. Accordé pour toutes les propriétés légitimes.

Art. 24. Toutes dettes contractées avant et durant le siége par la municipalité et le conseil général de la commune et autres autorités constituées, tant liquidées qu'à liquider, seront tenues pour légales et bien contractées.

Art. 24. Les dettes contractées par la garnison, les militaires, bourgeois et habitans quelconques, seront liquidées à la satisfaction des parties.

Art. 25. S'il survient quelques difficultés dans les termes et conditions de la capitulation, on les entendra toujours dans le sens le plus favorable à la garnison de la place et aux habitans.

Art. 25. Toutes les réponses ci-dessus étant clairement énoncées, cet article est sans objet.

A Valenciennes, le 27 juillet 1793, IIe de la république française.

Signé : le général de division, FERRAND.

ARTICLES ADDITIONNELS AUX PRÉSENTES RÉPONSES.

Art. 1er. Aujourd'hui 28 juillet à sept heures du soir, la garnison livrera aux troupes de l'armée du siége, les dehors, la demi-lune, la couronne, la contre-garde et le pâté de la porte de secours de la citadelle, ainsi que la demi-lune et l'ouvrage à corne de la porte de Cambrai, et, afin que l'ordre soit observé jusqu'à la sortie de la garnison, elle gardera l'intérieur des portes du corps de la place, de la citadelle et de la ville jusqu'à la sortie.

Art. 2. Si la réponse n'est pas rendue par le général Ferrand avant sept heures du matin, on lui déclare que le feu de la tranchée recommencera à neuf, où la trève sera rompue par son silence.

Art. 3. Les chefs des différens corps qui ont des papiers ou effets à remettre resteront dans la place, jusqu'à ce que les remises et inventaires aient été clos par les commissaires impériaux.

Art. 4. Aussitôt que la capitulation sera signée, on enverra dans la place des ôtages, savoir : un colonel, un major et un capitaine, qui seront échangés contre des officiers de grade pareil de la garnison, lesquels ôtages seront rendus aussitôt après l'exécution des articles de la capitulation.

Donné à mon quartier-général devant Valenciennes, le 28 juillet 1793.

Signé FRÉDÉRIC, duc d'Yorck,
commandant l'armée combinée au siége
de Valenciennes.

La capitulation des vingt-cinq articles, déjà mentionnée, fut signée par le général Ferrand seul ; et son aide-de-camp Lavignette, chargé de ce message, se rendit au quartier-général ennemi, et le remit au duc d'Yorck le 27 juillet au matin. Le duc, après en avoir pris connaissance, fit dire au général qu'il lui enverrait une réponse à six heures du soir, en assurant en même temps que la garnison *jouirait des honneurs de la guerre.*

Comme six heures étaient écoulées, et que la réponse n'arrivait pas, on était dans l'attente et les tourmens les plus cruels de savoir ce que le duc d'Yorck oserait accorder. Les attroupemens, de leur côté, toujours poussés et exaltés, grossissaient d'une manière effrayante et jetaient de plus en plus des hurlemens de fureur et de rage; et ce qui venait ajouter encore au mal déjà si grand, c'est que le duc, en ne renvoyant sa réponse, mise en regard de chacun des articles de la capitulation, qu'à deux heures du matin, au milieu de perplexités si graves et si profondes, en avait mutilé les principaux articles de manière à la rendre inacceptable. Il avait promis une capitulation honorable, et cet article n'était point mentionné; au contraire, il avait ajouté les quatre articles cités plus haut, écrits sur le ton le plus menaçant et le plus redoutable. A la vue d'un manque de foi semblable, le général Ferrand s'empressa d'assembler de nouveau le conseil général de guerre pour lui communiquer une seconde lettre qui allait faire le motif de sa réponse. Alors, sans envisager la position plus que critique de la garnison, sans même avoir égard aux menaces terribles du prince, le courageux Ferrand, que rien ne pouvait intimider, lui adressa la lettre suivante * :

Le général de division Ferrand, commandant de la place de Valenciennes, à Frédéric duc d'Yorck, commandant de l'armée combinée du siège devant Valenciennes.

« A la réception de votre lettre, j'ai assemblé le conseil de guerre. Après avoir pris connaissance des

* Bien des personnes assuraient que si, dans cette circonstance, le duc d'Yorck tardait si long-temps à répondre, c'est qu'il espérait que la révolte étant poussée à son comble, la place se serait trouvée forcée de se rendre à discrétion.

articles qu'elle contient, il nous a paru très-évident que la promesse que vous nous avez faite hier n'avait pas lieu, en ce qu'il n'est pas mention de *capitulation honorable* dans les articles que vous nous proposez.

» En conséquence, je persiste, ainsi que les membres du conseil de guerre, dans l'article premier en son entier; nous demandons, en outre, que les citoyens Cochon et Briez, représentans du peuple, et leurs deux secrétaires, accompagneront la garnison. Nous persistons sur l'article 2, par la demande d'une pièce de campagne de 4 ou de 8, et leur caisson par bataillon; nous persistons également dans l'article 3, en restreignant la sortie de la garnison à trois jours, et enfin dans l'article 6, réduisant notre demande à six chariots couverts, au lieu de douze; à l'égard des articles 8, 10 et 11, dans tout leur contenu.

» J'ai l'honneur de vous envoyer six commissaires, tant civils que militaires, qui vous remettront cette lettre; ils sont chargés d'entrer en arrangement, et ont tout pouvoir à cet effet.

» *La garnison que j'ai l'honneur de commander a combattu si glorieusement pendant le siège, qu'elle s'immortalisera en défendant la place et terminant sa carrière militaire sur la brèche, lorsqu'elle existera.*

Signé, le général de division, FERRAND.

Valenciennes, le 28 juillet 1793, l'an IIe de la république.

Collationné conforme à l'original.

MORTIER, secrétaire-greffier. »

Cet ultimatum, qu'accompagnait en effet six commissaires choisis parmi les autorités civiles et militaires, fut remis par le général Boillaud au duc d'Yorck, qui, après en avoir parcouru les premières lignes, en interrompit la lecture et dit d'un ton d'aigreur : « Diable! le général Ferrand me refuse; et si maintenant je ne voulais accepter aucune capitulation. » Brunière, capitaine au 1ᵉʳ de la Nièvre, l'un des six commissaires, prit la parole et. dit : « V. A. R. ne sera pas étonnée de ce refus, si elle se rappelle que dans sa dernière lettre au général Ferrand, elle avait promis d'accorder les honneurs de la guerre, et que sa réponse à cet article est contraire à cette première intention. Nous pensons que la conduite valeureuse de la garnison pendant la défense de Valenciennes, et les moyens qui lui restent pour soutenir le siége, méritent que V. A. lui accorde cet honneur dont elle est jalouse. »......« Elle est jalouse de cet honneur, M. le duc, reprit le général Tholosé avec la parole entraînante et pleine de ce sentiment sublime, et le projet soutenu du général Ferrand est de le maintenir. Veuillez remarquer, M. le duc, que la place est bien loin d'être réduite, et que si nous avons l'honneur de vous parler dans ce moment au nom du général Ferrand et du conseil de guerre, ce n'est que par un sentiment d'humanité pour les habitans de cette ville infortunée, qui ont souffert constamment et avec courage tous les maux d'un siége cruel et trop désastreux. D'ailleurs, M. le duc, vous ne pouvez vous dissimuler qu'il reste encore à la garnison de Valenciennes, outre son courage, des moyens de résistance qu'offre cette place dans ses ouvrages extérieurs, ses manœuvres d'eaux, son escarpe qui n'est ébranlée que dans sa partie supérieure ; qu'il reste encore la citadelle, qui est intacte et dans son entier ; qu'il reste encore enfin à cette garnison vaillante et courageuse, un général et des chefs qui peuvent faire éprouver aux troupes que vous commandez une résistance très-meurtrière dans ces derniers instans de gloire. Vous voudrez bien par ces considérations, M. le duc, accorder le premier article de la capitulation offerte par le général Ferrand, qui porte la plénitude des *honneurs de la guerre* pour la garnison de Valenciennes. »

A cette chaleureuse improvisation, où l'accent de l'honneur et du courage se déploya d'une manière si remarquable, le duc d'Yorck, après une simple minute de réflexion, se prononça décidément en accordant que, prisonnière de guerre, la garnison sortirait de la place avec les honneurs de la guerre, qu'elle serait libre sur parole et aurait la facilité de retourner en France. Tous les autres articles furent discutés dans le même esprit; quant à ce qui concernait les représentans du peuple, le duc garantit de sa parole d'honneur contre toute insulte qui pourrait leur être faite à leur sortie de la place, mais il refusa nettement de les comprendre dans les articles de la capitulation.

Pendant ces derniers pourparlers, les rassemblemens tumultueux sur la place étaient toujours menaçans; on ne chercha point à les dissiper, dans la crainte d'augmenter leur irritation; mais les bons habitans restaient paisibles et tranquilles en attendant une solution qui devait faire cesser enfin de rendre leur position toujours incertaine. Beaucoup de bourgeois et de militaires montèrent en foule sur les remparts; la poterne de Mons fut débarricadée, et l'on se répandit dans les fossés, sans pour cela passer outre des boyaux faits dans nos fossés pendant la nuit du 25 au 26. Les assiégeans sortirent aussi de leurs tranchées pour venir causer avec nous; mais dès qu'ils apprirent que nous étions en conférence avec leur général en chef, on s'empressa, pour éviter les collisions et le trouble, de doubler des sentinelles de part et d'autre, et de défendre expressément tout espèce de communications directes entre eux et la garnison.

Le dimanche 28, sur les onze heures du matin, les commissaires Tholosé, Boillaud et autres, porteurs d'une capitulation satisfaisante, vinrent la remettre en séance au général Ferrand. Elle produisit, comme on ne doit pas en douter, la plus vive sensation de joie; la nouvelle s'en répandit bientôt dans la ville et parmi la garnison. L'allégresse fut à son comble, et les attroupemens semblèrent vouloir se dissiper enfin. Le protocole des articles consentis mutuellement terminait cette affaire de la manière suivante :

« Nous, commissaires soussignés, nommés et envoyés vers S. A. R. le duc d'Yorck, en vertu des pouvoirs à nous délégués par le général Ferrand, commandant de la ville et de la citadelle de Valenciennes, et contenus en sa lettre du 28 juillet 1793, adressée au duc d'Yorck, laquelle demeurera annexée en l'original à la présente capitulation, avons signé et consenti les articles ci-dessus. »

Fait au quartier-général de S. A. R. le duc d'Yorck, le 28 juillet 1793.

Ont signé : *Tholosé*, directeur des fortifications, faisant les fonctions de général de brigade ; le général de brigade *Boillaud ; Brunière*, capitaine au 1er bataillon de la Nièvre ; *Hamoir, Lanen-Plichon, J.-C. Perdry* le cadet.

Collationné conforme à l'original.

Mortier, secrétaire-greffier.

Sur les trois heures de l'après-midi, on vit paraître tout-à-coup, le sabre à la main, une nuée de jeunes gens à cheval, qui, pleins d'arrogance, couraient au grand galop dans les rues et venaient se réunir sur la Place d'Armes au milieu des cris les plus aigus, insultant et frappant même des militaires isolés. Ces fanfaronnades, par bonheur pour la tranquillité de la place, ne durèrent pas long-temps ; des soldats réunis en mirent quelques-uns à bas de leurs chevaux, et forcèrent les autres à se retirer ; mais le lendemain, ils reparurent plus audacieux que la veille. Ils arrivèrent en masse sur la Place, ayant à leur tête le prince Lambesc et d'autres français du dehors. Ce personnage s'étant fait reconnaître, la popu-

lace assemblée l'entoura bientôt, le combla de béné-
dictions, et au milieu des acclamations les plus bruyantes, il fut appelé leur bon prince, leur sauveur, leur
père et leur meilleur ami! A quoi répondaient les che-
valiers de l'escorte, par les cris prolongés de *Bravo!
bravo! bravo!* A la suite de ce vacarme, une rixe fâ-
cheuse allait sûrement éclater entre nos militaires, la
populace mise en effervescence et ces jeunes gens, si les
officiers qui avaient accompagné dans la ville le baron
Unterberger, chargé de procéder aux inventaires de la
place, n'étaient accourus au nom de leur empereur pour
faire rentrer les provocateurs dans le devoir. Le bataillon de la Charente survint aussi dans le moment.

Sur le soir un fait remarquable se passa en ma présence dans la rue des Anges. Deux Français, au service
de l'Angleterre, en traversant cette rue, accostent un
soldat de la garnison, et, en le poussant brutalement,
lui disent d'un ton outrageant : « Recule-toi donc, b...de
brigand, que nous passions. » J'allais les prendre vivement
à parti, lorsqu'un colonel anglais qui, peu éloigné de
là, avait tout vu et tout entendu, précipite le pas jusqu'à eux, et leur dit d'une voix sévère et en très-bon
français : « Je ne sais pas, messieurs, qui de vous ou de
cet homme mérite le plus l'apostrophe injurieuse que
vous venez de lui faire; sachez cependant que ce brave
sert sa patrie, et que vous....; » puis, les regardant avec
indignation: « Retirez-vous sur-le-champ, si vous ne voulez pas que je rende compte de votre conduite au prince.
Pour vous, M. l'officier, dit-il en s'adressant à moi,
excusez l'impolitesse de ces messieurs, ils ne savent pas
vivre. » Là dessus, mes deux individus baissèrent l'o-
reille et s'en allèrent sans souffler un mot.

Conformément aux articles additionnels du duc, titre
premier, nous livrâmes, le 28 juillet à sept heures du
soir, aux troupes de l'armée de siége, les dehors, la

demi-lune, la couronne, la contre-garde et le pâté de la porte de secours de la citadelle, la demi-lune et l'ouvrage à corne de la porte de Cambrai; et pour maintenir l'ordre dans l'intérieur de la place jusqu'à la sortie de la garnison, elles prirent possession de l'intérieur des portes du corps de la ville et de la citadelle.

À l'entrée de la nuit, les trop infortunés habitans sortirent de leurs souterrains pour respirer enfin le grand air. L'exhalaison méphitique qu'ils entraînaient avec eux était si forte que l'on eût dit que la peste régnait parmi ces malheureux; on pouvait se le figurer d'autant mieux qu'on les voyait pâles, défigurés, couverts de lèpres et pouvant se traîner à peine : ce spectacle était vraiment déchirant [*]. Ils avaient, comme on doit se l'imaginer, horriblement souffert pendant le cours du siége, et ils étaient encore bien éloignés de voir un terme à leur déplorable situation. Presque tous malades, sans linge, sans grabat, sans abri, et pour ainsi dire sans pain, ils durent passer par des épreuves encore plus terribles. La garnison, de son côté, n'était point exempte de maux et de souffrances ; plus des trois quarts, sans compter les blessés, étaient atteints de la gale ou du scorbut et souvent même des deux maladies à la fois ; mais c'était là notre métier ; nous étions jeunes, robustes, nous n'étions pas comme eux renfermés sous des voûtes malsaines et humides, nous respirions le grand air, et notre nourriture, quoique mauvaise, était supérieure à la leur.

La nuit du 28 au 29 fut très-tranquille.

Le lendemain 29, il plut abondamment toute la journée ; les assiégeans purent néanmoins enlever leurs pou-

---

[*] On a calculé dans le temps que la perte des habitans, y compris les réfugiés, a dû excéder pendant le siége six mille individus, et qu'à la suite du siége ils mouraient par vingtaines.

dres des tranchées; mais les terres étaient si grasses, qu'il leur fut impossible de retirer leurs pièces pour les parquer.

On proposa de commencer ce jour-là l'inventaire du matériel de la place, que le baron Unterberger renvoya au lendemain, parce que tout était dans le plus grand désordre.

Pendant cette journée de pluie, il y eut moins de tumulte que la veille et que le lendemain; la nuit se passa très-bien.

Le 30 au matin, le baron Unterberger revint à Valenciennes; on l'aboucha, pour ce qui concernait l'artillerie et ses munitions, avec le lieutenant-colonel Lauriston, de Pondichéry; on trouva dans la place, suivant l'inventaire, 175 bouches à feu, etc. (*N° LV*).

Le nombre des pièces qui furent totalement démontées et hors d'état de servir dans les tranchées de l'ennemi, fut de 41 bouches à feu. (*N° LVII*).

Pendant que le baron Unterberger s'occupait ainsi de l'inventaire de notre artillerie et de nos munitions de guerre, d'autres administrateurs étaient employés à séquestrer toutes les possessions de la place. Ils s'emparèrent d'abord de nos archives, dans lesquelles ils trouvèrent des papiers de la plus grande importance, entre autres des cartes de géographie qui furent par la suite aux alliés d'une utilité précieuse *.

Nos caisses leur fournirent cent vingt-un mille quatre-vingt-trois francs dix sous en argent, et un million

---

* Le général Tholosé, dans ses mémoires, rappelle que ce fut à l'occasion de cet enlèvement forcé de papiers, que le comité de salut public lui fit les plus vives accusations, et que le motif principal de son arrestation avait été fondé sur ce point. Il aurait dû, disait-on, en parlant du général Tholosé à cet égard, les jeter dans les *latrines* ou les brûler.... Cela était fort aisé à dire : en prenant une mesure semblable, on eût violé les articles de la capitulation, et elle aurait non-seulement gravement compromis le général Tholosé lui-même, mais encore la garnison tout entière et les habitans de la ville.

quatre cent douze mille neuf cent quatre-vingt-six livres
en assignats *. Il existait encore dans les magasins une
assez grande quantité de grains, de biscuit, de viandes
salées **, d'eau-de-vie et de vin.

Le 30, la populace, excitée par les mêmes cavalcades
de l'avant-veille, par cette foule de malveillans qui le-
vaient effrontément la tête, et par quelques français au
service de l'étranger, que l'on avait laissé entrer dans la
place fort mal à propos, nous donna le tableau de la
contre-révolution. Le drapeau aux trois couleurs, arraché du beffroi et des autres édifices, fut remplacé par
celui de l'Autriche; l'arbre de la liberté fut scié et brûlé;
on alla jusqu'à courir sur ceux qui portaient la cocarde
tricolore, pour la leur enlever et la fouler aux pieds;
quelques soldats timides furent menacés, et eurent la
faiblesse de l'ôter de leur chapeau.

Il y en eut quelques-uns parmi nous, dans ces derniers jours, qui voulurent renouveler le serment de
s'ensevelir sous les ruines de la place plutôt que de se
rendre; mais il n'était plus temps, on avait capitulé;
d'ailleurs la garnison avait fait connaître sa faiblesse, et
les assiégeans fait sentir toute leur force. D'un autre
côté, chez le plus grand nombre, la joie était extrême; la
croyance d'être délivrés des maux auxquels on avait été
en proie pendant si long-temps, en avait presque effacé
le souvenir. Cependant une multitude de gens, ne mettant plus désormais de bornes à toute leur haine contre
le gouvernement et la république, la firent éclater dans
tous ses excès.

Les commissaires impériaux, n'ayant pas achevé la

* Avant la reddition de la place, il avait été retiré du trésor deux petits barils
de pièces d'or évalués à cent mille livres, on ne sait ce qu'ils devinrent. (Note four-
nie par M. Décart jeune.)
** Après l'incendie des boulangeries, nous fûmes réduits à de très-mauvais bis-
cuits, les viandes salées étaient plus mauvaises encore.

veille leurs opérations d'inventaires, les terminèrent ce jour-ci. Dans les recherches qu'ils firent parmi les papiers du général Ferrand, ils reconnurent son journal du siége et l'exigèrent. Le général s'y refusa d'abord ; mais les représentans Charles Cochon et Briez lui ayant fait remarquer qu'il n'y avait point d'inconvénient à en donner une copie, il le fit, moins les dix derniers jours importans de la défense qui ne s'y trouvaient pas portés ; du reste, cette copie ne fut pas longue à faire, car Dubanel, lieutenant d'une compagnie d'artillerie de Paris, transcrivit ce journal dans une matinée *.

La journée du 31 se passa à peu près comme celle de la veille, au milieu des troubles, des cris, des vociférations, et chacun de nous soupirait ardemment après le lendemain, pour ne plus en être les témoins, ou, pour mieux s'exprimer, les martyrs. Sur les dix heures du soir, les commissaires Briez et Cochon, au sortir de chez le général Ferrand, se retiraient chez eux, lorsqu'ils tombent dans un guet-apens d'une vingtaine d'individus armés de poignards, qui se saisissent d'eux et sont sur le point de les égorger. Deux grenadiers de la garde sédentaire de Valenciennes, Cousin et Dénoyer, qui se trouvaient dans le quartier, entendant leurs cris et les reconnaissant, accourent sur le lieu, et, sans consulter ni le nombre ni les dangers qu'ils vont courir, s'élancent sur les assassins et parviennent à arracher de leurs mains les deux représentans sains et saufs. Charles Cochon se réfugia à la citadelle, et se mit sous la protection du bataillon de la Charente ; Briez se sauva d'un autre côté **.

---

* Nous laissâmes dans la place, suivant la capitulation, neuf déserteurs; le mineur fut accroché (pendu) sur-le-champ ; les huit autres furent remis à la discipline de leurs corps.

** Charles Cochon était d'Angoulême, et il se retrouvait ainsi au milieu de ses concitoyens. Au sortir de Valenciennes, ce représentant fut nommé membre du comité

Le jeudi 1ᵉʳ août, à huit heures et demie du matin, la garnison était réunie en colonnes serrées sur la Place d'Armes. Notre artillerie de campagne, mèches allumées aux deux bouts, et le corps des canonniers, précédés d'une avant-garde, ouvraient la marche ; le général Ferrand, commandant en chef, entouré de son état-major, venait ensuite à la tête de notre cavalerie, puis après notre infanterie de ligne, ayant en tête les régimens de Dauphin, de Royal-Comtois et de Dillon; nos drapeaux étaient déployés et nos tambours prêts à battre.

A neuf heures moins un quart, le général Ferrand reçut l'avis de se mettre en mouvement. Le peuple nous entourait dans un recueillement profond. C'est alors que cette franche sympathie entre nous et les Valenciennois se montra dans tout son éclat et toute sa pureté : des larmes abondantes coulaient de tous les yeux. Eh ! aurait-il pu en être autrement ? Ne nous étions-nous pas battus pour la même cause, celle de l'indépendance de nos droits et de nos propriétés ? n'avions-nous pas éprouvé les mêmes dangers, essuyé les mêmes blessures, ressenti les mêmes fatigues et les mêmes privations ? Que fallait-il de plus pour ne pas nous regretter réciproquement comme des frères et des amis ?

Plus de cinq mille citoyens, exposés aux vengeances du parti contraire, et par conséquent pouvant être inquiets de leur sort, s'étaient déterminés à nous suivre

---

de salut public ; il crut alors devoir reconnaître le dévouement du commandant L'échelle, qui l'avait pris en quelque sorte sous son égide en le plaçant en tête de son bataillon, et il lui fit obtenir le commandement en chef de l'armée contre la Vendée. L'échelle, excellent chef de bataillon, brave comme un Jean-Bart, ne parcourut pas une bien longue carrière dans un poste aussi élevé, et qui était peut-être au-dessus de ses moyens. Dans une attaque générale, le commandant en chef L'échelle eut le malheur d'être battu par les Vendéens et d'éprouver une perte majeure ; traîné dans les prisons de Nantes, il s'y empoisonna pour prévenir un arrêt de mort auquel il ne pouvait échapper dans ces momens de terreur. Unterberger, dans son journal, dit que Cochon, premier commissaire national à Valenciennes, *chaud républicain*, marchait fièrement à la tête d'un bataillon (celui de la Charente), vêtu d'un surtout foncé.

et comptaient comme faisant partie de la garnison* ; placés à la gauche de la colonne , ils recevaient les tendres et peut-être même les derniers adieux de leurs femmes éplorées et de leurs enfans. Les autorités constituées et autres personnages, en grande pompe, s'étaient, de leur côté, réunis à la maison commune; quelques-uns s'étaient mis aux fenêtres, en attendant le moment d'accourir au-devant des vainqueurs pour les complimenter, et jetaient néanmoins, comme malgré eux, un œil de consternation sur les tristes restes de la garnison.

A neuf heures précises, nous faisons par le flanc droit, sur deux de hauteur , et nous nous mettons en marche , tambours battans , du côté de la porte de Cambrai.

Le général Ferrand , ayant vu dans la sommation que le duc d'Yorck avait qualifié de libelle la proclamation qu'il avait adressée aux habitans de Valenciennes , pouvait craindre avec fondement les effets de son ressentiment ; mais loin de cela, le général, à son passage, reçut d'une voix unanime , tant de la part du duc que de celle du prince de Cobourg et autres généraux ennemis, l'assurance qu'ils voyaient avec intérêt les braves qu'ils avaient eu à combattre pendant si long-temps**.

C'est après avoir passé le dernier pont-levis de la porte de Cambrai , que nous trouvâmes assemblés les nombreux états-majors anglais et autrichien, et puis, formés en haie de chaque côté de la chaussée jusqu'au plateau de la Briquette, les dragons de Latour et de Cobourg , une cavalerie anglaise et des grenadiers mélangés des deux nations ***. A la Briquette , il y avait de nouvelles trou-

---

* C'est ce grand nombre de citoyens qui fait dire à Unterberger que la garnison était composée de quatre cent cinquante-un officiers et de neuf mille deux cent soixante soldats, tandis qu'elle n'était réellement que de trois mille cinq cent quarante-six soldats, et de six cents blessés restés dans la place.

** Si le général Ferrand n'avait pas besoin de cet assentiment pour connaître qu'il avait fait ainsi que nous son devoir , du moins était-il flatteur pour nous tous.

*** Les troupes ennemies étaient dans une superbe tenue , et qui contrastait singulièrement avec la nôtre , car nous étions presque tout nus ; nous n'avions de beau

pes, tant à pied qu'à cheval, rangées en bataille *. Nous défilâmes au port d'armes **. Les troupes ennemies en extase ne se lassaient pas de nous contempler avec des marques d'étonnement et d'admiration.

Sur la route de la Briquette, un français au service de l'étranger, en s'approchant d'un général autrichien qui parlait très-bien notre langue, eut la plate maladresse de lui dire d'un ton de dédain et de mépris : « En vérité, ces gens (en parlant de nous) font pitié, et ce sont de vrais mauviettes en comparaison de vos *braves* soldats. — Ah! bien, oui! répliqua le général, des mauviettes qui nous ont donné diablement de fil à retordre. — Bah! interrompit l'interlocuteur ; convenez cependant que vous pourriez les mettre dans vos fourreaux de sabre ? —Monsieur, interrompit vivement le noble étranger, *si nous avions des armes semblables, nous serions les peuples invincibles de la terre !* — Diable, quel éloge! réplique l'officier. » Le général indigné hausse les épaules, le quitte et prend le galop.

Le fils du maire de Valenciennes, ayant signalé le représentant Briez, était parvenu à le faire arrêter. Le général Ferrand, en ayant été informé, s'empressa d'en aller porter plainte et de le réclamer au duc d'Yorck, qui ordonna de le faire relâcher sur-le-champ. Quelques instans après, Briez est arrêté de nouveau. Le général Ferrand, prévenu à l'instant de cette seconde arrestation, accourt auprès du duc, qui le fait rentrer dans nos rangs, et ce fut alors qu'il dit au général : « C'est pourtant un de vos concitoyens qui l'avait dénoncé. »

---

et de luisant que nos armes, et nous pûmes du moins montrer que si nous étions mal vêtus, nous savions toutefois avoir soin de nos armes.Unterberger rapporte que nous paraissions abattus des fatigues du siége ; nous l'aurions été à moins.

* Le baron Unterberger, dans son journal, prétend que nous fûmes escortés; il se trompe, car les troupes, à partir des portes de la place jusqu'à la Briquette, restèrent en haie. Il y a à peu près quinze cents mètres de nos avancés à la Briquette.

** Les alliés nous rendirent les mêmes honneurs.

Parmi les individus qui affluaient en grand nombre de toutes parts, et qui se portaient en foule sur notre passage pour nous voir défiler, était une femme habillée à la façon d'une religieuse, tenant un chapelet à la main. « Sans doute, lui dit un de nos soldats en passant, *vous récitez votre rosaire* pour nous? — Oh! non, au contraire; c'est pour remercier Dieu de nous avoir rendu notre bonne ville de Valenciennes.— Mais, lui répondit-il, *vous n'y trouverez pas d'abri?*— Oh ! nos beaux messieurs habillés de rouge nous feront bien rebâtir nos maisons. — *Va-t-en voir s'ils viennent, Jean,* » fut la répartie du soldat, et ce refrain se perpétua jusqu'à notre arrivée à la Briquette.

Arrivés sur le terrain, nos canonniers y laissèrent leur artillerie; notre petite cavalerie mit pied à terre et laissa ses chevaux ; l'infanterie posa ses armes en faisceaux, plaça ses drapeaux au centre de l'emplacement de chaque bataillon, et pas un de nous ne voulut quitter ces signes guerriers de ralliement sans les presser contre son cœur, les couvrir de baisers et de larmes. Dans cette circonstance, plusieurs de nos soldats cherchent à s'approprier quelques morceaux de leurs étendards; les Autrichiens s'en aperçoivent et veulent nous en empêcher ; quelques officiers anglais, témoins d'un spectacle si touchant, en déchirent furtivement des morceaux et les jettent au milieu de nous.

La garnison, devenue libre, dirigea sa marche sur Avesnes-le-Sec, lieu qui lui avait été désigné; elle fut escortée par des dragons de Latour et des hussards de Blankeinstein, qui dans la nuit nous portèrent quelques coups de sabre et pillèrent presque entièrement nos malles.

Au commencement du siége, la force de notre garnison était de onze mille quatre cent soixante-trois hommes ; au sortir de Valenciennes, nous n'étions plus que quatre mille cinq cent quatre-vingt-dix-sept, y compris six cents blessés laissés dans les hôpitaux de Valenciennes, et d'où il n'en revint pas beaucoup. Notre perte fut donc au moins de six mille huit cent soixante-six hommes (N° *LVIII*). Les malheureux habitans firent une perte plus sensible, sans compter que les maladies contagieuses qu'ils contractèrent dans leurs souterrains humides et infects durent leur laisser après la levée du siége des traces cruelles.

Les pertes connues de l'ennemi furent de vingt-quatre à vingt-cinq mille hommes. Le baron de Ross, colonel d'artillerie autrichienne, qui a résidé long-temps à Valenciennes, a répété souvent ce chiffre-là dans la société.

Quand la garnison eut déposé ses armes et qu'elle se fut mise en route, l'armée combinée rentra dans son camp. Le prince de Cobourg, général en chef, l'archiduc Charles, le duc d'Yorck, tous les autres généraux et une grande quantité d'officiers supérieurs firent à cheval leur entrée à Valenciennes par la porte de Cambrai. Les magistrats en grand costume vinrent au-devant d'eux. Ils étaient suivis des principaux de la ville et de ceux-là qui ne s'étaient point montrés pendant tout le cours du siége*. Un *orateur* leur lut un discours pathétique, qui fut couvert par quelques assistans des cris de : *Vivent les Anglais, vivent les Impériaux, vivent l'empereur d'Autriche et le roi d'Angleterre, vive le duc d'Yorck, vive l'archiduc Charles, vive le prince de Cobourg,* etc.

Après ce discours, qui fit hausser les épaules au duc d'Yorck, M. Hécart s'approcha du prince et lui dit :

---

* Nous lisons dans une brochure de Démarest, grenadier dans le 1er bataillon de la Charente, sur le siége de Valenciennes, qu'un municipal tenait en main un petit drapeau aux couleurs de l'Autriche. M. Hécart assure que le corps municipal ne savait rien de ce drapeau, qui était au contraire très-grand. Son indignation à la vue de cet oriflamme était visible ; plusieurs membres ne voulaient pas marcher sous cette bannière, qui était portée par un nommé Tomboise à cheval. A la sortie des ponts, le vent s'engouffrant dans le drapeau fit cabrer le cheval, qui recula et renversa le maire Pourtalès sur le coffre contenant les clefs de la ville, ce dont il fut quitte pour quelques contusions.

« M. le duc, vous avez vu les malheureux restes de la garnison, et vous serez sans doute vivement ému en voyant les débris de nos maisons. » A quoi le duc répondit : « C'est bien dommage que le courage de la garnison et des gardes nationales de Valenciennes n'ait pas été employé pour une meilleure cause. » Le lendemain, le duc d'Yorck donna à son quartier-général d'Etrœux un grand festin de cent quarante couverts pour célébrer cet *heureux* jour.

A la suite de la retraite de la Hollande et de la Belgique, les armées belligérantes, en concentrant toutes leurs forces dans le pourtour de Valenciennes, firent connaître qu'elles établissaient sur ce point le centre de leurs opérations, et que, pour suivre mieux les progrès de leur campagne menaçante contre la France, elles voulaient tout d'abord assiéger cette clef essentielle du Nord de notre pays. En effet, dès le 1er mai, les communications entre le Brabant et la place étaient interceptées, et l'on pouvait facilement deviner que Valenciennes ne tarderait pas à être mise en état de siége ; elle eût pu l'être même dès le moment, si le convoi immense d'artillerie parti de Vienne dans le mois de mars précédent, eut été réuni à Ath à un autre convoi considérable d'artillerie que la Hollande fournissait. Le gouvernement français avait faiblement essayé de mettre cette place en état de défense. L'ingénieur en chef Filet, chargé d'y faire les premières réparations indispensables, n'avait à peine commencé qu'au tracé des chemins couverts du front de Mons, la partie essentielle des travaux pour la défense de la place, lorsqu'il fut obligé de les abandonner. Les écluses de la Folie, qui devaient opérer les inondations du Bas-Escaut, avaient été livrées au pouvoir de l'ennemi ; celles du Haut-Escaut, ainsi que leurs digues, destinées à inonder la partie supérieure de la place, étaient dans un état de délabrement absolu : ce qui montrait évidemment l'intention de vouloir trahir dès les commencemens du siége.

Le 24 mai, les débris de notre armée abandonnèrent les dernières positions de Famars, de Vicogne et d'Aubry, et bientôt de nombreuses avant-gardes ennemies, en voltigeant tout autour de Valenciennes, annoncèrent que la place était entièrement investie, et que le siége n'en était plus douteux. Ce ne fut que la veille que le général Ferrand apprit qu'il était désigné pour le commandement en chef de la place. Les troupes qu'on lui donna dans la même soirée étaient bien insuffisantes pour occuper tous les ouvrages extérieurs, qui demandaient au moins quinze mille baïonnettes, et il en avait au plus neuf mille. Il aurait aussi fallu cent bouches à feu de plus. La ville était ensuite infestée de brigands et de traîtres, qui, sous le prétexte d'y être venus chercher un refuge, ne cessaient d'y fomenter le trouble et la sédition ; et, ne pouvant parvenir assez promptement à leurs fins, ils adressaient au duc d'York, jour par jour et même d'heure en heure, des bulletins par lesquels ils l'instruisaient de tout ce qui se passait dans la place, et indiquaient les points les plus faibles, surtout les quartiers et les maisons qu'il fallait réduire en cendres, afin d'exaspérer l'esprit des habitans, de les porter à la révolte, et de hâter par tant de maux la prise de Valenciennes. Le duc d'Yorck ne se fit point lui-même un scrupule de montrer aux commissaires chargés de la capitulation, un énorme paquet de bulletins, qu'il déclara avoir reçus de jour comme de nuit, et par lesquels on l'informait de tout ce qu'il était nécessaire de faire pour pousser le siége avec succès.

Enfin Valenciennes tombe au pouvoir de l'ennemi.

Le général Ferrand, lorsqu'il en prit le commandement, ne reçut aucune espèce d'instructions particulières à cet

égard ; il n'obtint aucun des secours qui lui étaient si urgens,
et n'eut même jamais, ni directement ni indirectement,
de relations avec notre armée, qui n'était cependant qu'à
trois lieues de là ; en sorte qu'il fut livré et abandonné à
son seul génie et à ses propres ressources. Dans cette
situation, il avait à lutter contre une armée de soixante
mille hommes, soutenue elle-même par une autre encore
plus forte, et contre une masse formidable d'artillerie,
lançant jour et nuit bombes, boulets et obus contre
une place qui, d'après l'assertion de Vauban, et selon
les règles d'un siége, ne pouvait résister plus de six
semaines. Enfin Valenciennes, qui jadis n'arrêta
Louis XIV que douze jours, a soutenu un siége de trois
mois, dont quarante-trois jours et quarante-trois nuits
d'un bombardement qu'aucun siége ne saurait rappeler. La
garnison, par cette rare et courageuse résistance, obtint
une capitulation des plus honorables ; elle ne fut point
faite, à proprement parler, prisonnière de guerre, et
rentra paisiblement sur parole dans le sein de la patrie.
Le duc d'Yorck, ainsi que le prince de Cobourg, avouè-
rent à cette occasion, non-seulement qu'ils perdirent tous
les avantages d'une campagne, mais encore qu'ils ne
purent jamais être à même de réparer par la suite les
funestes conséquences qui résultèrent pour eux de cette
héroïque et merveilleuse défense.

APPENDICE.

PIÈCES AUTHENTIQUES

QUI DOIVENT SERVIR A LA RELATION DU SIÉGE ET DU
BOMBARDEMENT DE VALENCIENNES.

I. — Rapport remarquable fait a la convention nationale
par les commissaires de la convention, sur le siége de
Valenciennes, le lendemain de la reddition de la place.

Cambrai , le 2 août 1793 *.

« Citoyens collègues ,

» Nous devons un compte exact de notre conduite
et des événemens qui ont précédé, accompagné et suivi
le siége et le bombardement de Valenciennes.

» Nous allons remplir cette tâche autant que les circonstances pourront le permettre , *car nous avons perdu
nos papiers, les uns ayant été consumés par les flammes ,
et les autres étant restés à Valenciennes d'où nous n'avons
pu les emporter.*

» La ville de Valenciennes fut cernée le 24 mai , et
cela fut fait avec tant de précipitation, qu'on n'eut même
pas le temps de faire sortir plusieurs milliers d'*étrangers
qui y étaient réfugiés*, ainsi qu'un grand nombre de boulangers et de conducteurs de charrois des armées. Nous
prîmes , de concert avec le général , toutes les mesures
nécessaires pour parer à cet inconvénient.

* Cette pièce fut imprimée dans le temps à Bruxelles, et publiée dans le *Journal
de la guerre.*

» Le 26 mai, l'ennemi se rendit maître de vive force du faubourg de Marly.

» Le 30, une cérémonie civique a eu lieu, et les *citoyens*, de concert avec la garnison, jurèrent de *s'ensevelir sous les ruines de la ville* plutôt que de la rendre aux ennemis.

» L'esprit public paraissait monté au plus haut degré. Nous avons tout mis en œuvre pour en imposer aux malveillans et ranimer le courage des patriotes; pour annuler en quelque sorte l'efficacité de nos mesures, les malveillans affectèrent de répandre que *la ville ne serait que bloquée, et qu'elle ne serait point bombardée.*

» De son côté, le conseil de guerre a dû prendre des mesures extraordinaires; il a été obligé de se défaire de tous les chevaux qui n'*étaient pas absolument nécessaires au service de la place.*

» Tel était l'état des choses à l'époque du 14 juin, où le duc d'Yorck somma le général et la municipalité de rendre la place, avec les menaces des plus grands malheurs en cas de refus. La réponse du général fut courte et prompte. *Quant à celle de la municipalité, nous avons remarqué que plusieurs de ses membres chancelèrent, car ils mirent en délibération s'il était nécessaire de* répondre, et ce n'est que d'après nos observations sur *la tâche ineffaçable qui rejaillirait sur eux de leur silence qu'ils firent la réponse ferme et vigoureuse* que nous leur avons suggérée.

» La sommation arriva à midi; le même jour l'ennemi bombarda la ville. Tout le quartier de la porte de Tournai fut incendié, et les habitans furent obligés de fuir dans un autre quartier. Cette première attaque cessa vers minuit.

» Le lendemain, les ennemis bombardèrent de nouveau la ville du côté de la porte de Cambrai, et tout le quartier et les environs jusque sur la Grand'Place en furent victimes. Heureusement que leurs batteries furent démontées par nos canonniers.

» Alors les ennemis dirigèrent un feu continuel et non interrompu du côté des postes de Mons et de Cardon. Ces quartiers, *moins exposés aux bombes*, furent assaillis de boulets de 27 ; les boulets rouges n'étaient que de 13.

L'arsenal fut incendié de fond en comble ; l'hôpital-général, la munitionnaire, furent constamment assaillis de toutes parts.

» Les mouvemens des ennemis intérieurs recommencèrent le quatrième ou le cinquième jour du bombardement ; mais le rassemblement n'était composé que de *femmes aristocrates*, et ce qu'on appelle *la classe la plus riche*. Elles présentèrent une pétition signée pour rendre la place. Le juge de paix les interrogea en notre présence, *l'une* après *l'autre* ; les plus coupables furent incarcérées.

» Le 21 juin, c'est-dire le huitième jour du bombardement, l'insurrection des ennemis intérieurs prit un caractère plus marqué et plus effrayant. Les hommes, les femmes, tous s'en mêlèrent et se présentèrent en foule pour faire rendre la place. Nous étions étouffés au milieu de la multitude. *Nous leur parlâmes avec douceur* ; nous leur fîmes sentir qu'il fallait consulter le général Ferrand, que nous l'enverrions chercher, mais qu'il ne pouvait pas arriver dans une telle presse. Les femmes restèrent à la municipalité, et les hommes restèrent à la porte. Sur ces entrefaites, le général arriva et parla avec fermeté. *Les cavaliers de la république des* 20ᵉ *et* 26ᵉ régimens chargèrent leurs armes en criant : *Vive la république !* et restèrent sur la place. Cette mesure en imposa aux malveillans, qui se retirèrent. Le général Ferrand promit aux femmes de leur donner une réponse par écrit.

» Dans la nuit du 20 au 21 juin, nous nous aperçûmes que la municipalité était de la *cabale* ; mais nous pensâmes qu'il valait mieux la surveiller que d'opérer des destitutions, *qu'une très-grande partie de ses membres paraissaient désirer en offrant leur démission. Nous les obligeâmes à rester à leur poste* ; mais tandis que l'un de nous allait visiter et surveiller les postes des remparts, les hôpitaux et les autres établissemens publics, l'autre, plus au fait des connaissances locales de Valenciennes, ne quittait pas la municipalité d'un seul instant, ni jour ni nuit ; *nous y prenions notre chétive subsistance.*

» Le plus grand prétexte que l'on faisait valoir pour presser la reddition de la place, c'était qu'il n'y avait point d'abri pour les vieillards, les femmes et les enfans : *nous y pourvûmes.* La garnison fit le sacrifice du souter--rain qu'elle occupait à la citadelle.

» Malgré cela, nous nous aperçûmes bien qu'on cherchait toujours à en revenir à la proposition de capituler, notamment le 26 juin ; des billets de convocation étaient envoyés aux citoyens ; *alors la garnison, ainsi que les canonniers de la citadelle, menaçaient de tirer sur la ville si ces mouvemens recommençaient.*

» Tout resta dans le plus grand calme pendant quelques jours, mais les malveillans inventèrent bientôt de nouveaux stratagèmes. Ils insinuaient au peuple et surtout aux femmes que la brèche était déjà faite, et que d'un moment à l'autre l'ennemi pouvait monter à l'assaut ; qu'en conséquence, la garnison et les habitans seraient tous passés au fil de l'épée. Nous rédigeâmes, de concert avec le conseil de guerre, une proclamation, qui produisit le meilleur effet. Les femmes firent bien de nouvelles pétitions au général, mais il leur répondit chaque fois par écrit, et la continuité du bombardement mit un obstacle naturel à tout attroupement. Tout s'est passé tranquillement jusqu'au 13 juillet.

» Le lendemain, on célébra la fédération, qui se passa le mieux du monde ; mais la nouvelle de la prise de Condé jeta de nouveau la consternation dans les esprits. Cependant *la trame ourdissait ses fils,* et cette trame était conduite de manière que toute la prudence humaine n'aurait pu la déjouer.

» La fatale nuit du 25 au 26 donna le spectacle *de la trahison la plus noire.* L'ennemi fit sauter à l'improviste trois globes de compression sur nos palissades. Partie des soldats effrayés *abandonnèrent leur poste; les corps de réserve prirent la fuite, et plusieurs canonniers abandonnèrent leurs batteries.*

» En vain le général Ferrand fit tous ses efforts pour rallier ses troupes ; il *eut beau prier, conjurer,* on fut sourd à sa voix. Sans l'audace qu'il montra, l'ennemi serait peut-être entré la nuit même dans la place, car il le pouvait.

» Le 26 au matin, le duc d'Yorck somma la place de se rendre, et annonça qu'après la journée écoulée il n'é-

couterait plus personne , et que la garnison et les habitans seraient passés au fil de l'épée.

» Au même instant les attroupemens devinrent plus
nombreux ; une multitude de *coquins armés de sabres et
de poignards* interceptèrent toutes les avenues de la municipalité. Onze députés furent choisis par la foule pour
rédiger, de concert avec la municipalité, une réquisition
formelle de rendre la place. Tous les esprits étaient
frappés de l'idée d'être passés au fil de l'épée. Le conseil
de guerre se passait au milieu de ce *vacarme*, aucun
membre ne pouvait en sortir ; *plusieurs officiers de troupes et une partie de la garnison partageaient l'insurrection
des habitans; on ne pouvait plus compter sur personne.*
Deux brèches existantes, sans que nous eussions pu
compter sur la garnison, présentaient à l'ennemi un
avantage bien grand. Nous jugeâmes alors qu'une plus
grande résistance ne serait que funeste, et nous consen-
tîmes à rendre la place. »

» Telle fut la malheureuse situation d'un siége qui
devait à jamais faire *l'honneur du nom français.* Avant
cette journée, on comptait quarante-un jours de bombardement, sans aucune interruption, ni jour ni nuit.
Quarante-cinq à cinquante mille bombes ont été lancées,
la même quantité d'obus et cent soixante à cent quatre-
vingt mille boulets.

» Ils (les ennemis) introduisirent dans la place, au
mépris de la capitulation, non-seulement *une multitude
de soldats ennemis,* mais encore dès émigrés, jusqu'au
prince Lambesc.

» A chaque instant les bons citoyens qui nous donnaient asile, et qui entendaient tout ce qui se disait,
craignaient pour nos jours. Déjà deux fois l'un de nous
avait été arraché des mains des assassins. La nuit qui
précéda le départ de la garnison, les scélérats firent des
perquisitions dans les maisons pour nous enlever. Ils
voulaient nous faire payer les dommages du bombardement.

» La *cavalerie bourgeoise,* qui ne s'était pas montrée
pendant le bombardement, a paru tout-à-coup, considé-
rablement augmentée d'une multitude de scélérats sti-
pendiés. Ils ont fait ôter le drapeau tricolore placé à

l'extrémité de la tour du beffroi et ont poussé la scéléra-
tesse jusqu'à crier plusieurs fois : *Vive Louis XVIII!
vive le prince Lambesc!* »

» Nous n'entrerons pas dans d'autres détails, ni dans
ceux relatifs personnellement à l'un de nous qui a été
trois fois arrêté par les Autrichiens ; si quelque chose
peut nous consoler de nos maux, c'est le sentiment
d'avoir bien rempli nos devoirs. »

Je m'abstiendrai de toute espèce de réflexions au sujet de
la pièce que je viens de produire ; j'assurerai du reste
sur mes cheveux blancs que les passions n'entrent pour
rien dans tous les faits que je rapporte, qu'ils sont sin-
cères, et que c'est pour servir à l'histoire que j'écris.

II. — Composition des administrations de Valenciennes.

Il existait à Valenciennes, au commencement du siége,
un tribunal de directoire de district, une chambre de
commerce, deux justices de paix et l'autorité municipale, y compris les notables ; mais le tout réuni en maison commune ne formait à peu près qu'une seule et
même administration, sur laquelle pesait, hors le service
militaire de la place, l'énorme fardeau et la responsabilité entière de la ville.

Les membres de cette administration, quoique dévo-
rés de chagrins et de tourmens par les angoisses et les
gémissemens de leurs femmes, de leurs enfans et de
tant d'autres personnes, quoique exténués de peines et
de fatigues, sans cesse en butte aux fureurs d'une populace constamment soudoyée et menaçante, ces hommes-
là, dis-je, à l'aspect de tant de dangers et de maux
toujours croissans, ne fléchirent jamais devant leurs devoirs, et furent en même temps des modèles de résignation et de courage. Cependant, malgré tant de tribulations
et d'héroïsme, les membres de cette administration, en
masse comme en particulier, aussitôt après la capitulation de la ville, furent outrageusement calomniés.

III. — TABLEAU DES MEMBRES DU CONSEIL-GÉNÉRAL DE LA COMMUNE DE VALENCIENNES, QUI ÉTAIENT EN FONCTIONS PENDANT LE SIÉGE.

Nomination de novembre 1792.

MAIRE ET OFFICIERS MUNICIPAUX.

POURTALÈS, maire, négociant.
BENOIST aîné, pharmacien.
HÉCART cadet, négociant.
REBUT (Pierre), négociant.
PILLION (Remi), négociant.
DUFRESNOY, orfèvre.
DOILLE.
RAVESTIN père, pharmacien.
LANEN-PLICHON, négociant.
FABRE père, aubergiste.
LEJEUNE DE LAMME, marchand; absent pendant le siége.
WATTECAMPS père, marchand.
HAMOIR DU CROISIÉ, négociant, procureur de la commune.
MENU fils, substitut du procureur de la commune.

NOTABLES.

ABRAHAM (Jean), rentier.
DUQUESNOY (Antoine) aîné, marchand de draps.
CHAUVIN aîné, juge-de-paix; absent pendant le siége.
RAVESTIN fils, juge-de-paix du canton du levant.
MENU père, greffier de la police correctionnelle.
VERDAVAINNE, oncle, marchand, président du tribunal de commerce.
HOUREZ.
PREUVOST-HÉRENT, marchand de dentelles.
LENGLET aîné, absent pendant le siége.
HOLLANDE.
PONSARD aîné, marchand.
DUFRESNOY, apothicaire.
DUBUS, fripier.
DELDAIME, procureur.
DELEHAYE, négociant, juge-consul.
CONSTANTIN-BRABANT, négociant.

13

POUPART, notaire.

VERDAVAINNE (Charles-Joseph), a été commissaire du directoire exécutif.

DELPIERRE, receveur de loterie, n'assistait pas au conseil pendant le siége.

FÉNAUX (Denis).

FISEAUX (Jacques), mort avant le siége.

DELAMME (Romain), a été aide-de-camp du général Ferrand pendant le siége.

SCRIBE, négociant, donna lors du siége sa démission de canonnier.

BRUNO-DELANNOY.

MORTIER, secrétaire-greffier.

Total { Des municipaux. 14
{ Des notables. 25

Total général des membres. . . . . . 39.

IV. — NOTES SUR CHACUN DES MEMBRES DE LA COMMUNE.

D'après des renseignemens recueillis avec soin, nous donnerons avec la plus grande impartialité notre avis sur le caractère et le mérite de chacun de ces membres.

Officiers municipaux.

M. POURTALÈS ne recula jamais devant le danger, même dans les circonstances les plus difficiles; jamais il ne fléchit devant ses devoirs; cependant, comme il était naturellement très-froid, on ne lui supposa pas, dans les délibérations du conseil, toute l'énergie dont un maire aurait dû être pourvu.

M. BENOIST fut presque accusé de pencher pour les étrangers; mais MM. Hécart, Verdavainne et autres encore, assurent que jamais sa conduite n'avait attiré de semblables soupçons sur son compte. De pareils bruits, disent-ils, ne pouvaient avoir été répandus que par l'un des représentans du peuple, qui, ayant conçu une haine mortelle contre M. Benoist, l'accablait journellement d'injures et de persécutions. Cet officier municipal, ainsi abreuvé de tourmens et de dégoûts, offrit en effet plu-

sieurs fois sa démission, qui lui fut constamment refusée.
Cependant, à supposer que les griefs de l'inimitié contre
M. Benoist eussent été fondés, les représentans étaient-
ils autorisés à rejeter sur la municipalité tout entière les
torts d'un seul de ses membres?

M. Hécart cadet était à .peu près l'âme du conseil,
autant par ses lumières, son activité et son patriotisme,
que par son caractère calme, conciliant, ferme et courageux. M. Hécart, mort depuis peu, est digne à tous
égards d'être cru sur parole dans tout ce qu'il affirme
sur des événemens où il n'a pas joué le dernier rôle;
aussi n'ai-je pas hésité à invoquer souvent son témoignage, et je crois que ma confiance sera partagée par
les concitoyens de M. Hécart.

M. Rebut, outre ses fonctions municipales, était en
même temps commissaire du quartier du Pont-de-Pierre,
quartier qui fut un des plus maltraités par les bombes et
les boulets rouges des batteries 4, 5, 14 et 15 de l'ennemi. Malgré ce double emploi, M. Rebut fut un de ceux
qui montrèrent le plus de zèle et d'activité.

MM. Pillion (Remi), Dufresnoy, Ravestin père, Lanen-Plichon, Wattecamps père et Fabre père, chargés
comme M. Rebut d'une double mission, s'en acquittèrent avec le même élan de patriotisme.

Lanen-Plichon servit aussi comme canonnier, et se
distingua par son zèle et son activité. Par la suite, il fut
adjoint au capitaine Perdry, commandant les pompiers.
M. Lanen était un des trois commissaires civils qui furent
envoyés auprès du duc d'Yorck pour traiter de la capitulation.

M. Doille, patriote un peu exalté, et dont les facultés étroites ne lui permettaient pas toujours de saisir
comme les autres le véritable sens des propositions, se
plaisait quelquefois à contrarier sans réflexion ce qui était
émis dans le conseil. Mais comme M. Hécart était pour
lui un oracle, dès que celui-ci ouvrait la bouche pour
lui faire des représentations, il répliquait : Ah! c'est diffé-
rent; et il se taisait.

M. Hamoir du Croisié, procureur de la commune, se
distingua par ses connaissances, son patriotisme et son
courage; il resta aussi inébranlable à son poste qu'il le

fut à ses principes. M. Hécart et lui s'entendaient parfaitement. M. Hamoir était un des commissaires civils envoyés le 28 juillet auprès du duc d'Yorck pour la capitulation. M. Hamoir fut aussi canonnier et plus tard adjoint auprès du capitaine des pompiers Perdry.

On peut en dire autant de M. MENU fils, alors substitut du procureur de la commune, et aujourd'hui juge-de-paix à Valenciennes, où il jouit de la part de ses concitoyens d'une estime et d'une considération justement méritées.

Notables.

MM. ABRAHAM (Jean) et DUQUESNOY aîné, outre leur qualité de notables, furent nommés commissaires de leur quartier ; ils remplirent encore dans le cours du siége d'autres missions importantes.

M. RAVESTIN fils était juge-de-paix, mission à la fois délicate, difficile et importante, qu'il exerça de la manière la plus honorable ; il était aussi commissaire de son quartier.

M. MENU père, outre ses fonctions de greffier de la police correctionnelle et de notable, eut encore à remplir d'autres missions qui lui firent honneur et dont il s'acquitta avec distinction.

M. VERDAVAINNE (Charles-Joseph) était tout à la fois membre du conseil municipal et communal, et canonnier. Il était sur pied nuit et jour. Quant il avait siégé pendant vingt-quatre heures à la maison commune, il venait se reposer pendant vingt-quatre autres heures au Bastion National, où il était considéré comme un des plus actifs et des meilleurs pointeurs de la compagnie Simon-Massy.

M. Verdavainne, à portée de voir l'église St.-Nicolas, a assuré que lorsque l'incendie s'y manifesta, il n'y était tombé ni bombe ni obus, et qu'il ne pouvait attribuer ce sinistre qu'à la malveillance.

M. VERDAVAINNE, son oncle, se rendit pareillement recommandable dans ses fonctions de notable, autant par son zèle que par ses services.

M. HOUREZ fut spécialement chargé de la surveillance relative à la sépulture des morts, et quoique cette mission ne fût pas du tout agréable, il y apporta néanmoins les soins les plus grands et les plus actifs, tant par l'usage

qu'il fît du sel, de la chaux, etc., que par son exactitude
à assurer l'ensevelissement des cadavres dès qu'il y avait
commencement de corruption ; aussi peut-on dire que
ce fut à cette vigilance bien entendue que l'on parvint à
éviter ce contact des miasmes pestilentiels avec l'air.
Hourez était aussi commissaire de son quartier.

M. Hollandr était son second, et il lui fut du plus
grand secours dans toutes ces opérations.

M. Preuvost-Hérent fut nommé commissaire d'un
quartier, preuve de la confiance que l'on avait en lui.

MM. Ponsart aîné, Dufresnoy, apothicaire, Delehaye,
Fénaux et Bruno-Delannoy furent pareillement nommés
commissaires de quartier, ce qui atteste la considération
dont ils jouissaient.

M. Delamme (Romain), aide-de-camp du général
Ferrand pendant le siége, justifie assez des qualités qu'il
possédait et des services qu'il dut rendre, puisqu'il fut
constamment maintenu dans ce poste honorable.

M. Scribe donna à la vérité sa démission de canonnier ; néanmoins il resta notable et commissaire de son
quartier.

MM. Dubus, Deldaime, Constantin-brabant et Poupart, quoique n'étant connus pour aucune mission,
purent en avoir, ou du moins ils durent marcher dans la
même voie que leurs collègues.

Le secrétaire-greffier Mortier avait ses écrivains, et
signait tous les arrêtés.

V. — Extraits des principaux arrêtés de la commune
de Valenciennes, a compter du 2 avril 1793 jusqu'au 1er aout suivant ; extraits que la maison
commune actuelle a permis a l'auteur de recueillir
dans les registres de l'époque.

Le 2 avril 1793, la municipalité s'empresse de répondre à l'appel des représentans de la Convention, qui
lui font connaître la trahison de Dumouriez, et l'administration réunie en permanence se concerte avec les
députés pour prendre tous les moyens de sûreté générale

que les circonstances peuvent indiquer. On arrête, en outre, de ne plus reconnaitre Dumouriez comme général en chef , etc.

VI. — 25 *avril.* ARRÊTÉ DE LA MUNICIPALITÉ QUI PREND SUR ELLE DE NE PAS EXPOSER LA GUILLOTINE AUX REGARDS DU PEUPLE.

Malgré les ordres menaçans de l'autorité de ce temps-là , l'administration municipale , sans avoir aucun égard au réquisitoire de l'accusateur public Ranson, arrête d'un mouvement unanime , que , vu la tranquillité publique , la guillotine ne sera point mise en permanence, et qu'elle ne sera pas exposée aux regards d'un peuple fidèle ; elle ajoute, dans des vues sages et vraiment paternelles, *que cet instrument d'horreur ne devait être donné en spectacle , et comme dernière ressource , que pour ramener par la terreur des châtimens les scélérats qui deviendraient sourds au cri de la patrie.* Nous concevons qu'une mesure aussi louable , prise contre le gré des buveurs de sang qui désolaient alors la France , dut attirer sur eux toute la haine du méchant, et que cette haine fut peut-être la source de l'acharnement et des persécutions auxquels les membres de la commune furent continuellement exposés; aussi ces honorables citoyens, qui ne convenaient point aux Lebas , aux St-Just , aux Barrère, aux Marat, aux Carrier, aux Fouquier-Tainville, aux Robespierre , etc., redoutaient-ils mille fois plus leurs menaces , que celles du parti opposé , qu'on appelait *aristocrate.*

VII. — 5 *mai.* DEMANDE DE FONDS POUR METTRE VALENCIENNES DANS UN ÉTAT IMPOSANT DE DÉFENSE.

Les autorités municipales , reconnaissant la situation de la ville menacée d'être bientôt investie et d'éprouver un siége long et rigoureux, s'empressent de leur propre mouvement de demander aux représentans conventionnels, les fonds nécessaires pour mettre dans un état de défense respectable une place qu'ils *considèrent comme une des principales clefs de la France*, etc. L'administration reçoit pour cet effet une somme de deux cent trente-six mille sept cent cinquante-six livres, huit sous, huit deniers provenant des 16es des domaines nationaux. Certes, ces expressions n'annoncent une administration ni froide, ni tremblante, ni même hostile.

VIII.—15 *mai*. Extrait d'une proclamation relative au relachement du service de la garde nationale.

La maison commune, s'apercevant d'un relâchement dans le service de la garde nationale, et craignant que ce mal n'augmente et ne devienne funeste, fait, avec ce sentiment mesuré de modération et de fermeté qui fut toujours le guide de ses actions, un appel à l'honneur national, en rappelant ce que les gardes nationaux doivent à la république et à eux-mêmes. Notre sollicitude *paternelle*, continue la proclamation, nous a empêchés jusqu'à présent de sévir contre les coupables ; mais cette indulgence de notre part deviendrait criminelle, si nous en usions ainsi plus long-temps, et nous *trahirions vos intérêts autant que ceux de la république*, puisque la tranquillité et le bon ordre dépendent de l'exactitude de votre service, etc. On doit juger avec de telles expressions quels pouvaient être les sentimens qui animaient les autorités de Valenciennes.

IX. — 24 *mai*. Extraits d'arrêtés d'urgence.

Dès ce jour, lendemain du blocus de la place, les membres de la maison commune se réunissent en permanence et prennent une infinité d'arrêtés, dont voici les plus remarquables.

Arrêté pour la nomination de quarante-quatre citoyens chargés de la surveillance de chaque quartier ; leurs noms sont : *Payen, Rebut, Deblocq, Mallet-Lompret, Pagman* cadet, *Dubois, Amé-Geoffrien, Scribe, Bouvier*, Hypolite *Perdry, Cocu, Mauroq* aîné, *Dewallers, Bougenier, Dufresnoy, Simon-Massy, Ravestin* fils, *Dufresnoy*, drapier, *Abraham, Dhennin* père, *Pomart, Blot, Delsart, Duponchel, Devilliers, Fénaux, Lesens, Bultot, Delannoy, Mallez-Dufresnoy, Menu* fils, *Denoiseux, Delehaye*, Félix *Bailly, Hourez, Fabre Dobaralle, Bisiaux, Menu* père, *Joly* fils, *Verdavainne*, Remi *Pillion, Hamoir*, Jacques *Cuvelier*. Ces commissaires furent en même temps chargés de faire un recensement exact dans toutes les maisons de leur ressort, pour constater ce qui existait en grains, paille, foin, avoine et orge, bœufs, vaches, moutons et cochons. Cette mesure ne fut pas remplie avec toute l'exactitude qu'on devait en attendre, parce que ces commissaires étaient trop sous l'influence des habitans de leurs quartiers, auxquels ils craignirent d'abord de déplaire; quelques jours après, ce travail fut refait avec plus de sévérité. Ces membres, pour être reconnus, portaient un ruban tricolore au bras gauche.

Autre arrêté portant défense de faire tartes, gâteaux, brioches, pain de festins, pain mollet, en un mot de ne faire d'autres pains que dans la qualité de pain blanc ou de pain bis.

Il fut pris, le 26, un arrêté pour la taxation des denrées et des comestibles dans les prix suivans : Pain, trois sous et un liard la livre; viande, vingt sous; bière, dix sous; charbon de terre, quatre livres (quatre francs à peu près*) la manne; eau-de-vie, sept livres le pot; sel, vingt livres le sac et quinze sous la pinte; savon, treize sous six deniers la livre; riz, douze sous; chandelle, vingt-quatre sous; œufs, trente-cinq sous le quarteron; beurre salé, trente-cinq sous la livre; fromage de Gruyère, trente-cinq sous la livre.

Le froment fut taxé vingt-quatre livres le sac. Le grain était distribué aux boulangers à un prix fixé; il était défendu à chacun d'eux de faire cuire plus de deux sacs de farine par jour. L'administration prit encore, d'après des plaintes, un arrêté (30 mai) contre les brasseurs, et taxa

---

* Dans ce temps on disait livre, ce qui est cinq liards moins que le franc.

à trente livres la tonne de bière de soixante-dix à soixante-douze pots. Le 3 juin suivant, on porta encore des plaintes contre les brasseurs.

La municipalité tint rigoureusement la main à l'exécution de ses arrêtés, et elle fut souvent contrainte d'exercer des amendes contre les délinquans. Une fois, ce fut contre un marchand surpris d'avoir fait une fausse déclaration de ses denrées et d'en avoir vendu clandestinement ; contre un autre, pour avoir vendu de l'eau-de-vie frelatée ; contre une femme, pour avoir livré son fromage au-dessus du prix taxé ; pareillement contre une marchande d'œufs ; contre un boucher, pour même fraude ; enfin, contre plusieurs boulangers, soit pour avoir mal cuit leur pain, soit pour sa mauvaise qualité, soit pour son faux poids, etc.

La classe des boulangers, et nous sommes forcé de le dire, surveillée avec exactitude, se lasse de faire du pain, et quelques-uns d'entr'eux se mettent en rébellion, prétextant que leurs maisons sont détruites et qu'ils ne peuvent plus cuire.

On s'aperçoit que l'intrigue et la malveillance s'en mêlent ; la municipalité les réunit tous en conseil, elle leur fait sentir, avec un accent vraiment paternel, tout le danger qu'ils encourent par une conduite semblable ; ces remontrances sages les font revenir à eux, et tout se passe bien par la suite.

Il fut pris encore un arrêté (22 juin) pour que les moulins eussent à moudre au moins douze sacs de grains par jour ; mais comme trois des principaux moulins, ceux de St.-Géry, des Moulinaux et de la Citadelle, furent incendiés de fond en comble peu de jours après, ils ne purent remplir ces conditions, et les habitans furent exposés à manger le grain sans être moulu. On avait déjà arrêté qu'on punirait d'une amende les meuniers qui laisseraient échapper trop d'eau. Cet arrêté, par les incendies des moulins, devint inutile.

Il fut pris le 24 mai une délibération, laquelle fut réitérée peu après, pour que les habitans descendissent les matières combustibles de leurs greniers et de leurs chambres hautes, afin d'éviter les incendies. On indiqua en même temps de placer des cuvelles pleines d'eau dans

leurs appartemens du haut, avec des casseroles ou autres
ustensiles, pour y jeter les boulets rouges qui pourraient
tomber dans leurs maisons. L'administration communale autorisa à prendre des manches de piques pour y
attacher des loques imbibées, et être mieux à même
d'éteindre plus promptement le feu que le boulet aurait
pu occasionner dans son passage. Il fut arrêté, le même
jour, que les greniers de l'hôpital civil et d'autres édifices
seraient garnis de fumier. Il fut pris encore une décision
pour que les décorations, toiles, tentures, etc., fussent
retirées du théâtre, afin d'éviter de plus grands désastres
en cas d'incendie. Enfin, on verra combien la maison
commune était active et prévoyante, et quelle était sa
constante sollicitude pour tout ce qui pouvait contribuer,
sinon à assurer le bien-être de chacun, au moins à apporter un salutaire adoucissement aux dangers et aux
maux de ses concitoyens.

X. — 27 *mai*. Cette séance fut consacrée à entendre
le rapport du général Ferrand touchant les inondations,
et à prendre ensemble les mesures nécessaires à la sûreté de la place; le reste de la séance se passa à donner
des encouragemens, etc.

Le même jour 27, le général Ferrand revient encore à
la maison commune pour rendre compte des opérations
relatives aux inondations et des obstacles qu'il éprouve
sans cesse soit par malveillance, ou autrement. C'est
à cette occasion qu'il se plaint du lieutenant-colonel
Tholosé qu'il va jusqu'à accuser. Les membres de la commune applaudissent au zèle et à l'activité du général
Ferrand; ils lui assurent qu'ils ne négligeront rien pour
l'aider dans ses efforts.

On demande qu'il soit publié une liste de tous ceux
qui accourent pour faire des dons gratuits en faveur des
indigens; nous n'avons pu nous procurer cette liste, qui
était considérable; nous avons vu cependant sur les registres de la commune que le citoyen Fradel, adminis-
trateur d'habillemens, fit à lui seul un don de quatre
cents livres. Toutes ces offrandes, jointes à beaucoup

d'autres sommes, étaient religieusement répandues dans la classe nécessiteuse. A ce sujet, les registres de la commune sont couverts de ces sortes d'emplois qui se montaient à plusieurs millions. Dès le 26 mai, il avait été arrêté qu'il serait donné aux réfugiés 10,000 rations de pain tous les deux jours. Le 16, il fut donné une somme de cent mille livres pour calmer la populace, qui demandait à hauts cris du pain, etc.

XI. — 30 *mai*. JOUR DU SERMENT.

Cette journée fut celle du serment prêté sur la Place d'Armes. On sait avec quel zèle et quel empressement la maison commune fit faire les préparatifs de cette cérémonie, et comment elle mit à exécution l'arrêté pris la veille : voici la copie de sa proclamation, du 29 mai :

« Les représentans du peuple, voulant seconder par tous les moyens qui sont en leur pouvoir, le zèle et l'empressement avec lesquels les corps administratifs du district et de la municipalité demandent à réitérer leur serment de fidélité à la république, de jurer de nouveau de mourir à leur poste en la défendant, et de s'ensevelir sous les ruines de la ville plutôt que de l'abandonner aux satellites des despotes coalisés contre la liberté et la souveraineté de la nation française ;

» Applaudissant au vif désir que témoignent la *Société des amis* de la liberté et de l'égalité et la majeure partie des citoyens de cette ville, de réitérer le même serment de fidélité à la république, de jurer également de s'ensevelir sous les ruines de la ville plutôt que de l'abandonner aux ennemis de la patrie ; — Voulant aussi donner la même satisfaction à tous les autres citoyens et à la brave garnison de cette ville, qui est plus particulièrement appelée à l'honneur et à la gloire de défendre ce premier et le plus important boulevard de la république, et d'assurer par là le salut de l'état ; — Considérant que la dignité, l'éclat et l'appareil de la cérémonie d'un serment et d'un engagement aussi saints et aussi religieux, doivent répondre à la majesté de la cause qui en est l'objet, savoir : de l'amour sacré de la patrie et du plus

précieux comme du plus doux de tous les devoirs qui
lient les hommes entre eux, au bonheur commun; les
représentans du peuple, délibérant de concert avec le
général Ferrand et les corps administratifs réunis du
district et de la municipalité de cette ville, ont arrêté et
arrêtent ce qui suit :

» Demain jeudi, 30 du présent mois de mai, il sera
élevé un amphithéâtre sur la grand'Place de cette ville.

» Les représentans du peuple, le général Ferrand, le
conseil-général du district, le conseil-général de la commune, les juges et commissaire national du tribunal du
district, les membres du tribunal de commerce, les juges
de paix, les membres du bureau de paix et les commissaires de police se rendront sur la Place, demain à trois
heures précises après-midi; et placés sur l'amphithéâtre,
ils réitéreront leur serment de fidélité à la république,
et jureront de nouveau de mourir à leur poste, et de
s'ensevelir sous les ruines de la ville plutôt que de l'a-
bandonner aux ennemis de la patrie.

» *Le serment des représentans du peuple sera prêté et prononcé publiquement et à haute et intelligible voix*, en présence du peuple et sous les yeux de l'assemblée.

» Le peuple rassemblé participera au serment *qui sera
prêté par ses représentans*. Le serment des chefs civils et
militaires et des autres autorités constituées sera prêté
entre les mains des représentans du peuple, et prononcé
aussi publiquement et à haute et intelligible voix, en
présence du peuple et sous les yeux de l'assemblée.

» La garde nationale sera convoquée sous les armes, et
rassemblée sur la Place à l'heure ci-dessus indiquée; le
commandant de la garde nationale prêtera serment entre
les mains des représentans du peuple. Il recevra ensuite
celui des capitaines et chefs de compagnies, qui, à leur
tour, le recevront de chaque compagnie.

Le général Ferrand fera rassembler la garnison sous
les armes; il recevra le serment des généraux et autres
militaires qui lui sont subordonnés, et ceux-ci le recevront des commandans des corps, des chefs de compagnies, qui ensuite recevront le serment de chaque compagnie.

» Les soldats-citoyens et les citoyens-soldats, employés

dans les différens postes importans à la sûreté intérieure et extérieure de la place, seront admis à prêter le même serment entre les mains des chefs de chaque poste.

La cérémonie sera terminée par les cris répétés de *Vive la république*, et par des chants d'allégresse, tels que l'hymne des Marseillais et autres analogues, au son des instrumens et de la musique civile et militaire.

Le général Ferrand fera toutes les dispositions nécessaires pour l'exécution du présent arrêté, et pour assurer toutes les mesures de police nécessaires à la sûreté et à la tranquillité publique*.

FORMULE DU SERMENT.

Je jure d'être fidèle à la république une et indivisible, de maintenir de tout mon pouvoir et de toutes mes forces la liberté, l'égalité et la souveraineté du peuple français, et de mourir à mon poste en les défendant.

Je jure, de plus, de ne jamais consentir à aucune capitulation, ni de vouloir même en entendre parler, et de m'ensevelir sous les ruines de la ville plutôt que de l'abandonner aux ennemis de la patrie.

Lorsque ce serment eut été prononcé par l'assemblée, on entonna l'hymne de la *Marseillaise*, et rien ne saurait être comparé à l'enthousiasme que produisit ce chant patriotique. On était au moment de se retirer lorsqu'un citoyen fend la foule, accourt au milieu de la place, et mettant un genou en terre, ce qui est imité par la multitude des assistans, il répète d'une voix de Stentor ce dernier couplet :

> Amour sacré de la patrie !
> Conduis, soutiens nos bras vengeurs.
> Liberté, liberté chérie !
> Combats avec tes défenseurs (*bis*).
> Sous tes drapeaux que la victoire
> Accoure à tes mâles accens ;
> Que tes ennemis expirans
> Voient ton triomphe et notre gloire.

---

* On avait essayé d'enlever une fleur de lis énorme qui était incrustée au haut du beffroi ; la municipalité avait même déjà payé quarante-six livres à l'ouvrier chargé de cette opération ; mais, n'ayant pu en venir à bout, ce blason y resta, et le drapeau tricolore fut planté au-dessus.

Aux armes, citoyens !
Formez vos bataillons ;
Marchons, marchons, qu'un sang impur
Abreuve nos sillons.

XII. — *Le 1er juin*. ARRÊTÉ RELATIF AUX POMPIERS.

Il fut arrêté en conseil municipal de porter le nombre des pompiers à trois cents hommes, et, par conséquent, de former quinze brigades de plus, qui étaient commandées par *Aubril*, *Clément* fils, *Delamme*, *Duquesne* aîné, *Duquesne* cadet, *Fauconnier*, *Laplace*, *Bacler*, *Colin*, *Vicq* père, *Thibault*, *Bouchelet*, *Blot*, *Cousin* et *Serrurier*. Les citoyens Antoine *Poudreur*, *Lanen-Plichon* et *Hamoir du Croisié* furent adjoints au capitaine *Perdry*. Les pompiers, pour se reconnaître, portaient au bras une médaille.

Par arrêté du 15 juin, la municipalité fit donner quarante sous par jour aux pompiers, ainsi qu'une ration de vin à chacun.

XII (bis). — DIFFÉRENS ARRÊTÉS D'URGENCE.

5 *juin.*—Aussitôt que le conseil général de la commune apprend les bruits sinistres répandus par la malveillance, que la ville serait incendiée par les boulets, il s'empresse de prendre un arrêté pour démentir ces bruits et tranquilliser les citoyens à cet égard.

Le même jour, on rend un arrêté pour faire fermer les cabarets à neuf heures.

La municipalité, le 6 juin, considérant que, par les chaleurs qu'il fait, vingt-quatre heures qui s'écoulent entre la mort d'un individu et son inhumation sont un intervalle trop long, pendant lequel les cadavres peuvent occasionner des exhalaisons de putridité, arrête, suivant l'avis des médecins, d'ensevelir les corps morts aussitôt que leur corruption sera commencée ; elle arrête en même temps de faire les fosses plus profondes, et de couvrir les cadavres avec plus de terre qu'on ne l'a fait jusqu'à présent.

Le 21 juin, la municipalité donne avis que le passage du cimetière du jardin des ci-devant Dames de Beaumont, situé près de la place Verte, est intercepté par les décombres provenant du bombardement. Ce cimetière était refoulé de cadavres, et les bombes, qui y pleuvaient comme grêle, y découvraient les fosses, lançaient de tous les côtés et par quartiers les corps putréfiés, ce qui occasionnait des émanations tellement méphitiques et dangereuses que l'administration municipale fut dans la nécessité d'ordonner le 26 juin de transférer désormais les cadavres dans le cimetière St-Jacques, où l'on ordonna, sous la direction du citoyen Hollande, d'établir des salins de dix pieds de profondeur.

Le 27 juin, il fut fait un rapport à la maison commune sur les nouveaux dangers d'enterrer d'autres corps morts dans le cimetière St-Jacques ; elle arrêta qu'un autre cimetière serait établi au magasin à fourrages incendié ; que vingt pionniers, sous la surveillance immédiate du citoyen Hollande, seraient chargés de faire les fosses. Enfin, les malheureuses victimes abondaient dans une telle progression que ce nouvel emplacement fut bientôt rempli, et qu'on n'eut plus d'autres ressources que celles d'aller enterrer les morts entre les deux ponts, dans les fossés, en un mot partout où l'on pouvait ; quant aux soldats, ils étaient généralement enterrés dans les fossés. On voit, d'après ces arrêtés multipliés, combien les membres de la commune étaient prévoyans, combien ils étaient attentifs à prévoir ce qui pouvait être contraire à la salubrité de l'air, et nuire par conséquent à la santé des habitans et de la garnison.

XIII. —*Le 14 juin.* SÉANCE RELATIVE A LA RÉPONSE QUI FUT FAITE A LA SOMMATION DU DUC D'YORCK.

Une des plus belles journées dont puissent se glorifier les membres de la maison commune est celle où ils firent connaître, dans leur réponse à la sommation du duc d'Yorck, combien la règle de leur conduite était ferme et invariable. A la vérité, il fut fait trois réponses, la première par Briez qui fut trouvée trop longue, la seconde par le municipal Hamoir du Croisié que l'on trouva trop polie, et la dernière par Charles Cochon qui fut applaudie, acceptée et signée avec transport; la voici : « Nos propriétés et notre existence ne sont rien auprès de notre devoir. Nous serons fidèles au serment que nous avons fait conjointement avec notre brave général, et nous ne pouvons qu'adhérer à la réponse qu'il a faite. » Cette réponse est courte, et si elle est digne de l'auteur, elle l'est encore bien plus pour ceux qui la signèrent.

XIV. — Séances et arrêtés des 16, 21 juin et 29 juillet.

Certes, les troubles et les effervescences populaires qui, dans les journées des 16, 21 juin et 29 juillet, etc., éclatèrent avec tant de fureur et manquèrent chaque fois de compromettre gravement le salut de la place, ne furent apaisés que par l'attitude calme et imposante des membres de la commune. Si cette chambre, ainsi assaillie par les menaces, les vociférations, et au milieu des plus grands dangers, n'eût pas été pénétrée de ce sentiment de force et de courage, les commissaires de la Convention et peut-être le général Ferrand eussent été infailliblement égorgés, et la ville contrainte de se rendre.

XV. — *Le 15 juin*, le conseil général de la commune, ayant senti qu'il était plus nuisible qu'utile de dépaver les rues, dit.... « La chose essentielle, citoyens, est de préserver vos maisons du feu. Si l'on dépave les rues, l'on ne pourra vous porter de secours qu'avec beaucoup de difficultés, le service des pompes en sera très-gêné, et les secours ne vous parviendront qu'avec lenteur. D'après ces considérations, nous vous engageons à ne point dépaver. » Le conseil fut suivi, aucune rue de Valenciennes ne fut dépavée, et l'on s'en trouva très-bien.

Le 16 juin, l'autorité municipale, par arrêté, fait la défense expresse de monter dans les clochers et autres édifices élevés, dans la crainte que les malveillans ne communiquent au-dehors avec l'ennemi; elle donne à cet effet des ordres positifs pour en faire fermer les portes, etc.

XVI. — Le 2 *juillet*, il fut pris par la maison commune une mesure sévère contre les chiens, qui, par les chaleurs excessives qu'il faisait et le manque de nourriture, pouvaient devenir hydrophobes. Cette mesure était sage et prévoyante.

Le 18 *juillet*, la maison commune fait invitation aux citoyens et aux citoyennes de fournir de la charpie et des étoupes de linge fin, dont le besoin se faisait vivement sentir *pour panser les malheureux blessés défenseurs de la patrie*; on ajoute que ceux qui en exigeront le montant seront payés sur-le-champ. Tout le monde et surtout les dames s'empressent de répondre à cet appel; les chirurgiens sont amplement pourvus de charpie et de toile, et qui que ce soit n'en demande le paiement....

XVII. Le 26 *juillet*, les membres du conseil de la commune soumirent au général Ferrand une représentation pleine de sens et de sagesse (page 155), par laquelle ils exposaient franchement la situation déplorable de la ville, et la nécessité forcée d'accepter enfin une capitulation honorable qu'offrait le duc d'Yorck. Les représentans, dans cette circonstance, *jugèrent alors qu'une plus grande résistance ne serait que funeste, et ils consentirent à rendre la place.*

XVIII. Le 4 *juillet*, le conseil-général de la commune avait adressé à ses concitoyens la proclamation suivante :

ADRESSE DES MAIRE, OFFICIERS MUNICIPAUX ET MEMBRES COMPOSANT LE CONSEIL-GÉNÉRAL DE LA COMMUNE DE VALENCIENNES, A LEURS CONCITOYENS.

Citoyens,

Le conseil-général de la commune, qui partage bien

14

sincèrement tous les maux dont vous êtes accablés, n'a pas appris sans être pénétré de la plus vive douleur, que plusieurs d'entre vous pensent qu'il dépend de lui de les faire cesser; une pareille pensée en faisant son tourment aurait accablé son courage et anéanti toute son énergie, s'il n'avait pas devers lui la conviction intime qu'il a fait les plus grands efforts pour remplir ses devoirs et pour prouver à ses concitoyens qu'il est vraiment leur père et leur ami.

En effet, citoyens, avez-vous pu penser que ceux que vous avez choisis pour être vos représentans, pussent ou trahir vos intérêts ou vous laisser seuls vider le calice amer des maux qui nous accablent tous? Pourriez-vous croire qu'en ne nous écartant pas de la ligne stricte des devoirs que la loi nous a tracés, nous ne remplissions d'un autre côté la tâche que vous nous avez imposée en nous investissant de votre confiance?

Songez, citoyens, à ce qu'une semblable pensée produirait sur vous! Pensez à ce que notre sensibilité a dû éprouver, en apprenant que vous aviez de nous cette idée injuste! Comme vous, nous avons des pères, des épouses, des enfans, des parens, des amis, et nous avons de plus la charge immense d'être responsables envers vous de tout le bien que nous aurions négligé, de faire.

Ils sont pénibles, sans doute, les devoirs que la loi nous impose; mais plus il coûte à nos cœurs de ne pas nous en écarter, et plus vous devez nous plaindre d'être obligés de les remplir.

Au moment où une ville est assiégée, tous nos pouvoirs cessent; ils passent entre les mains du commandant, qui réunit alors tous les pouvoirs civils et militaires; ce commandant a aussi des devoirs à remplir envers la nation qui a placé sa confiance en lui; il vous a témoigné combien il était sensible à votre infortune, et l'arrêté du conseil de guerre du 2 de ce mois est une preuve incontestable qu'il a l'œil ouvert sur votre conservation, ainsi que sur celle d'une partie considérable de l'armée de la république qui défend cette place.

Quant à nous, il ne nous reste que la prérogative bien chère à nos cœurs, de délivrer à nos concitoyens souffrans les secours que les représentans du peuple qui sont parmi nous ont mis à notre disposition, de les consoler et de les encourager à supporter leurs maux avec patience et résignation, de recevoir leurs plaintes et leurs réclamations et d'y faire droit lorsque nous le pouvons.

Quelqu'un de vous a-t-il à se plaindre? qu'il vienne parmi nous sans craindre d'être éconduit. C'est dans notre sein qu'il doit répandre ses alarmes, ses peines, ses souffrances; il peut être assuré de trouver des cœurs sensibles qui partageront ses maux, et de recevoir des paroles de consolation; nous sommes ses véritables intermédiaires auprès de l'autorité supérieure; représentans immédiats de nos concitoyens, nous serons toujours jaloux de leur prouver que ce n'est pas en vain qu'ils ont mis leur confiance en nous. Nous vous invitons donc, citoyens, à supporter vos maux avec courage, et soyez persuadés que tous nos momens seront consacrés à veiller à vos intérêts les plus chers; soyez persuadés encore que tous les membres qui composent le conseil de cette commune, en partageant vos pertes et vos malheurs, ne cessent de porter leur attention sur les moyens qui peuvent assurer votre conservation.

Pour copie conforme aux registres des délibérations:
Signé MORTIER, greffier.

—Le lecteur, en s'arrêtant un moment sur cette pièce intéressante, ne manquera pas de voir que les membres de cette chambre communale se rendirent, par leur conduite sublime, dignes des plus beaux jours de l'antiquité.

XIX.— NOTES SUR LES CANONNIERS DE LA LIGNE, AINSI QUE SUR CEUX DE VALENCIENNES, DE PARIS ET DE DOUAI, QUI FAISAIENT PARTIE DE LA GARNISON.

Le général Ferrand n'a parlé qu'imparfaitement dans son ouvrage, et n'a donné qu'une liste très-incomplète des canonniers qui servirent au siége de Valenciennes. Il existe à leur égard trop de faits remarquables pour que nous ne nous empressions pas de réparer la lacune commise par ce général, et de signaler avec impartialité la conduite intrépide et courageuse des braves artilleurs qui surent si bien se distinguer à ce siége mémorable.

Avant de passer outre , nous devons faire remarquer que les artilleurs des troisième et sixième régimens de ligne , étaient infiniment mieux exercés et plus instruits que ceux des bataillons de volontaires et des gardes nationales , et que par cela même ces premiers occupaient assez communément les postes les plus importans et les plus périlleux ; aussi leur perte fut-elle supérieure à celle des autres corps de cette arme.

La batterie du bastion de Poterne fut celle qui souffrit le plus dans le cours du siége, de même que ce fut aussi celle qui causa le plus de ravages dans les tranchées de l'ennemi. Cette batterie était servie par une compagnie du troisième d'artillerie commandée d'abord par le capitaine Lauriston, qui, passé lieutenant-colonel, fut remplacé par un officier dont le nom nous est resté inconnu. Les canonniers de ce détachement périrent presque tous dans ce poste , et nous avons le regret de ne pouvoir en rappeler que peu de noms.

Le capitaine *Suard*, qui occupait avec sa compagnie les ouvrages avancés de la petite corne St.-Saulve , se maintint dans ces postes extrêmement dangereux pendant toute la durée du siége avec une constance et un courage admirables , et cette compagnie , qui était de Paris, éprouva des pertes sensibles.

Le capitaine *Dugourd* et sa compagnie, de Paris, occupaient la demi-lune de Mons et la redoute St.-Roch. Ces deux postes étaient importans et furent fort maltraités par l'ennemi. Tous, dans cette compagnie, se conduisirent avec autant d'ardeur que de distinction. Dans la nuit du 25 au 26 juillet , une partie de ces braves canonniers ainsi que leur capitaine furent massacrés dans la redoute St.-Roch, prise d'assaut.

Le capitaine *Remy*, du 6e d'artillerie, dirigeait avec sa compagnie les batteries du grand ouvrage à corne de Mons. On a dû voir dans plusieurs passages de la relation du siége, comment ces vaillans artilleurs se conduisirent dans des postes avancés aussi meurtriers que sanglans. C'est dans la demi-lune du Roleur que se passa le fait rapporté page 108.

Le moulin du Roleur, situé au centre et dans une position élevée , dominait sur tous nos ouvrages de la partie

de Mons, et les aîles du moulin servaient de télégraphe
à l'ennemi. Le 20 juin, le lendemain de l'incendie de l'arsenal, ce moulin, point important, fut détruit de fond en
comble par les batteries de la demi-lune du Roleur.

Simon était capitaine commandant la compagnie d'artillerie de Douai ; *Hornez* (Antoine-Albert) était son lieutenant, et *Chevalier* son lieutenant en second. Ces officiers, tous les trois de Douai, avaient le commandement
du bastion des Capucins et des batteries circonvoisines.
Ces postes étaient importans et dangereux, et la compagnie d'artillerie de Douai y fit des pertes considérables.
Nous regrettons beaucoup de ne pouvoir rapporter les
noms des artilleurs qui composaient cette compagnie.

Le capitaine *Langlade* et sa compagnie, de Paris, placés dans les ouvrages de la contre-garde des Capucins,
de la Demi-lune Nationale, de celle du bastion de Cardon
et de sa contre-garde, malgré tous les dangers auxquels
ils étaient exposés dans ces postes, se conduisirent néanmoins avec la même fermeté et le même sang-froid que
leurs autres camarades.

Auguste *Simon-Massy*, qui commandait une compagnie d'artilleurs des bourgeois de Valenciennes, avait sous
ses ordres la direction du Bastion-National, ainsi que de
celui de Cardon, etc. Le Bastion-National, après celui de
Poterne, fut sans contredit le bastion qui souffrit le plus.
Les canonniers de cette compagnie, par leur adresse,
leur agilité et leur sang-froid, portèrent plus d'une fois
le désordre et la mort dans les tranchées de l'ennemi.

Le capitaine *Maratte*, de Paris, et sa compagnie, occupant les quatre batteries de la Tour de la Rhonelle, du
réduit de Cardon, de la lunette de la Rhonelle et de la
contre-garde du bastion de la Rhonelle, contribuèrent
puissamment à démonter les batteries anglaises qui s'é-
tablirent successivement à droite et à gauche de la chaussée de la Briquette.

Le capitaine *Dorus* (Isidor), commandant aussi une
compagnie de canonniers valenciennois, fut, dans les
circonstances les plus terribles, toujours aussi ardent
qu'intrépide. Il avait sous ses ordres les bastions de la
Rhonelle et de Ste-Catherine. Ce fut particulièrement
par l'adresse de ses pointeurs que les batteries meur-

trières des Anglais, placées sur la gauche de la route
de la Briquette, derrière la maison Pourtalès, furent détruites en peu de jours. Prises en revers sur leur flanc
gauche par des ouvrages de Cardon, et écrasées de la
sorte, ces batteries essayèrent de venir se rétablir sur la
droite de la chaussée, à côté de la maison Méault, et
trois jours après les Anglais furent forcés d'en aller traîner les débris dans la plaine. Nous pouvons donc assurer
que sans la rare et valeureuse persévérance de nos artilleurs, qui ne donnaient pas un instant de repos aux Anglais, les quartiers du Béguinage, de Famars, de Ste-
Catherine et de Notre-Dâme, eussent été entièrement
réduits en poussière.

Le capitaine *Dorus*, très-âgé et existant encore, avait
dans sa compagnie un régiment de *Dorus ; Dorus* Jean-
Baptiste, *Dorus* François, *Dorus* Henri, *Dorus* Aimé,
qui tous marchèrent sur les traces de leur capitaine : ce
dernier, *Dorus* Aimé, fut grièvement blessé par un boulet, quoiqu'il ne fit que lui passer devant la poitrine sans
le toucher.

Le capitaine *Prélas,* de Paris, et sa compagnie, placés
dans les batteries du Réduit, et de la demi-lune et de la
lunette de Famars, et en face des positions anglaises de
la route de la Briquette, soutinrent avec valeur les avantages et les succès des postes dont ils formaient l'avant-
garde.

Le capitaine *Laurent*, de Paris, placé avec sa compagnie dans la batterie du Fer à Cheval et autres, eut à préserver les écluses de Gros-Jean, qui retenaient les eaux
pour les inondations supérieures, de toute espèce d'atteinte de la part des assiégeans, et les uns et les autres
se maintinrent parfaitement bien dans les différens postes
qui leur étaient confiés.

Le capitaine *Baudoux*, commandant une compagnie
d'artillerie bourgeoise de Valenciennes, dans la demi-
lune et la lunette de Tournay, eut constamment à lutter
contre les formidables batteries ennemies qui bordaient
les hauteurs d'Anzin et de la citadelle, et cette compagnie fit dans ces ouvrages avancés des pertes cruelles.

Le capitaine *Bloqueret*, du 6ᵉ d'artillerie, placé avec
sa compagnie dans la lunette et le réduit du Noir-Mouton,

fut assailli pendant tout le cours du siége par presque toutes les batteries ennemies dont les hauteurs d'Anzin étaient hérissées. Dans la nuit du 25 au 26 juillet , ces deux postes ayant été pris d'assaut , tous ces braves y furent égorgés.

La compagnie *Georgin*, du 3e d'artillerie , établie au bastion des Huguenots et son pourtour , fut une des plus assaillies par le boulet ennemi , et c'était à ce bastion qu'existait la brèche la plus profonde et la plus étendue. Cette compagnie perdit sur ce point beaucoup de canonniers. Le capitaine Georgin fut employé aux réparations des fusils et autres armes , et il justifia de son zèle et de son activité par les services qu'il rendit dans ce nouveau poste.

Maintenant, de tous les artilleurs celui qui se présente le premier à la pensée est sans contredit le canonnier *Brassart*, du troisième de ligne, reconnu par ses chefs pour être un des meilleurs pointeurs. Ce fut ce brave , existant encore aujourd'hui à Douai, qui détruisit dans un après-midi la batterie de mortiers du n° 26. Le mérite et le talent de Brassart étaient tellement reconnus, que, quoique simple artilleur, on lui donnait toujours à diriger, comme s'il eut été capitaine, une compagnie de canonniers volontaires, qui n'étaient pas encore au fait des manœuvres de l'artillerie de siége. Brassart, dans la nuit du 25 au 26 juillet, occupait avec une escouade de canonniers de Douai la demi-lune du Roleur. Aussitôt après l'explosion des premiers globes de compression que firent éclater les assiégeans, il détacha sur-le-champ l'artilleur Flamen, de Douai, pour aller prévenir dans la place des premières et sérieuses attaques de nos chemins couverts. Brassart fit encore valoir assez long-temps après les explosions, la seule pièce de 8 et les deux pierriers qu'il avait en batterie , et il ne quitta le poste de la demi-lune pour se retirer vers la poterne de Cardon , que lorsqu'il lui fut impossible d'opposer une plus longue résistance.

M. Brassart a fait une analyse succincte du siége de Valenciennes ; il m'en a communiqué quelques fragmens, que je trouve parfaitement en harmonie avec l'ensemble de ma relation.

Flamen, de Douai, son ami et son camarade, donna, ainsi que Brassart, comme artilleur, des preuves de son habileté et de sa bravoure.

L'adjudant-major *Jouffroi*, du 1er d'artillerie, aujourd'hui en retraite à Lille avec le grade de général, ainsi que l'adjudant-lieutenant *Fruchard*, retiré à Montreuil-sur-Mer comme colonel, donnèrent l'un et l'autre des preuves de leur courage, et se firent souvent remarquer au champ de l'honneur.

Le canonnier *Dinaux* obtint successivement tous ses grades jusqu'à celui de sous-lieutenant, dans les différentes batteries de la place; il acquit celui de lieutenant sur la brèche du bastion de Poterne; et, quelque temps après le siége, il fut nommé capitaine en remplacement du vaillant *Simon-Massy*, promu lui-même au commandement de la garde nationale de Valenciennes.

Nous donnerons ici une liste des canonniers de Valenciennes et autres que dénomme le général Ferrand dans son ouvrage, comme ayant donné des preuves de zèle, de bravoure et de courage; ces noms sont : *Legendre* et *Martin*, tous deux capitaines-commandans des compagnies de Paris; *Bélanger*, capitaine-commandant une compagnie de Valenciennes; *Dinaux* aîné, commandant une compagnie de la garde nationale; *Anazay* et *Segan*, commandant les pionniers; *Lenglet*; *Petit*, sergent; *Denis*, *Razé*, *Danezan*, *Capelier*, *Goube*, *Bourrier*, *Gillet* aîné, *Francel*, *Guidez*, *Marin-Jacquemont*, *Rombaut* dit *Panchelot*, *Bouchelet*, *Lapied*, *Berlot*, *Poirette*, *Gabelle*, *Hayez*, *Filleur*, *Valain*, *Chevalier*, *Delcambre*, *Gérard*, *Bleuze*, *Tilman*, *Hartman*, *Beau*, *Danhiez*, *Mauvais*, *Pesin*, *Hallute*, *Carlier*, *Labouriaux*, *Delsart*, *Recq*, *Berlot*, *Carpentier*, *Goëssens*, *Tarquet*, *Dhuyege*, *Vuybaut*, *Dervaux*; *Membré*, sergent, qui tous se conduisirent très-bien; mais ceux qui se firent remarquer plus particulièrement encore, sont : *Wagret*, *Dupuerce*, lieutenant, *Payen*, *Dabancourt*, sergent-major, *Placide*, sergent, *Lesens*, caporal, *Joli* fils, caporal, *Bassez*, *Journée* père, *Luc-Marlière*, *Hourdequin*, *Guyolot*, *Moreau*, caporal, les *Ménard* père et fils, *Pillion*, *Goffart*, *Delcambre*, *Lenglet*, *Delehaye*, *Dubois* Joseph, *Nicaise*, *Marcail* aîné, *Reposte*, *Hubert*, *Fauquet*, *Podevin*, *Valentin-Foucart*;

Gilmant, *Gallet*, *Val*, *L'évêque*, *Dupuis*, *Chapuis*; *De-buvay* et *Martho*, blessés; *Fauriaux*, *Cardon*, *Quiévreux*, *Vilain*, tués; etc.

Nous mentionnerons encore les noms de plusieurs artilleurs, sur le compte desquels nous avons recueilli quelques traits héroïques qui les ont distingués, tels sont : *Moreau*, lieutenant; *Huez*, caporal; *Dauphin*, du 1er régiment d'artillerie; *Rasmont*, caporal dans le 3e d'artillerie, retiré à Rouverois (Pas-de-Calais); *Mabile*, sergent au 3e d'artillerie, reconnu pour un des excellens pointeurs du corps; il était surnommé l'Hercule par sa force; *Bertrand*, *Bavais*, *Lelièvre*, *Legrand* aîné, *Jacques*, *Legrand* cadet, *Duquesnoy*, *Delcamp*, *Dumont*, *Vincent*, *Constant*, *Benoist*, etc.

Verdavainne (Charles-Joseph), canonnier (voyez sa note page 196).

Teinturier, qui était un des vaillans artilleurs de la compagnie de *Simon-Massy*, doit être rangé à côté de Verdavainne. Il jouissait à juste titre, comme son concitoyen, de la réputation d'être un excellent pointeur. Très-souvent le général Ferrand, en venant visiter les batteries, s'adressait au bombardier Teinturier pour châtier les Autrichiens, et celui-ci répondait à l'attente de son général en démontant autant de pièces qu'il s'en présentait sous son point de mire : un éclat de bombe qui lui estropia la main gauche, le fit perdre trop tôt à sa compagnie.

Rodrigue (Léonard), canonnier dans la compagnie Dorus, de service dans une batterie avancée de Famars, eut par un boulet son écouvillon brisé dans les mains ; aussitôt il crie à son camarade, nommé *Dubois* Joseph, qui servait la même pièce : « *Donne-moi vite un autre écouvillon*, *pour que nous envoyions promptement notre réponse aux Anglais.* »

Les chefs de bataillon *Manceaux* et *Monraux*, l'un commandant le détachement du 3e d'artillerie, et l'autre les artilleurs de la garde nationale de Valenciennes, ne négligeaient rien pour faire régner cette discipline qui contribue tant à la force d'une armée. Ils visitaient tous les jours les batteries confiées à leurs troupes, pour y donner les ordres nécessaires au bien du service.

Le même esprit, le même enthousiasme, le même sentiment de patriotisme qui éclatait en 1793 dans le corps d'artillerie de la garde nationale de Valenciennes, est véritablement inné et se perpétuera dans ce corps. En 1815, les canonniers en donnèrent des preuves frappantes à l'empereur Napoléon, qui ordonna au lieutenant-général comte d'Erlon, commandant en chef le premier corps, de manifester toute sa satisfaction à cette incomparable artillerie de Valenciennes; voici la copie littérale de la lettre que le comte adressa à ce sujet aux officiers de l'artillerie civique de Valenciennes.

Au quartier-général à Valenciennes, le 25 mai 1815.

A Messieurs les officiers des compagnies d'artillerie de la place de Valenciennes.

« J'ai prié son Excellence le major-général de faire connaître à l'*Empereur* l'empressement louable que vous avez mis à organiser les compagnies de canonniers sédentaires, dont le commandement vous est confié, et le zèle avec lequel vos concitoyens vous ont secondé; son Excellence me répond: *Sa Majesté* me charge de vous témoigner *qu'elle est satisfaite du bon esprit que montrent particulièrement les compagnies de canonniers qui ont été formées à Valenciennes.* Elle compte que *cet exemple sera imité par les autres places du Nord*, non seulement pour les canonniers, mais encore pour les corps de gardes nationales qui ont été demandés. »

Vous trouverez, Messieurs, dans l'opinion que *Sa Majesté* a conçue de vous, la récompense la plus flatteuse à laquelle les Français puissent aspirer, et un encouragement précieux pour ce que vous aurez à faire si l'ennemi attaque nos frontières. Continuez à donner à la France des preuves de patriotisme, et méritez toujours que l'*Empereur* vous donne pour exemple aux autres citoyens du département.

Je m'estimerai bien heureux d'avoir à vous transmettre encore des expressions de la bienveillance de *Sa Majesté.*

Recevez, Messieurs, l'assurance de ma très-parfaite considération.

Signé le Lieutenant-Général, Comte d'ERLON.

Pour copie conforme : *Signé* FLAMME, *chevalier de la légion-d'honneur, maire de Valenciennes,*

Nous nous sommes fait un devoir d'insérer cette pièce intéressante dans notre ouvrage , et c'est au vif empressement de M. le notaire Guislain, qui nous en a remis l'année dernière une note écrite de sa main que nous la devons. Cette lettre est un nouveau monument attaché à la mémoire du corps brillant des artilleurs de Valenciennes, qui tout récemment encore a reçu de Lille le prix d'honneur pour sa belle tenue et son ensemble parfait.

Nous ne pouvons mieux terminer notre article sur le compte de l'artillerie en général de 1793 à Valenciennes, qu'en rappelant ce qu'en dit un noble étranger ; c'est le baron Unterberger , major-général de l'artillerie autrichienne , qui parle : « Il faut , dit-il dans son journal , rendre justice en cette occasion à la conduite des canonniers français ; ce furent eux qui se distinguèrent particulièrement dans la défense de Valenciennes , tant par le courage , le zèle infatigable et l'habileté qu'ils déployèrent en soutenant avec autant de constance que de valeur leur artillerie contre le feu bien supérieur de l'attaque , et cela à travers des dangers si grands et si continus : ce sont sans contredit pour tous les corps d'artillerie européenne des modèles glorieux de la vertu militaire.... »

Nous devons ici, au nom des artilleurs de 1793 à Valenciennes, rendre grâce aux louanges vraiment flatteuses du baron Unterberger à leur égard. Certes , le mérite de notre artillerie ne pouvait jamais être mieux apprécié que par le major-général d'artillerie Unterberger. De notre côté, et sans compliment, nous devons dire en vérité que jamais on ne vit contre une place assiégée , une masse aussi énorme d'artillerie se mouvoir et être conduite avec autant d'ordre et de précision que celle qui fut dirigée par le baron Unterberger , en mai , juin et juillet 1793 , contre la ville de Valenciennes.

XX. — POMPIERS DE VALENCIENNES.

Nous aurions trop à faire , si nous devions rappeler toutes les actions mémorables et les traits héroïques du corps des pompiers de Valenciennes, commandé par M. *Perdry*, ancien membre de l'assemblée constituante , et MM. *Poudreur, Lanen-Plichon* et *Hamoir du Croisié*, ses lieutenans.

Toutes les fois que dans notre relation l'occasion s'est offerte à nous de parler des pompiers, de l'activité, du sang-froid et de l'intrépidité qu'ils déployèrent pendant tout le cours de ce terrible siége , nous l'avons toujours saisie avec le plus vif empressement ; et chacun sait maintenant que c'est à eux, à leur dévouement,que la ville de Valenciennes dut de n'avoir pas été écrasée et détruite de fond en comble par les bombes et les boulets ennemis.

XXI. — GARDES NATIONAUX.

Nous nous joignons ici au général Ferrand pour rendre aux grenadiers de la garde sédentaire de Valenciennes et de la garde nationale en général , toute la justice qui leur est due. Ils montrèrent toujours le même zèle et la même activité à faire le service dans l'intérieur de la place, et plusieurs d'entre eux se réunirent aux pompiers pour les aider dans leurs périlleux travaux. Ce furent les grenadiers *Cousin* et *Dénoyer* qui sauvèrent la vie des représentans Cochon et Briez , attaqués par une bande de forcenés qui voulaient les égorger. (Voyez page 177).

Le commandant de la garde nationale *Duchévrand* , ainsi que son second M. *Débarable-Laplace* , méritèrent hautement l'un et l'autre les suffrages de leurs chefs et de leurs concitoyens. La maison commune, dans son arrêté du 27 juin , signale d'une manière honorable M. *Duchévrand*, pour les services importans qu'il rendit dans la place.

XXII. — PIONNIERS.

Les pionniers , sous la direction des notables *Hourez* et *Hollande*, se rendirent fort utiles dans les travaux de sépulture. Ils nous préservèrent d'un grand fléau, de la peste, en suivant et en exécutant avec autant d'activité que d'intelligence tout ce qui leur était prescrit par les deux commissaires sus-dénommés.

XXIII. — Parlons maintenant de quelques citoyens
et de quelques autres militaires.

M. *Wattecamps*, médecin, était resté seul à Valenciennes avec M. *Lecamus*, attaché aux ambulances de l'armée. On avait inconsidérément laissé sortir les médecins
quelques jours avant le blocus de la place, et MM. Wattecamps et Lecamus demeurèrent seuls chargés du service
des cinq hôpitaux qui y existaient. Ces deux courageux
médecins se livrèrent à des travaux aussi pénibles avec
un zèle vraiment au-dessus de tout éloge. M. Wattecamps surtout y épuisa sa santé au point qu'il fit une
maladie des plus graves et des plus longues. A peine
rétabli, il travailla avec ardeur à la propagation de la
vaccine, œuvre à laquelle il n'a jamais cessé depuis lors
de consacrer tous ses soins. La conduite de M. Wattecamps pendant le siége lui valut les certificats les plus
recommandables; mais ces certificats ne lui ont jamais
rien valu, et l'on a pour ainsi dire toujours ignoré les
services que ce citoyen honorable rendit alors à Valenciennes.

Les chirurgiens *Duchesne* et *Agasse* père, de Valenciennes, pourvus à leurs frais, de linge, de charpie,
d'onguents, etc., se rendaient, ainsi que nous l'avons
déjà dit (page 117), régulièrement tous les jours aux
palissades, et faisaient réunir les blessés sous les voûtes
de communication ou des mines pour leur donner les
premiers secours. Cette belle conduite est d'autant plus
remarquable qu'ils n'avaient point d'ordre pour remplir
une mission aussi pénible et aussi dangereuse.

Sans entrer dans de plus grands détails, nous croyons
cependant nécessaire d'ajouter ici les noms de quelques
habitans, tels que : *Deblocq*, *Mallet-Lompret*, *Payman*
cadet, *Amé-Geoffrien*, *Bouvrier*, Hypolite *Perdry*, *Mau-
roy* aîné, *Dewallers*, *Bongenier*, *d'Hennin* père, *Ponsart*
cadet, *Blo*, *Dehas*, caissier du district, *Dubois*, *Duponchel*, *Devillieux*, *Bullot*, *Noiseux*, *Felin-Bailly*, *Dubaralle*,
Bisiaux, *Hourez*, Jacques *Cuvelier*, *Flory* fils, *Bécart*
aîné, *Lussigny*, *Desruennes*, *Vanier*, Jean-Baptiste *Henry*,
Chef-de-Ville, *Rhoné-Dath*, *Henri de Bavay*, qui, chargés
par la maison commune de missions plus ou moins importantes, s'en acquittèrent d'une manière digne d'éloges.

Si nous avons le regret de ne pouvoir reproduire plus
de noms, nous allons essayer d'y apporter une espèce de
dédommagement en donnant un extrait littéral de la lettre
que le général Ferrand adressa à M. Benoist, maire de
Valenciennes, plus de douze ans après le siége; on y verra
qu'il n'avait point oublié les services des Valenciennois.

         « De la Planchette près Paris, le 16 brumaire an 4.

      » Une circonstance favorable, Monsieur, m'a mis à
même de faire paraître l'extrait du journal du mémorable siége de Valenciennes, *auquel les habitans de Valenciennes ont si courageusement coopérés.*

      » Veuillez, Monsieur, leur dire le regret que j'ai d'être
privé de mon journal, *qui renferme des faits qui les hono-
rent,* et que j'aurais fait connaître avec autant de plaisir.

      » L'exemplaire que j'ai l'honneur de vous adresser,
ainsi qu'à votre commune, vous est un garant *que je
conserverai toujours le souvenir du temps heureux que
j'ai passé parmi vous.*

      » J'ai l'honneur d'être, etc.

        » *Signé* FERRAND, en retraite et membre
           » de la Légion-d'honneur. »

XXIV. — Le général Ferrand, dans le cours de son
rapport sur le siége, se plaît à rappeler divers personnages qui se sont distingués dans la place; et celui qui
se présente à juste titre le premier, est le général Tholosé, qui, quoique tout récemment arrivé à Valenciennes
et peu connu, sut cependant se faire remarquer par son
patriotisme, ses connaissances militaires, sa bravoure
et son activité; aussi le général Ferrand s'empressa-t-il
d'abord d'élever le lieutenant-colonel *Tholosé* au grade
de général de brigade, comme une preuve du talent
qu'il lui reconnaissait et de la confiance qu'il lui avait
déjà inspirée. En effet, personne ne fut plus habile que
le général Tholosé à imaginer les opérations du siége
et à en diriger mieux les travaux. Toujours actif, toujours infatigable, on voyait l'ingénieur en chef, la nuit
comme le jour, présider lui-même au milieu du danger
à tous les travaux qu'il était nécessaire d'exécuter pour

la défense et la sûreté de la place. Souvent même le directeur des fortifications, sans pour cela déroger à son grade élevé, descendait jusqu'à se mêler aux travailleurs pour les exciter. En un mot, cet officier général s'était tellement fait distinguer, que, dès le commencement du siége, il avait été désigné pour prendre le commandement de la ville, si jamais nous avions eu le malheur de perdre le général Ferrand.

Ceux qui venaient après le général Tholosé, et qui pareillement ont mérité les suffrages du général Ferrand, étaient le capitaine *Dembarère*, élevé aussi au rang de général de brigade, et du capitaine d'artillerie Lauriston, promu au grade de lieutenant-colonel, directeur de l'arsenal quoique consumé, et commandant en chef de l'artillerie de la place. Ces deux officiers, chacun en ce qui les concernait, toujours aux avant-postes, dans les endroits les plus périlleux, et partout où leur présence devenait nécessaire, rendirent les plus grands services, autant par leur valeur que par leurs talens militaires.

Lavignette et *Moraux*, aides-de-camp du général Ferrand, ne méritèrent pas moins l'approbation de leur général par leur activité, leur intelligence et leur bravoure. L'officier du génie d'*Hautpoul*, et *Georgin*, capitaine, ce dernier chargé des réparations des armes de la place, sont également dignes des mêmes éloges.

Enfin le général termine ses notes en disant hautement que sans l'énergie des députés Charles Cochon et Briez, sans le talent de plusieurs généraux et chefs de corps, sans le mâle courage de la majeure partie de la garnison, sans la constance et la résignation de beaucoup d'habitans, il n'aurait jamais pu parvenir à une résistance aussi longue et aussi opiniâtre.

Mais parmi ces nombreux éloges, sans doute bien mérités, le général Ferrand ne fait aucune mention particulière de l'infanterie, qui sans contredit était la force imposante et réelle de la défense de la place; de cette infanterie qui, constamment dans les postes avancés, réduite aux plus cruelles fatigues et exposée à des dangers multipliés et sanglans, fit une perte huit fois plus nombreuse que toutes les autres armes ensemble. Nous aimons à penser dans cette circonstance que si le général Ferrand eut eu son journal devant les yeux, il n'aurait certainement pas commis un oubli aussi grave ; oubli qui ne lui a pas permis encore de rappeler quelques traits remarquables qui se sont passés dans l'arme de l'infanterie, et auquel nous allons suppléer par les faits suivans.

Nous commencerons à cet égard par les frères *Lamarre*, capitaines au deuxième bataillon de l'Eure. Ces deux intrépides officiers étaient aussi braves l'un que l'autre. Un soir, dans une des plus fortes crises du siége, Lamarre aîné, fait depuis chef de bataillon, se trouvait de service dans la courtine du grand ouvrage à corne ; les bombes, les obus, la mitraille, tout y tombait comme grêle ; et les soldats de ce poste, effrayés des pertes successives qu'ils y faisaient, prennent la fuite pour aller se retirer sous la voûte de communication. Le capitaine, ne pouvant contenir ses hommes, s'élance le sabre à la main à l'entrée de la poterne, se met en travers, et leur crie : « Vous n'entrerez pas, et le premier qui avance, je lui passe mon sabre dans le ventre..... Retournez à votre poste, mes amis! » Un de ses sergens, nommé *Thouvenot*, s'écrie à son tour : « Oui ! notre capitaine a raison, reprenons notre position » ; et en même temps, il se met à la tête de sa troupe aux cris réitérés de *Vive la nation!* Quelques instans après Thouvenot est tué, et le capitaine Lamarre blessé assez grièvement. Comme on se disposait à le transporter sous la voûte et peut-être même en ville par l'affection qu'on lui portait, il s'y refuse avec énergie, en répondant : « Laissez-moi à côté de mes camarades blessés comme moi. »

Poncey, capitaine dans le premier bataillon de la Côte-d'Or, commandant des grenadiers dans les chemins couverts de la lunette St.-Saulve, aperçoit un obus qui était roulé sur la banquette ; il court dessus pour le jeter au loin, lorsque le projectile éclate sans lui faire de mal ; un moment après un autre obus vient s'arrêter derrière lui, il se retourne pour le pousser du pied : il éclate encore comme le premier sans l'atteindre. Dans ce moment l'ennemi méditait une attaque sérieuse, et le capitaine Poncey a la douleur de voir ses grenadiers descendre dans le fossé ; il court après eux, en saisit au collet un de chaque main, les traîne à leur poste ; les autres suivent leur capitaine, et quoique mitraillés de toute part, résistent et se maintiennent dans leur poste.

Comme j'étais le plus communément de service avec les bataillons de la Côte-d'Or et de la Charente, et que j'ai été à même d'apprécier ces corps, je rappellerai avec plaisir les capitaines Toussaint *Jovignot*, *Cottin*, *Lévéque*, *Cestre*, *Dugier*, lieutenans; *Cassière*, *Bathot*, *Guénée*, sous-lieutenans; le grenadier *Jacquinot*, du premier bataillon de la Côte d'Or; *Jacquotot*, du même bataillon, celui qui a donné son nom à une méthode de lecture, et alors capitaine d'artillerie; *Miron*, aussi capitaine, appartenant aux grenadiers; *Pinoteau*, capitaine; *Laroche*, sergent, qui plus tard devint colonel de cuirassiers; *Minguernot*, du premier bataillon de la Charente, et tant d'autres qui se rendirent dignes des éloges de leurs chefs et méritèrent tous le surnom de *braves*. Le fourrier *Amiot*, au premier bataillon des Deux-Sèvres, aujourd'hui capitaine en retraite à Paris, s'acquit une grande réputation de bravoure; quelques semaines avant le siége, il avait pris seul à la pointe de son sabre une pièce de canon aux Autrichiens. Je ne craindrai point dans cette circonstance de répéter les noms de *Leféron*, qui, dans la nuit du 25 au 26 juillet, eut son habit couvert de balles et de coups de sabre, et des commandans *L'échelle*, *Richon*, *Batin*, *Lebrun*, *Fieffée*, *Boussin*, *Villemalet*, *Boillaud*, etc;. etc., qui se distinguèrent tous également tant par leur courage que par leurs connaissances et leurs talens militaires.

Nous achèverons ici la tâche agréable que nous nous sommes imposée, en citant ce qu'un noble ennemi, le baron Unterberger, a dit de nous dans l'avant-propos de son journal sur le siége de Valenciennes : « Je rends, dit-il, hommage à ces braves défenseurs qui ont affronté sur leurs batteries mille morts pour conserver à leur patrie cette clef de l'état, et dont les efforts généreux ont mérité l'éloge le plus complet, celui même de leurs propres ennemis. »

15

XXV. — Nomination du général Dampierre au commandement en chef de l'armée du Nord.

Les représentans du peuple français, députés de la Convention à l'armée du Nord; — Vu la trahison de Dumouriez;

Considérant que l'armée du Nord ne peut rester sans chef, arrêtent : — Le général de division Dampierre est appelé provisoirement au commandement en chef de l'armée du Nord, en remplacement de Dumouriez, devenu traître à la patrie.

En conséquence, etc.

Valenciennes, le 5 avril 1793.

Signé : *Lequinio*, *Bellegarde*, *Cochon* (Charles), *Courtois*, *Briez* et *Dubois-Dubais*.

XXVI. — Le 24 mai. Les représentans du peuple français, députés de la Convention nationale aux armées de la République sur la frontière du Nord, aux citoyens de Valenciennes.

Citoyens,

Des circonstances importantes au salut public et à la grande sûreté de la frontière du Nord, ont exigé la levée du camp de Famars et le déplacement de l'armée, ainsi que des troupes cantonnées dans les environs de cette ville. Vous devez vous reposer entièrement sur le courage des braves défenseurs de la patrie, et sur les dispositions des généraux pour employer les moyens les plus efficaces pour chasser les ennemis qui, de toute part, et sous vos yeux même, dévastent, pillent, brûlent les maisons et les propriétés de vos frères des campagnes, et poussent le brigande, l'horreur et l'atrocité jusqu'à violer, mutiler et massacrer les femmes et les enfans de vos concitoyens.

Mais en attendant l'heureux résultat des mesures prises par les généraux, il a fallu laisser cette ville à sa propre défense, à ses fortifications multipliées, à la valeur et au courage de la brave garnison qui s'y trouve, et de *tous les bons citoyens qui l'habitent.*

Citoyens-soldats, soldats-citoyens, la patrie compte

entièrement sur votre zèle , sur votre civisme , sur votre
amour pour la liberté et sur votre dévouement au bonheur de la république , qui seul peut opérer le bonheur
commun de tous.

Vous imiterez sans doute nos braves frères de Lille et
de Thionville ; vous ne souffrirez pas que des brigands ,
des scélérats et des incendiaires puissent pénétrer dans
une place où il ne s'agit que de faire une sage et vigoureuse résistance, pour anéantir les ennemis qui voudraient
abîmer vos propriétés les plus sacrées , comme ils font
de celles de tous les environs.

Citoyens, la ville est bien approvisionnée du côté des
subsistances comme de tous les objets nécessaires. Vous
pouvez être assurés qu'il ne vous manquera rien , pour
vous, vos femmes et vos enfans.

Deux de vos représentans restent au milieu de vous ;
ils y sont comme vos frères et vos amis ; ils y sont spécialement pour partager vos périls , vos dangers et votre
gloire ; ils s'engagent formellement de vous procurer à
tous, de concert avec la municipalité et l'administration
du district , tous les secours qui pourront vous être nécessaires. L'indigent sera encore plus particulièrement
l'objet de la sollicitude de vos représentans ; et si le malheur de la guerre voulait que quelques maisons devinssent la proie de la barbarie des ennemis , la patrie ,
comme une bonne mère , s'empressera de venir au secours de ceux qui pourraient en être les victimes.

Les représentans du peuple vont aussi s'occuper, de
concert avec les corps administratifs et le général Ferrand , des moyens d'assurer l'ordre, le calme et la tranquillité publique dans cette ville. La confiance bien légi-
timement acquise à ce brave général , qui réside depuis
vingt ans au milieu des habitans de cette ville , ne doit
laisser aucune inquiétude sur les dispositions militaires.

Mais il est nécessaire, citoyens , que vous y répondiez
de votre côté par un zèle et un dévouement sans bornes.
Celui qui chercherait à troubler l'ordre public, qui em-
ploierait la malveillance , ou qui ne se conformerait pas
aux lois de la plus exacte police , serait regardé comme
un mauvais citoyen et s'exposerait aux peines et au châtiment le plus sévère. Celui, surtout, qui aurait le malheur

d'oublier assez le sentiment de ses devoirs et l'amour de la patrie, pour oser jamais proposer d'abandonner la place, ou de la rendre aux ennemis, paierait de sa tête une si grande lâcheté, une conduite aussi indigne et une aussi infâme trahison *.

Pour ampliation ,   Brucy.

XXVII. — 10 *juin.* Proclamation des représentans du peuple français.

Les circonstances actuelles doivent réveiller plus que jamais l'attention, les soins et la surveillance des pouvoirs établis et de tous les bons citoyens.

La Convention nationale se repose entièrement sur le courage et la bravoure des défenseurs de la patrie. Les soldats de la liberté se souviendront toujours de leurs victoires, ils ne négligeront pas les moyens d'obtenir de nouveaux succès.

La nation entière compte absolument sur la fidélité, le zèle, l'énergie et l'active surveillance de tous les soldats-citoyens et des citoyens-soldats qui se trouvent actuellement dans la place.

Enfans de la patrie, ils ne perdront jamais de vue que les places des frontières appartiennent à la république entière, puisqu'elles n'ont été élevées que pour la défense de l'état.

La ville de Valenciennes est une des principales clefs de la France. C'est l'un des premiers comme des plus forts boulevards de la république. Résister aux attaques de l'ennemi, conserver cette place, c'est donc être appelé à l'honneur et à la gloire d'avoir opéré le salut de la patrie.

L'intérêt personnel pourrait-il jamais être mis en balance avec cet intérêt si grand, si puissant, du salut de la patrie?

L'égoïsme oserait-il encore se montrer, lorsque la nation a placé au rang des dettes les plus sacrées de l'état,

---

* Toutes les proclamations des représentans et les arrêtés du conseil de guerre sont du style du commissaire des guerres Brucy.

l'indemnité due à chaque citoyen dont les propriétés pourraient souffrir des hasards de la guerre?

Les représentans du peuple rappellent à tous les citoyens et à tous les pouvoirs établis, les dispositions de la loi du 31 août 1792 *relative à la reddition de la place de Longwi.* C'est dans cette loi que chacun verra la règle de ses devoirs, et le châtiment réservé à ceux qui auraient la lâcheté ou la pusillanimité d'abandonner la défense de la place que la patrie a confiée aux soins et à la vigilance de tous.

En conséquence, et en vertu des pouvoirs illimités qui nous sont délégués par la Convention nationale, nous ordonnons que la loi du 31 août 1792, relative à la reddition de la place de Longwi, sera réimprimée, lue, publiée et affichée de nouveau à la suite de la présente proclamation.

Pour ampliation, Brucy.

LOI RELATIVE A LA REDDITION DE LA PLACE DE LONGWI, DU 31 AOUT 1792.

L'Assemblée nationale, considérant qu'il importe à l'honneur de la nation française et à la sûreté générale de l'état, de prévenir par tous les moyens possibles qui sont en son pouvoir, des trahisons pareilles à celle qui a livré la place de Longwi aux ennemis, décrète qu'il y a urgence. L'Assemblée nationale, après avoir décrété qu'il y a urgence, considérant que la reddition de la place de Longwi est due en partie à la lâcheté des administrateurs du district, des officiers municipaux et des habitans de cette place, etc., etc., décrète ce qui suit :

Les commandans de toute place assiégée et bombardée sont autorisés à faire démolir la maison de tout citoyen qui parlerait de rendre la place, pour éviter le bombardement.

Aussitôt que la ville de Longwi sera rentrée au pouvoir de la nation française, toutes les maisons de cette ville, à l'exception des maisons nationales, seront détruites et rasées.

L'Assemblée nationale déclare infâmes et indignes d'exercer jamais les droits de citoyens français, tous les habitans de Longwi et les officiers municipaux de cette ville.

Le pouvoir exécutif fera passer sans délai à la cour martiale chargée de juger le commandant et la garnison de Longwi, toutes les pièces saisies sur le sieur Lavergne et adressées à l'Assemblée nationale par les administrateurs du district de Bourmont.

Au nom de la nation, le conseil exécutif provisoire mande et ordonne à tous les corps administratifs et tribunaux, que les présentes ils fassent consigner dans leurs départemens et ressorts respectifs, et exécuter comme loi. En foi de quoi, nous avons fait apposer le sceau de l'état.

Paris, le 5e jour de septembre 1792, l'an 4 de la liberté.
Signé CLAVIÈRE, *contresigné* DANTON, et scellé du sceau de l'état.

Lors de la prise de Verdun, 1er septembre 1792, de jeunes filles, belles et pures, poussées par des parens inconsidérés, étaient allées à la rencontre des Prussiens pour les féliciter de les voir en possession de la ville. A la reprise de Verdun, le 13 octobre suivant, la Convention, par la voix du barbare Fouquier-Tainville, fit tomber sous la sanglante hache toutes ces têtes virginales.

L'année suivante, le monstre Barrère, du haut de la tribune de la Convention, s'écriait dans un délire féroce qu'aussitôt que Valenciennes retomberait au pouvoir de la France, il n'y resterait pas pierre sur pierre ; heureusement que le système épouvantable de l'époque périt avant qu'on pût mettre ces mesures à exécution, et Valenciennes, au lieu d'avoir été engloutie dans l'abîme, s'est au contraire relevée de ses ruines et de ses cendres, et cette ville, plus étendue, plus peuplée et plus belle que jamais, offre aujourd'hui l'aspect le plus florissant.

XXVIII. — PROCLAMATION ADRESSÉE AUX CITOYENS DE VALENCIENNES, DE LA PART DES REPRÉSENTANS, DU GÉNÉRAL FERRAND, DU DISTRICT ET DE LA MUNICIPALITÉ, LE 10 JUIN.

Citoyens ,

Le salut public est impérieusement attaché à la conservation particulière de Valenciennes ; il faut conserver cette place intacte à la nation entière , dont vous faites partie, et défendre ses murs contre les attaques et les entreprises des satellites du despotisme ; vous serez comme nous fidèles au serment que nous avons fait tous ensemble, de concert avec les défenseurs de la patrie qui composent la garnison de cette place. Un des principaux moyens qui doit nous mettre à même de remplir un engagement aussi sacré , c'est d'assurer les subsistances , de veiller constamment à leur conservation et de ne pas souffrir qu'un objet aussi précieux soit jamais détourné de sa véritable destination. Un intérêt aussi majeur fixe particulièrement l'attention du général Ferrand et des corps administratifs ; c'est aussi celui qui excite le plus la sollicitude des représentans du peuple. Reposez-vous donc sur nous du soin de pourvoir à votre subsistance, à celle de vos femmes et de vos enfans ; les pauvres , les indigens seront encore plus spécialement, ainsi que les réfugiés , l'objet de notre attention; mais il faut, citoyens, que vous nous aidiez de votre côté par tous les moyens qui sont en votre pouvoir. Une surveillance active , un zèle soutenu , le maintien de l'ordre et de la tranquillité publique, le courage vraiment patriotique de déjouer les projets des malveillans , de nous faire connaître tous leurs complots et de nous indiquer les abus, afin que nous puissions y apporter les remèdes nécessaires : tels sont les devoirs de tous bons citoyens.

Le défaut d'approvisionnement de fourrages a nécessité la mesure sévère et extrême, mais indispensable, de faire tuer un grand nombre de chevaux. Y avait-il à balancer entre la conservation unique de deux à trois cents chevaux absolument nécessaires pour le service militaire et civil de la place, ou le risque de ne plus pouvoir en conserver aucun avant l'espace de quinze jours , si l'on s'était obstiné à vouloir partager le peu de fourrages entre tous les chevaux qu'il y avait ? D'un autre côté, ne convient-il pas encore mieux de réserver les fourrages pour les bœufs , les vaches et les moutons ? le besoin des hôpitaux, vos propres besoins en cas de maladie, celui de vos enfans, les secours en bouillon, en laitage, en beurre et en viande fraîche , ne sont-ils à préférer à des che-

vaux qui deviennent inutiles pour le service de la place,
et qui dévorent la subsistance réservée non-seulement au
petit nombre de chevaux nécessaires, mais encore à des
bestiaux d'une plus grande utilité?

Cependant on s'est porté à de grands ménagemens
dans l'exécution de la mesure qui avait été ordonnée.
L'espoir de voir tous les citoyens offrir d'eux-mêmes tous
les fourrages dont les dépôts sont ignorés ou cachés, la
persuasion où l'on était que plusieurs avaient encore des
fournitures de cette espèce, avaient engagé les autorités
civiles et militaires *à souffrir un certain échange des meilleurs chevaux contre les plus mauvais, en substituant ceux-
ci et les faisant tuer de préférence aux autres.* Si les citoyens
s'étaient empressés de procurer au magasin la quantité
de fourrages nécessaires à la subsistance des chevaux réservés pour le service de la place, on aurait encore pu
détourner les yeux sur les moyens employés par chaque
individu pour conserver tous les autres, au moins en
grande partie. Une plus grande abondance en paille et
en avoine paraissait devoir tranquilliser à cet égard.

*Mais l'abus qui a été fait de cette tolérance, les malver-
sations qui se sont commises dans les échanges, l'odieux
trafic qui en est résulté*, les doutes qui se sont élevés en
conséquence sur la sagesse des motifs qui avaient princi-
palement déterminé la proposition du général Ferrand,
adoptée dans un conseil de guerre; les obstacles apportés
par là à l'approvisionnement du magasin qui doit assurer
pour un temps fixe la subsistance des chevaux réservés
pour le service de la place ; la crainte de voir dévorer le
restant des fourrages et de ne plus parvenir à alimenter les
bœufs, les vaches et les moutons ; le scandale de l'intérêt particulier et l'égoïsme pris en avant sur l'intérêt public et le bonheur général : tous ces motifs ont ouvert
les yeux des représentans du peuple, du général Ferrand
et des corps administratifs réunis, et nous obligent à des
mesures plus efficaces.

Citoyens, il faut bien vous le dire, car ce n'est plus le
moment de rien cacher aux yeux clairvoyans du peuple,
il est des individus qui *ne rougissent pas de nourrir leurs
chevaux avec du pain*, c'est à-dire avec les alimens consacrés à la subsistance des citoyens. S'il est douloureux

pour nous de voir que des individus soient assez lâches , assez traîtres et assez insoucians sur le bonheur et les besoins de leurs frères pour détourner ainsi de sa destination sacrée , un pain qui n'est réservé qu'à soulager le pauvre et l'indigent, il ne l'est pas moins qu'on se porte à une conduite aussi audacieuse et aussi blâmable , lorsque la loi a prononcé la peine de mort contre quiconque serait convaincu d'avoir caché ou enfoui, soit du blé ou de la farine , soit tout autre objet réservé pour la subsistance des hommes.

Citoyens, comparez cette conduite avec celle des braves habitans de Condé ! Prenez exemple sur eux ; voyez leur noble dévouement et leur courage héroïque; comment peuvent-ils encore subsister avec le peu d'approvisionnemens qu'ils avaient ? Croyez-vous qu'ils aient prodigué leurs moyens, leurs ressources ? Existeraient-ils encore s'ils en avaient fait un mauvais usage ? Imitez donc ces frères dignes tout-à-la-fois de votre respect et de votre admiration , si comme eux vous voulez bien mériter de la patrie.

Voyez encore la conduite de la brave garnison qui se trouve dans l'enceinte de vos murs ; pour ménager de plus en plus les subsistances , ces généreux défenseurs de la patrie viennent de renoncer aux quatre onces de pain accordées par jour à chaque homme, en supplément de la ration , en temps de guerre ; ils ont fait plus , car plusieurs ont déclaré qu'ils ne calculaient même pas sur l'indemnité en argent que la loi leur accorde. De quelle touchante sensibilité ne seront pas pénétrés tous les bons citoyens, lorsqu'ils connaîtront les expressions des soldats-citoyens , parmi lesquelles nous nous plaisons à rappeler celles-ci : « Nous nous conformons tous avec le plus vif désintéressement à l'abandon de notre pain de supplément de la ville et de l'indemnité en argent, puisque cette mesure peut augmenter les subsistances et apporter quelque adoucissement aux pauvres. » Tel fut le cri général de la garnison.

Mais plusieurs corps y ont ajouté des expressions encore plus touchantes : « Nous nous empressons tous de faire l'abandon de notre supplément de pain et même le remboursement qu'on nous offre; nous nous soumettrons toujours aux mesures sages du conseil , et nous consentons de bon cœur à faire tous les sacrifices qui peuvent contribuer à sauver la ville de Valenciennes que nous défendrons jusqu'à la dernière goutte de notre sang ! Répandez donc nos offres aux malheureux pères de familles chargés d'enfans, etc*. »

Qui de vous, citoyens, en voyant de tels sacrifices, ne serait pas pénétré de la plus vive indignation de voir qu'il y ait des hommes assez pervers pour prostituer à des chevaux qui sont inutiles pour le service de la place , un pain destiné à la subsistance du peuple ?

Joignez-vous donc à nous , citoyens, pour seconder les mesures que nous suggèrent l'intérêt public et le bien général. Nous avons cru que le seul moyen de remédier à tous les inconvéniens , était de faire rassembler tous les chevaux généralement quelconques qui existent, et de constater la quantité de fourrages qui se trouvent dans les magasins particuliers. — Par ces considérations , les représentans ont arrêté :

Art. 1er. Injonction de faire conduire lundi prochain 10, sur la Place d'Armes, tous les chevaux que les bourgeois ont en leur possession.

Art. 2. Les noms des propriétaires des chevaux seront pris , ainsi que la quantité des fourrages que chacun aura et devra verser au magasin.

Art. 3. Ils seront placés dans des lieux et nourris aussi long-temps qu'il sera possible sur le produit des fourrages ramassés.

Art. 4. Si l'on est forcé néanmoins d'en faire tuer une partie , ce sera de préférence les plus mauvais , et dont le prix sera payé, à titre d'expert, au propriétaire, ainsi que pour les fourrages.

Art. 5. Les propriétaires doivent s'en rapporter à la justice , etc.

Art. 6. Les représentans , le général Ferrand et les municipaux veilleront à conserver le plus possible l'exis-

---

* Ces expressions sont couchées tout au long dans les registres de la municipalité, et ceux qui commencèrent à montrer un aussi noble désintéressement furent , au nom de leur chef le colonel Lebrun , tous les sous-officiers et soldats du 75e régiment de ligne , et cet exemple fut bientôt suivi par la garnison tout entière.

tence des chevaux , etc. Tous les chevaux qui seront ensuite trouvés chez les particuliers seront tués sur-le-
champ , condamnés en outre à 300 livres d'amende, etc.

    Signé , Charles Cochon, Briez , Ferrand, Poirier,
        secrétaire du district , et Mortier , greffier de la
        municipalité.

    XXIX. — Le 14 *juin* , le général Ferrand , informé
que des malveillans profitent de toutes les circonstances
pour troubler l'ordre et la tranquillité publique qui existent si heureusement par le bon esprit des citoyens, par
leur courage, leur zèle et leur résignation dans les dangers; instruit, de plus, qu'ils voudraient exciter la sédition et le pillage, requiert le citoyen Ravestin, juge-de-
paix de l'arrondissement du Levant, de surveiller et de
faire surveiller tous les malveillans, de veiller au maintien
de la police, de l'ordre et de la tranquillité publique dans
toute l'étendue de la cité , à cause de l'absence du juge-
de-paix de l'arrondissement du Couchant; de faire arrêter
tout perturbateur qui, convaincu de crime, sera chassé de
la ville comme un mauvais citoyen , indigne d'habiter
avec des braves républicains. Ses meubles seront en
outre saisis et vendus au profit des pauvres du quartier.

    Signé , le général de division , Ferrand.

    XXX. — Le 20 *juin*. Copie de la lettre du colonel
Lauriston, directeur d'artillerie, aux députés de
la convention.

            Citoyens-représentans ,

    L'on ne peut se dissimuler que la nation *vient* d'es-
suyer une grande perte , par l'incendie de l'arsenal de
Valenciennes; mais notre courage ne doit point s'abattre;
nous avons encore dans l'artillerie quantité de ressources, et c'est dans ces momens critiques que nous prou-
verons par notre génie , notre courage et notre constance, que nous sommes dignes de la glorieuse renommée

que l'artillerie française a acquise aux yeux de toute l'Europe.

Je compte beaucoup sur le patriotisme du district et de la municipalité, et j'espère qu'avec leur secours nous parviendrons à pourvoir aux réparations les plus urgentes (page 62).

Signé, J. LAURISTON.

XXXI.— Le 21 *juin*. PROCLAMATION DU GÉNÉRAL FERRAND AUX CITOYENS DE VALENCIENNES.

Citoyens,

Le conseil de la commune m'a rendu compte des représentations que plusieurs citoyens lui ont faites relativement à la malheureuse situation qu'ils éprouvent.

Comme vous, chers concitoyens, je suis sensible à ce malheureux événement; j'en verse même des larmes; mais je ne peux envisager que mon devoir envers la patrie. La loi me prescrit, sous peine de mort, de ne pas abandonner la défense des remparts jusqu'au terme qu'elle indique. Voudriez-vous qu'après avoir rempli jusqu'ici ma carrière avec honneur, je trahisse la nation, et que j'aille porter ma tête sur l'échafaud? Non, je ne serai jamais traître à la patrie, et je mourrai à mon poste glorieusement,

Songez, citoyens, que la ville de Valenciennes appartient à la république; elle est une des principales clefs de la France; voudriez-vous que je trahisse la nation entière, qui se repose sur la force de cette place, et qui vraisemblablement fait marcher une armée considérable pour venir à notre secours? On sait que la place ne peut résister qu'un certain temps, après lequel une résistance prolongée ne pourrait résulter que des mesures extraordinaires qui ne seraient dues qu'au courage de la brave garnison, au généreux dévouement des habitans pour leur patrie, et au zèle infatigable que j'ai voué à la république.

Vous voyez la barbare férocité avec laquelle les ennemis de la république bombardent et brûlent vos maisons: vous courriez un malheur bien plus grand, si ces hommes cruels et sanguinaires pouvaient jamais entrer dans nos murs. Vous savez les atrocités qu'ils ont commises dans les campagnes , où des maisons brûlées, des femmes et filles violées, des enfans égorgés même au berceau et à la mamelle , présentent le tableau le plus horrible ; le même sort vous arriverait. Mais ce n'est pas tout encore : les Anglais tireraient de vous la vengeance la plus terrible, ils puniraient votre faiblesse en faisant raser la ville entière, au lieu qu'il vous est assuré des indemnités; vos maisons seront reconstruites aux dépens de la nation, vos pertes vous seront payées en entier; persuadez-vous bien que la patrie, dans cette circonstance, regarde la ville de Valenciennes comme une des citadelles de la république, et que tous les désastres qu'elle supporte en empêchant les progrès de l'ennemi intéressent vivement la grande famille. En outre , les blessés et les familles de ceux qui auraient eu le malheur de périr, seront toujours les enfans de la patrie, et auront droit à des pensions. Les représentans du peuple Briez et Charles Cochon viennent de mettre à la disposition du conseil général de la commune une somme de cent mille francs pour donner les premiers soins , en attendant que les pertes puissent être constatées et liquidées. Reposez-vous donc sur la providence pour les moyens de délivrance que nous attendons chaque jour; croyez-vous que ma brave garnison trahisse jamais, non plus que moi , le serment que nous avons fait d'être fidèles à la loi et à la nation?

Citoyens , je vous conjure de vous reposer entièrement sur mes soins : vous pouvez disposer de ma vie , mais jamais de mon devoir.

Je vais m'occuper des moyens pour donner des asiles à toutes les femmes , enfans et vieillards. Rendez-donc justice à ma conduite; méfiez-vous de tous ceux qui voudraient parler de capituler avec l'ennemi avant le temps prescrit par la loi. Voudriez-vous exposer votre magistrat, vos époux, vos pères, vos enfans , à une mort certaine et honteuse, si, par un mouvement de compassion que la loi leur interdit , ils se portaient à des actes de faiblesse ; je vous exhorte donc à prendre en considération toutes mes observations ; je vous prie surtout de maintenir le calme et la tranquillité ; car si je voyais le

moindre trouble, le moindre rassemblement, ou quelqu'acte défendu par la loi, je ne pourrais plus me dispenser de faire mon devoir et d'user de la plus grande
rigueur, quoi qu'il en coûte à mon cœur et à mon affection pour vous tous.

Signé, J. H. B. FERRAND.

XXXII. — Le **26** *juin*. ADRESSE DES REPRÉSENTANS DU
PEUPLE A TOUS LES CITOYENS DE VALENCIENNES.

Citoyens,

Vous avez souffert jusqu'à présent avec résignation et
même avec courage et énergie les cruels effets de l'horrible bombardement et des excès atroces auxquels se
portent des ennemis acharnés à combattre la liberté française et à rétablir le despotisme. C'est la perte de la république que veulent des satellites uniquement attachés
à une conduite féroce, barbare et sanguinaire. Les annales de l'Europe n'offrent pas d'exemple d'un procédé
semblable, qui révolte toutes les lois de la nature et de
l'humanité.

Mais, citoyens, si vous en êtes seuls les victimes, si
vos maisons, vos propriétés sont devenues la proie de
l'incendie et de la destruction, envisagez aussi, non pas
seulement votre devoir, mais la gloire qui vous attend.
Vous seuls aussi pourrez vous glorifier d'avoir sauvé la
république entière en lui conservant une des principales
clefs, un de ses principaux boulevards. La patrie re-
connaissante vous en rendra d'éternels hommages, et la
France entière deviendra votre asile, votre propriété à
tous. Elle ne pourra s'acquitter envers vous, qu'en vous
rendant en propriétés territoriales et mobiliaires l'équi-
valent bien ample de celles que vous aurez sacri-
fiées à l'utilité publique et au bonheur général de vos
frères, c'est-à-dire de vingt-cinq millions d'individus qui
couvrent la surface de l'empire français.

Encore quelques jours, citoyens, et vous allez jouir du
grand et précieux avantage d'avoir opéré le salut de la
république. Encore quelques jours, et un ennemi féroce

et barbare va être expulsé des environs de cette cité glorieuse et célèbre. Qui d'entre vous alors ne se fera pas un mérite et une joie d'avoir participé à ce bonheur inestimable ? Qui d'entre vous tous n'enviera pas la gloire de montrer les débris de sa maison et de ses propriétés, pour avoir sauvé la France entière ? Qui d'entre tous les Français, enfin, ne sera pas jaloux du titre et du caractère de citoyen de la commune de Valenciennes ?

Persévérez donc, citoyens, avec la même résignation, la même énergie, le même courage; n'écoutez ni les discours de la malveillance, ni les suggestions perfides de vos ennemis intérieurs. Ils ne cherchent qu'à semer parmi vous le feu de la discorde pour vous porter à l'oubli de vos devoirs. Ils voudraient anéantir cette union paisible qui règne entre vous et la brave garnison ; ils voudraient enfin que l'on se portât à des excès pour assurer des malheurs irréparables. Mais vous rejetterez ces moyens odieux, ces faux rapports que l'on se permet, ces bruits absurdes aussi faux les uns que les autres que l'on répand à chaque instant. Ayez le courage de dénoncer ler agitateurs et les traîtres, ils seront frappés du glaive de la loi ; c'est le seul moyen d'empêcher qu'on ne confonde l'innocent avec le coupable dans les égaremens funestes et aveugles, et dans les attroupemens auxquels on oserait se livrer. N'auriez-vous tant souffert jusqu'à présent que pour perdre en un seul jour le fruit de tant d'efforts et de gloire ?

Croyez encore moins ce que l'on a tenté de vous insinuer, que, malgré l'intégrité des remparts et des fortifications, la ville pourrait être prise d'assaut, à défaut de surveillance, et qu'alors vous auriez résisté en vain. C'est une injure faite au brave général Ferrand, ainsi qu'à la brave garnison qui défend cette place; et, quels que puissent être les résultats du siége que vous souffrez, il vous suffira toujours aux yeux de la nation que vous ayez rempli votre tâche et votre devoir, pour que vous ayez acquis les droits et les indemnités garantis par la Convention nationale en faveur des citoyens dont les familles et les propriétés ont été les victimes de la guerre.

Citoyens, écoutez la voix de vos représentans qui sont investis de la confiance nationale; restez fermes, calmes et paisibles. La patrie entière vous tend les bras , vous êtes tous ses libérateurs. Si votre malheureuse situation est douloureuse , si l'aspect de vos femmes et de vos enfans vous pénètre le cœur , voyez derrière vous , voyez les femmes et les enfans de tous les Français menacés de la même barbarie de la part d'un ennemi implacable , dont vous arrêtez les progrès désastreux et sanguinaires. Et nous aussi, citoyens , nous sommes affligés des malheurs dont nous sommes les témoins ; et nous aussi, nous versons des larmes de sang sur tous les fléaux qui vous accablent. Nous voudrions vous les éviter au prix de notre existence personnelle. Nous répandons à pleines mains les dons et les indemnités qui doivent vous faire oublier vos pertes. Mais encore une fois la patrie vous fait entendre sa voix. La république entière a les regards fixés sur vous ; la reconnaissance nationale vous attend tous. Efforçons-nous donc, citoyens, de ne jamais démériter de la patrie, et faites que chacun puisse dire : *J'ai sauvé la France par mon courage.*

Pour ampliation : Brucy , commissaire des guerres.

XXXIII. — Le 2 *juillet*. PROCLAMATION DU CONSEIL DE GUERRE TENU A VALENCIENNES , EN LA MAISON COMMUNE.

Le conseil de guerre n'a pu entendre avec indifférence les rapports qui lui ont été faits sur les moyens par lesquels on cherchait à répandre la terreur dans l'esprit des habitans, en leur inspirant la crainte que l'ennemi ne parvienne à entrer dans les murs de cette ville, soit par surprise , soit par une escalade , ou une attaque de vive force.

La garnison chargée de la défense a cru devoir mépriser d'abord les premiers propos qui ont été tenus à ce sujet ; le zèle, l'activité du général et des autres officiers supérieurs, et le courage de tous les autres militaires qui composent la garnison , sont de sûrs garans qui doivent tranquilliser parfaitement tous les citoyens. Les alarmes que l'on a pu concevoir sur un point aussi majeur , et la nécessité de convaincre tous les habitans, que leur dévouement , leurs efforts et les maux qu'ils ont soufferts

jusqu'à présent pour le salut public ne seront point in-
fructueux , ont déterminé le conseil à s'expliquer d'une
manière positive.

Le conseil de guerre déclare formellement à tous les
citoyens , tant en son nom qu'en celui de tous les militaires qui composent la garnison , qu'il est de toute impossibilité que l'ennemi puisse pénétrer dans l'intérieur
de la place, ni par surprise, ni par escalade ; ni par une
attaque de vive force , et qu'il répond à cet égard de la
sûreté de tous les habitans. Il déclare aussi que toutes les
fortifications sont encore intactes , que l'ennemi ne s'est
encore rendu maître d'aucun point , ni d'aucun des ouvrages avancés , et que la garnison occupe encore tous
les terrains jusqu'aux palissades, comme au premier moment du blocus.

Il déclare également que l'ennemi ne peut approcher
des remparts avant qu'il ne se soit rendu maître des chemins couverts et de tous les ouvrages avancés ; ce à quoi
il ne parviendra pas sans éprouver de grandes pertes.

Le conseil de guerre déclare enfin qu'il a en sa puis-
sance tous les moyens de défense nécessaires, et que dans
aucun cas *il n'exposera jamais la vie ni de la garnison ni
des citoyens* , s'il arrivait malheureusement à une époque
où la place ne serait plus tenable sans compromettre la
vie des habitans et de la garnison (page 160, art. 13.)

Au moyen de ces déclarations , le conseil de guerre a
tout lieu d'espérer que les citoyens rejetteront loin d'eux
toutes les idées de crainte et de terreur qu'on chercherait à leur inspirer.

Au surplus, le conseil de guerre a pris toutes les mesures nécessaires pour assurer la conservation des propriétés mobiliaires et des effets abandonnés à la foi publique, ainsi que pour maintenir la police et la tranquillité intérieure. Tous ceux qui seront convaincus de vol
et de pillage seront fusillés militairement, et un coupable
a déjà éprouvé ce châtiment (page 11). D'un autre côté, ,
tout militaire qui s'abandonnera à l'ivrognerie sera rasé
et chassé de la ville ; et l'exemple qui a encore eu lieu
ce matin doit satisfaire tous les bons militaires et tranquilliser tous les bons citoyens. Tout officier qui déso-
béira aux ordres qui lui seront donnés, sera cassé sur-le-

16

champ. Le conseil de guerre usera de la même fermeté,
et fera tenir exactement la main à ce que l'on punisse
également tous les autres attentats qui pourraient se
commettre contre le bon ordre , la sûreté, la tranquillité
publique et l'exécution des lois relatives aux places assié-
gées et bombardées.

Le conseil de guerre a arrêté et arrête que quiconque,
homme ou femme, portera, proposera, signera, ou fera
signer, ou provoquera directement ou indirectement des
adresses et pétitions tendantes à rendre la place ou à capituler, sera sur-le-champ chassé de la ville , et ses propriétés ou effets mobiliers abandonnés au profit des pauvres, outre la privation de toute indemnité; et ce, indépendamment des mesures prises et ordonnées pour
réprimer par la force militaire tout rassemblement contraire à la loi et à la tranquillité publique.

Certifié conforme au procès-verbal du conseil de guerre.

Signé , Brucy , commissaire des guerres.

XXXIV. — 6 *juillet*. Arrêté du conseil de guerre ,
tenu a Valenciennes en la maison commune.

Le conseil de guerre , délibérant sur les mesures nécessaires à prendre contre tous ceux qui, de la garnison
ou de la bourgeoisie, se livrent à des désastres et à des
excès contraires au maintien du bon ordre, de la police
et de la tranquillité publique , particulièrement en s'a-
bandonnant à l'ivrognerie, à des rixes et à des querelles
nuisibles au repos des bons citoyens;

A arrêté et arrête, indépendamment des dispositions
déjà réglées précédemment , que quiconque , militaire
ou bourgeois, sera arrêté, soit de jour, soit de nuit, pour
cause de tumulte, excès, tapage ou ivrognerie, sera sur-
le-champ conduit sur les remparts pour y travailler par
corvée aux réparations nécessaires pendant le temps qui
sera déterminé pour sa punition, équivalant au terme de
l'emprisonnement qu'il aurait dû subir ; et dans le cas où
son état physique empêcherait de le conduire sur-le-
champ au travail, il sera provisoirement détenu dans
l'église St.-Pierre sur la Grand'Place de cette ville, sous

bonne et sûre garde, pour être ensuite employé aux travaux des remparts.

Le conseil de guerre, de concert avec les représentans du peuple, requiert la municipalité et le conseil général de la commune, ainsi que les juges de paix et tous autres officiers de police, de tenir exactement la main à l'exécution du présent arrêté (page 89).

Au surplus, le conseil de guerre rappelle à tous les citoyens les dispositions de l'article 10 du titre 1er de la loi du 10 juillet 1791, qui porte formellement que : » Dans les places de guerre et postes militaires, lorsque ces places et postes seront en état de siége, toute l'autorité dont les officiers civils sont revêtus pour le maintien de l'ordre et de la police intérieure, passera au commandement militaire qui l'exercera exclusivement sous sa responsabilité personnelle. »

Pour extrait conforme à l'original,

Par ordonnance,

Signé BRUCY, commissaire des guerres.

XXXV. — *12 juillet.* CAPITULATION DE LA VILLE DE CONDÉ, COMMANDÉE PAR LE GÉNÉRAL CHANCEL.

La garnison sortit avec les honneurs de la guerre comme nous, à l'exception cependant qu'elle fut faite prisonnière de guerre, et conduite en Autriche, en passant par Ruremonde, Aix-la-Chapelle, Cologne, etc. Le manque de vivres hâta la prise de cette place.

Le prince de Wurtenberg, lieutenant-général des armées impériales et royales, en faisait le siége ; il avait son quartier-général à l'Hermitage.

La garnison sortit par la porte de Tournay.

Les signataires de la capitulation étaient De la Force, lieutenant-colonel ; Delatre, Christin, Lasalinière, Laferté, Rouger, Sabot, René, Laurent, Lagardiole, Chervin, Dugaigneau.

XXXVI. — DEUX MOTS SUR LE SIÉGE DE LILLE.

La place de Lille fut investie, le 23 septembre 1792,

par Albert duc de Saxe-Teschen. La droite des assiégeans
était commandée par Beaulieu, et la gauche par Latour.
La place n'avait d'autre porte libre que celle d'Ar-
mentières (page 30).

Des tranchées furent ouvertes à neuf cents mètres
de la place ; les premières partaient du village des Hélen-
nes, traversaient la route de Tournay, se prolongeaient
derrière Fives, s'étendaient jusqu'au faubourg des Malades, et en faisant face à l'ouvrage à corne de la Noble
Tour, elles embrassaient les villages de Roubaix, Lan-
noy et Tourcoing.

Ruault, général français, défendait cette place ; Ma-
rescot faisait partie de la garnison comme capitaine du
génie.

Le 29 septembre, la place fut sommée de se rendre.
Latour, dans sa sommation, disait qu'il venait offrir aux
habitans sa *puissante protection*.

Le général Ruault répondit qu'il était résolu de s'ensevelir sous les ruines de la ville plutôt que de la rendre.
Les habitans, fidèles à leur serment de vivre libres ou de
mourir, partageaient ses sentimens.

Les membres de la municipalité, de leur côté, faisaient
les mêmes protestations, en ajoutant : « Nous venons
de renouveler notre serment d'être fidèles à la nation,
et de maintenir la liberté et l'égalité, ou de mourir à
notre poste : nous ne sommes pas des parjures. » André
était maire, et Rochard secrétaire.

Aussitôt que ces réponses furent parvenues au général ennemi, le bombardement commença dans toute sa
fureur le lendemain 30, et le feu se manifesta aux caser-
nes de Fives, à St.-Etienne et dans divers quartiers de
la ville ; celui de St.-Sauveur surtout devint le foyer
d'un vaste incendie. Il y eut une infinité d'actions écla-
tantes et de traits héroïques qui immortaliseront à jamais les habitans de cette ville. Un grenadier voit son
capitaine blessé, il veut le secourir et lui présente la main
pour le relever ; elle est traversée d'une balle ; il tend
l'autre sans s'émouvoir, et son bras est emporté par un
boulet ; il réunit alors son moignon et sa main blessée,
et parvient à relever son capitaine.

Un canonnier à son poste est prévenu que sa maison

est en flammes; il tourne la tête, il a par ses yeux la conviction qu'elle est embrâsée, et il répond : « Je suis à mon poste, je vais leur rendre feu pour feu. »

La femme du duc Albert s'empressa de venir trouver son mari et d'assister joyeusement à ce spectacle déchirant. On assure qu'elle pointa elle-même plusieurs mortiers sur la ville.

Aire, Béthune, St.-Omer et Dunkerque étaient accourus au secours de Lille, où il périt bien plus d'habitans que de soldats.

Le duc, après avoir mis la place à feu et à sang, fut obligé de lever le siége le 5 octobre; mais l'histoire ajoute qu'avant de quitter la France, il avait résolu de faire éprouver le même sort à Valenciennes et à Condé; toutefois, on ne dit pas pourquoi il en fut empêché; sans doute il fut obligé de se retirer plus vite qu'il ne le croyait.

A Dieu ne plaise que les Valenciennois soient jaloux de cette haute réputation que les braves Lillois se sont acquise dans ce siége à jamais mémorable, quoique nous devions faire remarquer que Lille n'était investie que d'un côté, et que le bombardement ne dura que cinq jours; tandis que celui de Valenciennes se perpétua pendant quarante-trois jours et quarante-trois nuits, que la place était entourée de toutes parts, et que soixante-quinze batteries ne cessèrent de porter l'incendie, le carnage et la mort dans tous les quartiers de la ville.

XXXVII. — SIÉGE DE VALENCIENNES EN JUILLET 1794.

Le 6 septembre suivant 1793, le général autrichien Castelly eut le commandement de Valenciennes; elle fut assiégée l'année suivante, en juillet 1794, par le général français Schérer. Le général Castelly, d'après l'avis de son conseil de guerre, qui était persuadé que son armée avait repassé le Rhin, capitula, et rendit la place vers la fin du mois d'août suivant. La garnison fut faite prisonnière. On trouva dans la place 227 pièces d'artillerie, par conséquent cinquante-deux de plus que nous n'en avions laissé au 1er août de l'année précédente.

Pendant le séjour de l'armée dans cette place, il lui

en avait coûté trois millions pour la faire remettre en état.

Le général Schérer conduisait l'ensemble du siége, et le représentant du peuple J.-B. Lacoste était chargé par la Convention d'en suivre les opérations.

En 1815, la place de Valenciennes fut assiégée par les Hollandais, et les canonniers-citoyens soutinrent comme en 1793 cette vieille réputation dont on aime toujours à entendre parler.

XXXVIII. — NOTICE BIOGRAPHIQUE SUR LE GÉNÉRAL FERRAND.

Jean-Henri-Bécays FERRAND naquit le 16 septembre 1736 *, d'une famille noble, à Mont-Flanquin en Agenois. A l'âge de 10 ans il obtint une lieutenance dans le régiment de Normandie, infanterie. Entré si jeune dans la carrière des armes, il dut lui être difficile de pourvoir en général à son éducation première ; surtout lorsque l'on voit que dès l'année suivante il entra dans les guerres de sept ans. En 1748, il assista aux siéges de Berg-op-Zoom, du fort Lillo, de Maëstricht, à la bataille de Laufeld, et fut grièvement blessé au combat de Clostercamp. Il fut élevé au grade de capitaine à l'âge de 18 ans et fait chevalier de St.-Louis à 31. — En juillet 1773, il fut nommé major de place de Valenciennes, commandement qu'il occupa jusqu'en 1790, époque de la suppression des états-majors des places. — Il avait embrassé la cause de la révolution, et en 1792 il devint commandant de la garde nationale de Valenciennes. Nommé général de brigade le 20 août 1792, il rejoignit l'armée du Nord, et il débuta à la bataille de Jemmapes, où l'histoire rapporte qu'il perdit la tète. Néanmoins, comme l'avancement était rapide dans ce temps-là, il fut fait général de division le 8 mars suivant. — Il commandait en chef la place de Valenciennes lorsqu'elle fut assiégée en mai 1793. Certes, ce siége est le plus beau fait d'armes que l'on puisse reconnaître dans un général français. Au sortir de cette place, dans laquelle il obtint par sa fermeté

---

* L'histoire rapporte et les échos répètent qu'au siége de 1793 a Valenciennes, le général Ferrand avait 71 ans, lorsqu'il n'était pas encore parvenu à sa 57e année.

et son courage une des plus honorables capitulations que l'on puisse rencontrer dans la révolution française , il fut pour récompense incarcéré pendant neuf mois, dès qu'il fut arrivé à Paris ; et il ne dut sa liberté qu'à la chûte de la tyrannie décemvirale. — En 1802 , le consul Bonaparte ayant sans doute reconnu dans le général Ferrand des talens relatifs au civil , le nomma préfet du département de la Meuse ; deux ans après il fut rappelé et se retira dans ses foyers : dans le cours de ces dernières fonctions, il fut nommé membre de la Légion-d'Honneur. Voici du reste ce que le général Tholosé exprime dans son rapport sur le compte du général Ferrand ; nous ne nous permettrons aucune réflexion à cet égard.

« Le général Ferrand n'avait aucune confiance dans ses officiers généraux ; il voulait tout voir, tout ordonner, entrer dans les plus petits détails ; il donnait même des ordres à de simples subalternes. Major depuis vingt ans dans cette place , il se trouvait à même par ses fonctions de connaître les localités, la nomenclature des pièces , de la fortification , la manœuvre des eaux par des ouï dire et par des rapports subalternes, *l'habitude de poser des gardes sur le rempart* , dont il avait peut-être étendu l'utilité pour la défense, dans ses spéculations oiseuses ; Ferrand, qui, sans doute , a des connaissances et des talens pour la guerre de campagne, se croyait encore très en état de diriger le service des fortifications dans une place assiégée et surtout la défense de Valenciennes.

» Dans le cercle étroit de ses combinaisons de défense qu'il regardait suffisantes pour atteindre le but utile à la république et à sa propre gloire , il considérait les officiers du génie et ceux de l'artillerie comme des agens passifs soumis à sa volonté la seule éclairée ; il ne parlait que de positions d'artillerie, d'emplacemens de troupes , de système de mines, de jeu des eaux, etc. ; et généralement par tous ces moyens de résistance, sans application à un objet connu et bien déterminé, il croyait néanmoins tenir dans sa main tous les ressorts dont l'action et la réaction forment la science de l'attaque et de la défense des places. Assurément j'aurais été très-satisfait de servir sous un commandant suffisamment pourvu de lumières pour se charger de tous les services..... »

XXXIX. — QUELQUES EXTRAITS DE SERVICES CONCERNANT L'AUTEUR DE CET OUVRAGE.

« M. TEXIER DE LA POMMERAYE, lors de la fuite de Dumouriez, engagea le 2e bataillon de la Vienne, dans lequel il était capitaine, à se rendre à Valenciennes ; ce qui fut exécuté de suite, malgré les séductions employées pour égarer les soldats, l'opposition d'un régiment de ligne qui voulut l'empêcher de passer le pont de Maulde, et la levée du camp. »

(Extrait d'un ouvrage intitulé *Archives de l'Honneur*, 5e vol., page 14 et suivantes).

« Dans la nuit du 25 au 26 juin 1793, pendant le siége de Valenciennes, à la tête de quinze grenadiers, il sortit de la place et fit fuir les Anglais et les Autrichiens de leurs boyaux, et encloua quelques pièces et mortiers.

« Dans la nuit du 25 au 26 juillet suivant, ayant sauté par l'effet d'une des fougasses faites par l'ennemi, il se traîna à la poterne de Mons qui se trouva fermée, fut obligé de se coucher parmi les cadavres dont ce lieu était jonché, et d'attendre le jour. Dès qu'il parut, des dragons lui jetèrent une corde et le hissèrent du fossé sur le rempart. »

(Extraits conformes aux registres des Archives du Ministère de la Guerre, des *Archives de l'Honneur*, et de l'ouvrage intitulé *Victoires et Conquêtes*.

XL.—Tableau numérique des troupes qui composaient
la garnison de Valenciennes.

Etat-major général.

Le général de division , commandant la place.	1	
Les capitaines Lavignette et Moreaux, ses aides-de-camp.	2	
Le chef de brigade Mongenot*, commandant de place.	1	8
Fieffée , commandant en second de place.	1	
Boussin, major de siége.	1	
Deux adjudans dont les noms sont ignorés.	2	

Les généraux de brigade Boillaud et Beauregard.	2	
L'adjudant-général Cumel , belge. .	1	13
Aides-de-camp et adjoints dont les noms nous sont restés inconnus.	10	

Officiers supérieurs d'artillerie et du génie.

Le général de division Blaquetot , âgé et retiré.	1	
Le lieutenant-colonel Tholosé , directeur des fortifications**.	1	
Le lieutenant-colonel Monestier , directeur de l'arsenal***.	1	6
Le capitaine Dembarère****. . . .	1	
Le lieutenant d'Hautpoul et l'adjoint Renoux.	2	

Infanterie.

	bat.	hommes.	
29e régiment dit de Dauphin ; — Batin, colonel*****.	2	1000	1500
75e régiment dit Royal-Comtois; — Lebrun, colonel.	1	500	
A reporter. . .			1527

---

* La maison commune de Valenciennes, par son arrêt du 25 mars 1793, avait refusé de donner un certificat de civisme à cet officier, qui n'était alors que capitaine adjudant de place. — ** Fait général de brigade. — *** Suicidé. — **** Fait général de brigade. — ***** Faisant fonctions de général de brigade.

Report. 1527

	bat.	hommes.
87e régiment dit Dillon ; — O'Keeffe, chef de bataillon. . .	1	480
1er bataillon de la Côte-d'Or ; — Richon, chef de bataillon*. . .	1	600
1er bataillon de Loir-et-Cher; — Villemalet, chef de bataillon. . .	1	580
1er bataillon de la Nièvre; — Delpech, chef de bataillon. . .	1	520
1er bataillon de la Charente ; — L'échelle, chef de bataillon**. . .	1	500
1er bataillon des grenadiers de Paris.	1	400
1er bataillon de Mayenne-et-Loire; — Delaage, chef de bataillon. .	1	600
2e bataillon de l'Eure; — Lamarre, chef de bataillon.	1	500
1er bataillon des Deux-Sèvres; — Leféron, chef de bataillon. . . .	1	470
1er bataillon de la Meurthe; — Gambin, chef de bataillon. . .	1	600
4e bataillon des Ardennes; — Bucheret, chef de bataillon. . .	1	560
1er bataillon des grenadiers de la Côte-d'Or;—Lambert'***,ch. de b.	1	500
1er bataillon des Gravilliers; — Lecomte, chef de bataillon. . .	1	460
1er bataillon de la Seine-Inférieure ; — Blaquet, chef de bat.	1	600
2e bataillon permanent de Valenciennes;— Faley, chef de bataillon.	1	520

7890

Cavalerie.

Détachemens des 24e et 25e régimens des dragons de la république, commandés par le chef d'escadron Dugas. 400

A reporter. . . 9817

* Il passa général, et fut remplacé par le commandant en second Gaillard.
** Fait, au sortir de Valenciennes, général en chef contre les Vendéens.
*** Ce Lambert n'était que commandant en second; il remplaça Boillaud, passé général de brigade.

Détachemens des 5e et 6e régimens d'artillerie, commandés par le chef de bataillon Manceaux et par les capitaines Lauriston, Remy, Bloqueret et Georgin.

Report. 9817

hommes.

350

Le détachement du 5e était composé du petit état-major, de la musique et des tailleurs des 10e et 13e compagnies, et de deux escouades de la 9e compagnie; ce détachement avait le drapeau du corps.

Le détachement du 6e avait un petit détachement du 1er d'artillerie et de mineurs rappelés plus bas.

Quatre compagnies, formées des divers habitans de Valenciennes, commandées par le chef de bataillon Monraux et par les capitaines Simon-Massy, Dorus, Baudoux, Honnis père et Bélanger. . 250

1100

Une compagnie d'habitans de Douai, commandée par Simon, libraire, à Douai; Hornez, Antoine-Albert, lieutenant, et Chevalier, second lieutenant, mort aux Invalides. 60

Huit compagnies de Paris, commandées par les capitaines Suard, Langlade, Dugourd, Prélas, Laurent, Legendre, Maratte et Martin. 440

L'artillerie en général était aux ordres du général Tholosé, qui, pour les réunir sous un même service, y avait établi deux chefs en sous-ordre, dont l'un était Lauriston*et l'autre Manceaux.

On ne comprend pas dans ces onze cents canonniers, les artilleurs des divers bataillons, qui d'abord rentrés en ligne, en sortirent bientôt pour faire le service conjointement avec l'artillerie de siége à laquelle ils n'entendaient rien.

A reporter. . . . 10917

---

* Ce Lauriston, de Pondichéry, n'était point celui qui est devenu maréchal de France: c'était son frère. A la prise de Valenciennes, Lauriston, entouré des officiers de Royal-Allemand passé à l'ennemi, et commandé par le prince Lambesc, suivit leurs conseils et déserta; peu de temps après il en mourut de chagrin.

Report. 10917

Une compagnie de mineurs, commandée par le capitaine Forêt, tué. . . 50

Une compagnie de pompiers, commandée par Perdry, ancien membre à la
Constituante*. . . . . 200 } 546

Grenadiers, pionniers et gardes sédentaires de Valenciennes. 296

Les grenadiers étaient commandés par Duche-
vrand, Dinaux aîné et Lapare; les pionniers
l'étaient par Anozay et Segan.

Les pionniers avaient deux services, celui
d'aider aux pompiers, ensuite d'être chargés de
la sépulture des morts.

TOTAL. . . 11463

XL *bis*. — SERVICE DE LA GARNISON DANS LA PLACE.

D'après le tableau précédent, nous avions sur les
onze mille quatre cent soixante-trois hommes formant
l'effectif de la garnison, environ neuf mille baïonnettes
pour le service ordinaire de la place.

Du 24 mai au 5 juin, nous avions de deux mille quatre
cents à trois mille hommes de garde journalière pour
tous les postes de la place. Ces troupes se relevaient de
midi à midi, ce qui donnait à peu près deux nuits franches au soldat.

Les officiers de service étaient pris à tour de rôle,
chacun dans leur arme, d'après un état dressé par les
adjudans; de façon qu'il était rare que ces officiers fussent de garde avec des hommes de leurs compagnies.

Les grenadiers occupaient de préférence les postes
avancés les plus périlleux.

Du 5 au 14, le service fut réellement de trois mille
hommes.

Le 15, nous variâmes indéfiniment nos heures de re•

---

* Plus tard cette compagnie reçut cent hommes et beaucoup de grenadiers.

levée de service, parce que l'ennemi , sachant que nous nous relevions à midi , nous accablait dans ce moment de ses projectiles.

Au 1er juillet, nos pertes commençant à devenir sensibles, le soldat n'avait plus deux nuits de repos. Nous diminuâmes, à compter de ce jour, les postes intérieurs de la place pour renforcer ceux des avancés de Mons, et les mettre au complet de deux mille quatre cents hommes.

Le 10 juillet , nos pertes allant toujours en augmentant , le soldat n'avait plus qu'une nuit, et le nombre des officiers était doublé dans les postes avancés.

Enfin du 14 jusqu'à la reddition de la place , la durée de notre service en général était de trente, trente-six , et même de quarante heures ; ce qui faisait que nous n'avions pas plus de dix à douze heures de repos.

Du 24 au 26 juillet les gardes avancées en général ne furent plus relevées.

A compter du 15 juin , nos pertes journalières étaient de quatre-vingts à cent cinquante hommes. Il y avait des jours où nous en perdions encore davantage.

———

XLI. — FORCE ET POSITIONS DES ARMÉES BELLIGÉRANTES APRÈS LE 23 MAI , TANT EN PRÉSENCE DE L'ARMÉE DU NORD QUE DEVANT VALENCIENNES.

Après la bataille du 23 mai où l'armée fut forcée d'abandonner les dernières positions qui lui restaient devant Valenciennes , de livrer cette place à ses propres moyens de défense , et de se replier sous Paillencourt pour y former un nouveau camp, les cent cinquante mille hommes des troupes alliées se divisèrent en trois corps. Le premier, fort de soixante à soixante-cinq mille hommes , presqu'entièrement composé d'Autrichiens aux ordres du prince de Cobourg, vint se mettre en présence de notre camp de Paillencourt dit aussi de César , dont le commandement, en remplacement de Lamarche, avait été donné à Kilmaine et peu de jours après à Custine. —Trois divisions prussiennes et hanovriennes , évaluées à trente mille hommes , et formant le deuxième corps ,

observaient dans un développement de près de vingt
lieues, toute la ligne depuis Ypres jusqu'à Orchies et depuis Orchies jusqu'à Maubeuge; et le troisième corps, de
cinquante-huit à soixante mille hommes , commandé par
le duc d'Yorck , composé d'Autrichiens , d'Anglais , de
Hessois, d'Hanovriens, de Hongrois et de Valaques, in-
vestissait la place de Valenciennes pour en faire le siége,
comme cela est décrit sur notre carte.

Les Autrichiens à eux seuls formaient un
effectif de quarante-un mille cinq cents hom-
mes dont près de trois mille artilleurs, ci. . **41,500**ʰ·

Les Anglais et les Hanovriens réunis, dont
deux mille hommes de cavalerie , ci. . . **12,000**

Hessois arrivés le 15 juillet. **4,000**

Valaques venus trois jours après. . . . **2,000**

Effectif. . **59,500**ʰ·

Le duc d'Yorck avait pour lieutenans le général Ferrari, chargé de la direction du siége, et le major-général
baron Unterberger, de celle de l'artillerie ; ces deux officiers généraux étaient du talent le plus distingué. Venaient ensuite les généraux autrichiens comte d'Erbach
et Bugna. Freitag commandait les Hanovriens, et Wan-
keim les Valaques. Nous ignorons le nom des généraux
anglais. Le feld-maréchal-lieutenant de Puttenstein commandait l'artillerie de campagne. Le baron de Ross ,
colonel d'artillerie , était en sous-ordre. Le colonel Defroon était l'ingénieur en chef des travaux de tranchées.
Le colonel Mongrif était attaché à l'artillerie anglaise.
Enfin le duc de Wurtenberg bloquait Condé avec un
corps et une artillerie peu considérables , parce qu'on
savait que cette place n'était pas approvisionnée de vivres , et qu'elle serait forcée de se rendre bientôt. Le
duc d'Yorck et d'autres généraux avaient leur quartier-
général à Onnaing, où était leur grand parc d'artillerie
de siége.

XLII. — COMPOSITION DE L'ARTILLERIE ENNEMIE DE SIÉGE , DONT PARTIE ÉTAIT VENUE DE VIENNE , SES DIFFÉRENS CALIBRES, LA QUANTITÉ DES MUNITIONS , EN PROJECTILES, POUDRES , ETC.

Pièces de 24. 30			
Id. de 18. 40	128		
Id. de 12. 12			224
Id. de campagne*. . . . 46			
Mortiers de 10. 16			
Id. de 30. 24			
Id. de 60. 20	96		
Obusiers de 10. 24			
Pierriers de 60. 12			

Chaque canon était approvisionné de mille boulets , chaque mortier de six cents bombes , et chaque obusier pareillement de six cents obus, avec mêches et autres accessoires, ainsi que du nombre suffisant d'artilleurs pour servir ces pièces.

Outre ces deux cent vingt-quatre bouches à feu , on tira de la Hollande :

Canons de 24. 40		
Id. de 12. 30	77	
Id. de 24, de Cologne. . . 7		123
Mortiers de 24 , de 50 et de 75. 24		
Obusiers de 16 et de 24. . . . 18	46	
Pierriers de 100. 4		

TOTAL. . . 347

Ces cent vingt-trois pièces jointes au deux cent vingt-quatre ci-dessus formaient un effectif de trois cent quarante-sept. Dans notre récapitulation n° L , nous avons trouvé un total de quatre cent trente-deux pièces d'artillerie , ce qui démontre que l'ennemi en tira quatre-vingt-quatre de Condé , sans compter les bouches à feu qui durent servir au remplacement de celles démontées dans le cours du siége.

----

* Ces quarante-six pièces de campagne ne faisaient point partie du convoi parti de Vienne ; elles se trouvaient dans le corps d'armée laissé au général Ferrari pour le siége.

Il y avait en projectiles :

Boulets, dont 40,000 à grappes. 128,000 ⎫
Bombes. . . . . . . 36,000 ⎬ 186,000
Obus. . . . . 14,000 ⎪
Grenades. . . . . . . 8,000 ⎭
Poudre. 600,000

XLIII. — État des bouches a feu, des projectiles et de la quantité de poudre qui formaient le matériel de l'armement de Valenciennes.

Canons	De 24. 32	
	De 16. 27	
	De 12. 39	
	De 8. 10	190
	De 6. 2	
	De 4. 20	
Mortiers. 36		
Obusiers. 24		

Fusils, { nonobstant ceux de la garnison. . . . 12,000 ⎫
Carabines. . . . . . 2,000 ⎬ 14,036
Fusils de rempart. . . . . 36 ⎭

Bombes. . . . . . . 100,000 ⎫
Obus. . . . . 15,000 ⎪
Grenades. . . . . . . 25,000 ⎬ 200,200
Boulets de tous calibres. . 60,000 ⎪
Comminges ou bombes de 500. 200 ⎭

La poudre dans les magasins, les gargousses de douze pouces, de six pouces ; les gargousses à mitrailles, et les barils de cartouches, pouvaient présenter un effectif de sept cent mille livres de poudre.

Plus une quantité considérable de pots à feu, de fusées et autres artifices, qui furent dans l'arsenal la proie des flammes, et qui firent une explosion épouvantable. Les quatorze mille trente-six fusils, ainsi que les vingt-cinq mille grenades portés plus haut, furent aussi consumés dans cet incendie, de même qu'une infinité d'outils et d'instrumens de guerre, tels que pelles, pioches, brouettes, affûts, etc.

XLIV.—ARMEMENT GÉNÉRAL DES BATTERIES DE LA PLACE DE VALENCIENNES.

	DÉSIGNATION DES BATTERIES.	CANONS DE 24	16	12	8	6	4	mortiers.	obusiers.
Bastion	De Poterne*.	3	2	2	»	»	»	2	»
Avancés	Demi-lune de Poterne ; lunette de Poterne ; redoute St-Roch ; ouvrage du Bas-Escaut ; corne de Poterne ; demi-lune St-Saulve ; lunette St-Saulve ; demi-lune de Mons. .	»	2	2	1	1	4	3	2
Bastion	Sur la courtine à gauche de la porte de Mons. .	»	»	»	»	»	»	3	»
	Des Capucins et son cavalier. . . .	2	2	2	1	»	»	2	»
Avancés	Contre-garde des Capucins ; corne de Mons ; demi-lune du Roleur.	»	2	2	»	»	»	1	2
Bastion	Royal dit National.	2	2	2	»	»	»	2	»
Avancé	Demi-lune Nationale.	»	»	1	1	»	4	»	1
Bastion	du Quesnoy dit de Cardon et son cavalier.	2	1	1	1	»	»	2	»
Avancés	Demi-lune de Cardon ; contre-garde de Cardon ; Tour de la Rhonelle ; Réduit de Cardon.	»	1	1	1	»	3	»	2
Bastion	De la Rhonelle.	2	1	1	»	»	»	1	»
Avancés	Lunette de la Rhonelle ; contre-garde de la Rhonelle.	»	1	1	»	»	»	»	2
Avancés	Réduit de Famars ; corne de Famars ; demi-lune de Famars ; lunette de Famars;	2	1	2	1	»	»	1	1
Bastion	de Ste-Catherine.	1	1	1	»	»	»	2	»
Avancés	Redoute de Ste-Catherine ; lunette de Ste-Catherine; le prolongement; le Fer-à-Cheval	»	1	1	1	1	2	»	1
Bastions	De la porte de Paris dite Notre-Dame. .	1	»	1	»	»	»	1	»
	Ferrand.	1	»	1	»	»	»	»	»
Avancé	Demi-lune du Rivage.	»	»	1	»	»	2	»	»
Bastion	de Tournay**.	2	1	2	»	»	»	2	»
Avancés	Demi-lune de Tournay ; lunette de Tournay ; lunette de Noir-Mouton ; Réduit de Noir-Mouton***.	»	1	2	»	»	3	»	2
Bastion	Périlleux dit des Huguenots.	2	1	1	»	»	»	2	»
	Tour-Périlleuse ; cavalier du Cimetière.	2	2	»	»	»	»	1	»
	Demi-lune de la Tour-Périlleuse. . .	»	»	1	1	»	2	»	2
	Les batteries ambulantes sur les courtines, de Mons et des Capucins.**** . . .	2	1	2	»	»	»	4	»
Citadelle	La citadelle était armée dans son ensemble, Quivi, Gros-Jean, Repentie, Calvaire, etc*****.	7	2	4	1	»	»	8	»
	Totaux. . . .	31	23	34	9	2	20	36	15

Ce qui faisait un total général de 172 pièces.

* Nous mettons ce bastion en tête , comme le point le plus important du siége.

** Divisé en deux parties sur la porte.

*** Noir-Mouton n'existe plus ; il a été construit dans son emplacement un pont de pierre sur le canal ; il y avait auparavant un pont tournant appelé *Jacob*.

**** Souvent on prenait des pièces dans les bastions voisins pour augmenter le feu des batteries ambulantes.

***** Il existait encore d'autres ouvrages , mais d'une faible importance.

Il ne restait à peu près au parc de la citadelle que dix-huit pièces, dont une de 24, deux de 16, cinq de douze, une de huit et neuf obusiers, total dix-huit, qui ont servi par la suite à remplacer dans les batteries les pièces qui se trouvaient hors d'état de servir; et ces batteries, dans le cours du siége, furent dans le cas d'être augmentées ou diminuées selon les circonstances.

XLV. — État du classement des artilleurs dans la place.

Les capitaines d'artillerie furent répartis, avec leurs compagnies dans les diverses batteries, de la manière suivante.

Le capitaine Lauriston, passé par la suite lieutenant-colonel, avec sa compagnie, eut le commandement du bastion de Poterne, de la demi-lune de Poterne, etc.

Le capitaine Suard prit le commandement des ouvrages de la petite-corne St.-Saulve.

Le capitaine Dugourd prit, avec sa compagnie, le service de la demi-lune de Mons et de la redoute St.-Roch.

Le capitaine Remy, avec sa compagnie, prit possession des batteries du grand ouvrage à corne.

Le capitaine Simon, avec sa compagnie, eut le commandement du bastion des Capucins, des batteries situées sur les anciens remparts, et des trois mortiers établis sur la porte de Mons.

Le capitaine Langlade et sa compagnie occupaient la contre-garde des Capucins, la Demi-lune Nationale, celle du bastion de Cardon et sa contre-garde.

Le capitaine Simon-Massy commandait le Bastion Royal dit National, le bastion de Cardon et son cavalier.

Le capitaine Maratte et sa compagnie eurent la Tour de la Rhonelle, le Réduit de Cardon, la lunette de la Rhonelle, la contre-garde du bastion de la Rhonelle.

Le capitaine Dorus occupait les bastions de la Rhonelle, de Ste.-Catherine et de la porte Notre-Dame.

Le capitaine Prélas vint s'établir à la corne de Famars, et prit le commandement des batteries du Réduit, de la demi-lune et de la lunette.

Le capitaine Laurent fut établi avec sa compagnie à

la lunette Ste.-Catherine, au prolongement et à la batterie du Fer à cheval, défendant les écluses de Gros-Jean.

La citadelle était occupée par les capitaines Martin, Legendre et Honnis père ; ce dernier, s'étant retiré, fut remplacé par le capitaine Bélanger.

Le capitaine Laurent prit le commandement des bastions Ferrand et de la porte de Tournay.

Le capitaine Baudoux eut le commandement de la demi-lune du Rivage, de la demi-lune et de la lunette de Tournay.

Le capitaine Bloqueret, du 6e d'artillerie, fut placé avec sa compagnie dans la lunette et le Réduit du Noir-Mouton.

Le capitaine Georgin et sa compagnie, du 3e d'artillerie, furent établis au bastion des Huguenots, à la Tour-Périlleuse et dans le cavalier du Cimetière.

Plusieurs de ces officiers et de ces compagnies furent susceptibles de changer de poste, suivant les circonstances et les besoins.

XLVII. — TABLEAU DÉTAILLANT LE NOMBRE, LA NATURE, LE CALIBRE, L'EMPLACEMENT ET LA DIRECTION DES BATTERIES ENNEMIES BRAQUÉES SUR LA PLACE DE VALENCIENNES.

Nos d'ordre	LE NOMBRE et le calibre des pièces.	EMPLACEMENT DES BATTERIES ET LEUR DIRECTION.
		Première parallèle achevée en grande partie le 15 juin.
1	4 canons de 24.	Pour tirer à ricochet sur la branche droite du grand ouvrage à corne, ainsi que sur les fronts et faces droites des cinq ouvrages qui sont à droite dudit ouvrage à corne. Cette batterie ne fut achevée que le 24, dans les ruines de Marly. Nous avons consulté plusieurs canonniers de l'époque sur la véritable direction de cette batterie, et tous s'accordent à dire qu'elle battait la face

	Suite du *n°* 1.	droite du Bastion-National; ce qui nous a déterminé à lui donner une position plus directe que celle décrite par Unterberger.
2	2 de 6.	Contre les sorties; leurs feux se croisaient avec ceux du n° 3.
3	2 de 6.	Contre les sorties ; leurs feux se croisaient avec ceux des n°s 2 et 7.
4	6 de 12.	Pour tirer à boulets rouges et pour incendier la ville. Ces batteries atteignaient les quartiers de Cardon, de Mons, de la Place-Verte, et pénétraient jusque sur la maison commune.
5	6 mortiers.	
6	4 de 12.	Pour battre à ricochet le feu de la courtine du grand ouvrage à corne, la face droite de la demi-lune du Roleur, ainsi que les faces gauches du Bastion-National et de celui de Cardon.
7	2 de 6.	Contre les sorties; ces feux se croisaient avec ceux du n° 3.
8	6 mortiers.	Dirigés sur la capitale du grand ouvrage à corne.
9	8 de 24.	Pointés sur le front du grand ouvrage à corne , et à plein fouet sur la face droite de la demi-lune de Mons. Quand le boulet passait outre, il battait à ricochet le bastion des Capucins et ses ouvrages voisins. Ce fut la batterie qui commença la première son feu sur le corps de la place. A peu près dans cette position , une batterie avait été établie et dirigée contre Marly dans l'affaire du 26 mai. Quoique cette batterie fût en vue de la ville, elle ne redoutait rien, parce que nos avancés n'étaient point encore armés , et que les deux pièces qui se trouvaient dans le bastion des Capucins n'étaient pas en état, et que de plus nos canonniers étaient encore un peu empruntés. Dès

	Suite du n° 9.	les jours suivans, l'ennemi donna à cette batterie une direction sur le front de notre grand ouvrage à corne. Par la suite, ces huit canons ne nous firent pas grand mal, parce qu'ils étaient dans l'alignement de la batterie de mortiers du n° 8.
10	4 canons de 18.	Pour battre à plein fouet les faces droites du bastion de Poterne, de la lunette St.-Saulve et les points intermédiaires.
11	2 de 6.	Contre les sorties; son feu se croisait avec la batterie du n° 16.
12	8 de 24.	Contrebatterie sur la face droite du bastion de Poterne, sur la branche gauche du grand ouvrage à corne, et par conséquent sur tous les points intermédiaires. Ce fut après celle du n° 9, la seconde batterie que nous aperçûmes de la place. Sur l'emplacement à peu près de cette batterie a été construit depuis le moulin à vent dit Duchesnois.
13	4 de 18.	Pour battre la branche gauche du grand ouvrage à corne, la face droite de la demi-lune de Mons et les points intermédiaires.
14	6 de 12.	Pour tirer à boulets rouges et pour incendier la ville. Ces batteries pointaient sur les quartiers de Mons, de St.-Géry, sur l'hôpital civil, la manutention, les casernes des canonniers, de Poterne-en-Haut, de Poterne-en-Bas, etc.
15	8 mortiers.	
16	4 de 6.	Contre les sorties; ce feu se croisait avec la batterie du n° 11.
17	4 de 12.	Pour tirer sur tous les ouvrages de la petite corne St.-Saulve.

18	4 canons de 24.	Contre la face gauche de la lunette St.-Saulve, sur ses ouvrages de gauche, et à plein fouet sur la redoute St.-Roch. Cette batterie ne fut établie que le 30 juin.

Totaux. { 64 canons. / 20 mortiers. } Total général , 84 bouches à feu.

Remarques. — Ces dix-huit batteries , excepté les nos 9 et 12, étaient de 880 à 920 mètres du cordon de la place.

L'ennemi ne fit aux batteries à ricochet de la première parallèle que le seul revêtement intérieur en saucissons, et les plates-formes n'eurent que deux mètres de longueur dans la direction du tir ; on perça les embrasures dans les directions nécessaires en forme de trou dans les épaulemens.

Les mortiers dans leurs batteries étaient garantis de deux en deux par une traverse de trois ou quatre grands gabions placés l'un devant l'autre.

Parmi les dix-huit batteries de cette parallèle, l'ennemi ne put le 15 juin que déterminer l'emplacement des batteries nos 2, 3, 4, 6, 7, 8, 9, 10, 11, 12 et 14 ; les autres restèrent en suspens pendant quelques jours encore par les mauvais temps qu'il faisait.

XLVIII. — Seconde parallèle.

Cette parallèle , à peu près finie le 25 juin, commença le même jour quelques-uns de ses feux, et le 27 , elle fit jouer toutes ses batteries en plein. Cette seconde ligne avancée était à peu près distante de six cent cinquante mètres du corps de la place, et de trois cents mètres de nos ouvrages à corne.

18bis	8 de 12.	Pour battre la face gauche du bastion de Cardon, sa contre-garde, et à plein fouet le Bastion-National.
19	3 obusiers.	Pour tirer à ricochet sur les chemins couverts de la branche droite du grand ouvrage à corne, ainsi que sur les chemins couverts circonvoisins.

20	4 canons de 12.	Pour enfiler la branche droite du grand ouvrage à corne et son pourtour.
21	8 de 24.	Contrebatterie dirigée sur la branche droite du grand ouvrage à corne, contre la face droite de la demi-lune du Roleur, et à ricochet contre les ouvrages du cordon de la place.
22	8 mortiers.	Dirigés sur la capitale du grand ouvrage à corne.
23	6 de 18.	Contrebatterie pointée sur le saillant gauche de la demi-lune du Roleur et sur la face gauche du grand ouvrage à corne.
24	3 obusiers.	Ces deux batteries pour battre à ricochet les chemins couverts de la gauche du grand ouvrage à corne et ceux de la demi-lune du Roleur.
25	3 obusiers.	
26	4 mortiers.	Dirigés sur la capitale de la demi-lune de Mons.
27	8 de 24.	Ces deux contrebatteries dirigées sur le bastion de Poterne, la courtine de Mons, la face gauche de la demi-lune de Mons, et la droite du petit ouvrage à corne.
28	8 de 24.	
29	3 obusiers.	Pour battre à ricochet les chemins couverts de la lunette St.-Saulve et les avancés circonvoisins de gauche.
30	4 de 12.	Pour tirer à ricochet sur la branche gauche du grand ouvrage à corne et sa courtine. Cette batterie fut forcée de cesser ses feux, lorsque celles des 38 et 39 de la troisième parallèle furent construites.
31	4 de 18.	Contre les ouvrages de gauche de la lunette St.-Saulve, et la redoute St.-Roch. Quand les boulets de cette batterie ricochaient, ils allaient frapper les ouvrages avancés des Huguenots et de la porte de Tournay; les traces y sont encore.
Totaux.	50 canons. 12 mortiers. 12 obusiers.	Total général, 74 bouches à feu.

Remarques. — Outre ces quatorze batteries, l'ennemi s'était proposé de construire quatre nouvelles contre-batteries de 24; on allait commencer le 24 juin, mais la pluie de la nuit arrêta ces travaux.

Les batteries 20, 21 et 23 se trouvaient trop bas; et les embrasures étant trop près de la terre, on releva les batteries de cinq pieds.

XLIX. — TROISIÈME PARALLÈLE, MISE EN ACTION LE 8 JUILLET, MAIS OU IL Y AVAIT ENCORE PLUSIEURS PIÈCES DE GROS CALIBRE A ÉTABLIR.

52	8 canons de 24.	En contrebatterie sur la face gauche du Bastion-National.
53	4 obusiers.	Pour enfiler la branche droite du grand ouvrage à corne et de son chemin couvert, ainsi que les chemins couverts de la demi-lune du Bastion-National.
54	4 pierriers.	Contre les chemins couverts de la face droite de la demi-lune du Roleur et contre ceux du demi-bastion de droite du grand ouvrage à corne.
55	4 pierriers.	Ces deux batteries de pierriers établies contre les chemins couverts de la face gauche de la demi-lune du Roleur, et ceux de la corne gauche du grand ouvrage. Il y avait encore sur trois points différents, trois autres batteries de pierriers dont nous n'avons pu préciser l'emplacement; mais à coup sûr deux de ces batteries au moins devaient être devant le petit ouvrage à corne.
56	4 pierriers.	
57	2 obusiers.	Pour enfiler la branche gauche du grand ouvrage à corne et son chemin couvert.
58	8 de 24.	Pour contrebattre la courtine de Mons et la demi-lune de Mons.

39	8 canons de 18.	Pour contrebattre la courtine de Mons et la face droite du bastion de Poterne. Ces deux batteries ne purent être commencées que dans la nuit du 7 au 8 juillet, par rapport au terrain qui se trouvait trop pierreux ; elles ne furent achevées que du 15 au 16 juillet.
40	4 de 18.	Dirigés sur le bastion de Poterne et ses ouvrages avancés.
41	6 mortiers.	Contre les ouvrages St.-Saulve et leur lunette.
42	6 mortiers.	En deux batteries placées, dans la nuit du 25 au 26 juillet, dans le terre-plain du grand ouvrage à corne.
43	2 obusiers.	Ces divers obusiers furent répartis dans les divers crochets de sapes, entre les deuxième et troisième parallèles.
44	2 obusiers.	
45	2 obusiers.	Ces batteries, dans les journées des 23, 24 et 25 juillet, étaient chargées d'inquiéter les chemins couverts dans toutes les directions. Il y avait encore douze pierriers, dont nous avons déjà parlé et dont nous n'avons pas connu au juste les emplacemens.
46	2 obusiers.	
47	2 obusiers. 12 pierriers	

Totaux { 28 canons. 12 mortiers. 16 obusiers. 24 pierriers. } Total général, 80 bouches à feu.

Remarques. — L'ennemi parvint à l'emplacement de cette parallèle par quatre tranchées de sapes ou points formés en *zigzags*. Les premiers travaux furent dirigés en face de la demi-lune St.-Saulve ; les seconds, vis-à-vis la demi-lune de Mons; le troisième cheminement, en face de la demi-lune du Roleur, et le quatrième sur le saillant droit du grand ouvrage à corne.

Ces travaux étaient faits dans des formes et à des distances irrégulières, et conformément à la nature du terrain. Les sapes en général ne dépassaient pas soixante mètres de profondeur ; les plus près n'étaient pas à plus de douze mètres de nos chemins couverts, et cintraient en quelque sorte les angles de nos points avancés.

XLIX *bis.* — ÉNUMÉRATION DE DIVERSES BATTERIES , *qui avaient été établies de l'autre côté de la Rhonelle et de l'Escaut , dont le baron Unterberger ne parle ni dans son journal ni sur son plan* , et dont l'emplacement et la direction sont encore ignorés dans l'histoire.

48

6 canons de 18.

10 mortiers

Ces deux batteries étaient établies à deux cents mètres sur la gauche du chemin de la Briquette, près de la maison Pourtalès , et à environ neuf cent cinquante mètres du corps de la place. Ces batteries ouvrirent leurs feux le 14 juin au soir; les boulets étaient dirigés contre les bastions de la Rhonelle , de Ste-Catherine et les avancés de la porte de Famars ; et les bombes venaient incendier les quartiers du Béguinage et de Cambrai. Ces différentes pièces, servies par les Anglais , étaient chargées outre mesure ; pendant deux jours et deux nuits, leurs bombes causèrent de grands ravages dans la ville ; mais le 16 au matin elles avaient été totalement démontées.

49

6 de 18.

10 mortiers

Deux nouvelles batteries furent aussitôt reconstruites à quatre cents mètres à l'opposé de la route de la Briquette près de la maison Méault. Leurs boulets , dirigés sur le bastion de Ste-Catherine , et contre l'hôpital des Carmes surmonté d'un drapeau noir , portèrent la désolation et la mort dans l'hôpital , et firent presque brèche au saillant gauche du bastion Ste-Catherine ; leurs bombes, qui pénétraient jusque sur la place de la chaussée , achevèrent d'incendier le quartier de Cambrai, de ravager l'hôpital des Carmes, le quartier de Paris, etc. Ces deux batteries, qui étaient à peu près à la même distance que les deux précéden-

Suite du *n° 49.*		tes, furent au bout de deux ou trois jours détruites de fond en comble ; les Anglais vinrent alors supplier le baron Unterberger de leur donner de nouvelles pièces, et n'ayant rien pu obtenir, ils allèrent traîner de dépit et de rage les débris de leurs batteries dans la plaine. (N° 81 de la carte.)
50	6 canons de 24. 8 mortiers.	Ces deux batteries, construites par les Anglais vers le 22 juin, et placées en avant et à gauche de la fosse du Petit-Pied, étaient destinées contre la citadelle ; mais elles furent enclouées dans la nuit du 25 au 26 (V. p. 72 et 73). La fosse St-Joseph, faite depuis à trois cent cinquante mètres de la citadelle, se serait trouvée vis-à-vis le point de mire de ces deux batteries.
51	4 de 24. 4 mortiers.	Ces deux batteries étaient placées près de la fosse du Verger, à environ 950 mètres du corps de la place. Les boulets étaient dirigés contre le bastion Ferrand et la lunette du Noir-Mouton ; les bombes écrasaient le quartier de St-Waast et des Moulinaux.
52	4 de 12. 4 mortiers.	Ces batteries se trouvaient entre la fosse du Verger et Anzin. Les boulets portaient sur la lunette du Noir-Mouton et les avancés de la porte de Tournay; les bombes incendiaient la partie gauche du quartier de Tournay. Ces batteries ne furent construites qu'après la prise de Condé.
53	6 mortiers.	Etablis dans la grand'rue d'Anzin, dont les bombes écrasaient le front du quartier de Tournay et parvenaient jusqu'à l'Hôtellerie des vieillards et le Marché aux poissons. Dans le cours du siége, cette batterie fut souvent démontée par le feu de la place, et rétablie aussitôt.

54	4 canons de 24. 4 mortiers.	Ces deux batteries étaient placées sur la hauteur à deux cents mètres environ, à droite de la grand'rue d'Anzin. Les bombes parvenaient jusqu'au moulin St.-Géry, en rencontrant dans leur trajet les édifices du collège, de l'hôpital St.-Jean, etc.; les boulets battaient en brèche la lunette du Noir-Mouton, le bastion des Huguenots, etc.
55	4 de 18. 4 mortiers.	Ces deux batteries étaient situées sur la hauteur de Chasse-Croisée, en avant de la maison d'agence des mines d'Anzin. Les bombes parvenaient aussi jusqu'au moulin St.-Géry, et les boulets frappaient le bastion des Huguenots, les ouvrages circonvoisins et les édifices intérieurs. Les batteries de mortiers des nos 52, 53, 54 et 55 furent les points qui, dans les jours et les nuits des 14, 15 et 16 juin, causèrent le plus de ravages dans toute la partie nord de la ville.
56	4 de 12. 4 mortiers.	Ces batteries étaient situées à mi-côte de la hauteur, à 150 mètres environ en avant de la route de Condé. Les bombes incendiaient le quartier des Arbalétriers, et les boulets agissaient contre le bastion des Huguenots, son pourtour et les édifices intérieurs qui lui faisaient face.
57	6 mortiers.	Cette batterie, ouverte le 19 juillet, lançait ses bombes sur les mêmes points à peu près que la batterie n° 15, et y causait les mêmes ravages.
58	8 de 24.	Cette batterie ne fut aussi ouverte que le 19 juillet; elle enfilait la courtine de Mons dans toute sa longueur. Ce fut de ce point que l'ennemi fit taire nos batteries ambulantes, et les força à se retirer dans la courtine des Capucins. Quand les boulets portaient trop bas,

	Suite du n° 58.	ils frappaient la face gauche du bastion de Poterne, etc.; ces avantages marquans purent hâter la reddition de la place.
59	8 canons de 24.	Établie dans le pourtour de Bleuze-Borne, cette batterie se trouvant trop éloignée fut abandonnée. On pense qu'elle fut construite sous la direction du colonel anglais Mongrif.

Totaux. { 54 canons. 60 mortiers. } Total général, 114 bouches à feu.

N° L. — TABLEAU DES BOUCHES A FEU QUI FURENT ÉTABLIES DANS LES TROIS PARALLÈLES ENNEMIES CONTRE LA PLACE DE VALENCIENNES, DANS LES ATTAQUES DES 23, 24 ET 25 JUILLET.

N°s des batteries.	CANONS DE			mortiers.	obusiers.	DIRECTION DES BATTERIES.
	24	18	12			
						PREMIÈRE PARALLÈLE.
4	»	»	5	»	»	Contre la contre-garde de gauche et le bastion des Capucins.
5	»	»	»	4	»	Contre le bastion Royal.
15	»	»	»	8	»	Contre la courtine de la porte de Mons.
18	4	»	»	»	»	Contre la redoute St.-Roch.
						SECONDE PARALLÈLE.
18 *bis*.	»	»	8	»	»	Contre la contre-garde et le Bastion-Royal.
22	»	»	»	8	»	Contre le grand ouvrage à corne, le bastion des Capucins et les cavaliers de la courtine de Mons.
24 et 25	»	»	»	»	6	Contre ledit ouvrage à corne.
26	»	»	»	4	»	Contre la courtine de la porte de Mons et sa demi-lune.
27 et 28	16	»	»	»	»	De plein fouet contre ladite courtine et la face droite du bastion de Poterne.
29	»	»	»	»	3	Pour battre à ricochet le petit ouvrage à corne de St-Saulve.

* Unterberger entend parler ici des différentes batteries établies sur les anciennes

TROISIÈME PARALLÈLE.

32	8	»	»	»	»	De plein fouet contre le Bastion-Royal et son cavalier.
33	»	»	»	»	4	Pour battre à ricochet la branche droite du grand ouvrage à corne.
34, 35 et 36	»	»	»	12	»	Contre ledit ouvrage à corne, son chemin couvert et les batteries circonvoisines.
37	»	»	»	»	2	Contre la branche gauche du grand ouvrage à corne et son chemin couvert.
38	»	8	»	»	»	Pour battre de plein fouet contre la courtine de la porte de Mons et le cavalier.
39	8	»	»	»	»	Pour le même objet.
40	»	4	»	»	»	Contre la lunette du petit ouvrage à corne.
41	»	»	»	6	«	Contre ledit ouvrage à corne, ses lunettes et le bastion de Poterne.
» »	»	»	»	16	·	Placés dans les crochets de sapes entre la deuxième et la troisième parallèle, destinés à inquiéter le chemin couvert sur tous les points.
totaux	36	12	13	58	15	Total général, 134 bouches à feu (qui furent chacune primitivement approvisionnées de cinquante coups.)

On ne compte pas dans ce total vingt-quatre pierriers et les autres batteries déjà existantes ainsi, réparties sur une simple étendue de trois bastions.

RÉCAPITULATION GÉNÉRALE.

Première parallèle. . .	Canons. . .	64
	Mortiers . .	20
Seconde parallèle . . .	Canons. . .	50
	Mortiers . .	12
	Obusiers . .	12
Troisième parallèle. . .	Canons. . .	28
	Mortiers . .	12
	Obusiers . .	16
	Pierriers . .	24
Batterie de l'autre côté de l'Escaut.	Canons. . .	54
	Mortiers . .	60
Bouches à feu ajoutées le 22 juillet aux batteries dans les trois parallèles ci-dessus mentionnées.	Bouches à feu.	80
Total général des bouches à feu. . .		432

murailles qui se trouvaient derrière les courtines de Mons et des Capucins, et qui formaient des espèces de cavaliers.

Nº LI. — Nombre de coups de pièces d'artillerie tirés par les Français.

Il fut tiré pendant le cours du siége par les Français, cent trente-trois mille quatre cents coups, savoir :

Boulets.	58,400
Bombes.	40,000
Obus.	15,000
Mitraille.	20,000

133,400

Nº LII. — Nombre de coups de pièces d'artillerie tirés par l'ennemi contre la place.

Il fut tiré par l'ennemi, tant sur la ville que contre nos remparts et nos postes avancés, cent cinquante-sept mille trois cent soixante-douze coups, savoir :

Canons.	De 12 à boulets rouges.	7,078		
	De 18 à ricochet. . .	23,546		
	De 24 idem. . . .	6,122		
	De 16 idem. . . .	1,468	84,190	
	De 18 de plein fouet. .	3,421		
	De 12 idem. . . .	6,601		
	De 24 idem. . . .	35,852		
	A mitraille.	102		
Mortiers.	Bombes de dix pouces.	6,028		
	De 16.	1,767		
	De 30	16,289		
	De 60.	19,489	47,762	157,372
	De 75.	2,536		
	De 50.	1,200		
	De 12.	453		
Obusiers.	De 10.	17,315	20,795	
	De 16.	3,480		
	De grenades de 60 liv.	533		
	De pierres du calibre de 60 livres. . . .	4,077	4,625	
	Sacs de poudres foudroyantes	15		

Nous ne comptons pas dans ce total la mousqueterie, les fusées incendiaires, les globes de compression, etc.

Ces cent cinquante-sept mille trois cent soixante-douze coups, répartis en quarante-trois jours et quarante-trois nuits que dura le bombardement, font à peu près trois mille sept cent cinquante coups d'artillerie par vingt-quatre heures.

Remarques. — Si le total des boulets lancés excède de beaucoup celui que le baron Unterberger avait fait venir de Vienne, c'est que le surplus fut pris à Condé, en Hollande, etc.

Il en est de même des bombes, des obus, etc.

L'ennemi ne tira que vingt-trois mille sept cent soixante-douze coups plus que nous; mais si l'on calcule d'après le nombre de bouches que chaque parti avait, c'est-à-dire cent quatre-vingt-dix du côté de la place, et plus de quatre cent cinquante du côté de l'ennemi, nous dûmes faire valoir nos batteries au double de celles de l'ennemi.

LIII. — Consommation approximative de poudres.

La quantité de poudre pour la charge d'une pièce d'artillerie est, à la rigueur, à peu près le tiers de son calibre; mais ici comme toutes les bordées n'ont pas été d'une distance complète, et que la charge a dû diminuer de poids de la première parallèle à la seconde et de la seconde à la troisième, nous réduirons généralement les charges environ au quart ou au cinquième du calibre d'une pièce; en suivant cette échelle, nous dirons que l'ennemi a dû consommer de ses six cent mille livres de poudre :

livres.

Pour 7,078 coups de 12, à boulets rouges. 58,512*

41,974 —— de 24, à plein fouet et à
                      ricochet. . . . 208,870

          A reporter. . . 247,382

---

* Pour tirer à boulets rouges, il faut toujours la charge entière.

	Report. . .	247,182
23,546 coups	de 18 à ricochet. . . .	94,284
1,468 ——	de 16.	5,872
102 ——	à mitraille.	1,224
47,762 ——	bombes.	120,000
20,795 ——	obus.	60,000
753 ——	à grenade.	1,500
4,077 ——	de pierriers.	9,000

Total de la consommation.	559,062
L'ennemi, à la fin du siége, avait encore un reste de poudre de.	70,275

Ce qui fait un total de	609,337

qui n'excède, selon notre calcul, que d 9,337 livres
les 600,000 qu'il avait en ouvrant le siége.

Outre cette consommation, l'ennemi brûla contre nous six cent mille cartouches.

Nº LIV. — CONSOMMATION DES POUDRES DE LA PLACE.

Nous avions en magasin près de sept cent mille livres de poudre. Il en fut consommé pendant le siége environ quatre cent quinze mille cent quatre-vingt-quatorze livres; et lors de l'inventaire du baron Unterberger, nous en avions encore en magasin deux cent quatre-vingt-deux mille huit cent-six livres, comme on peut le voir dans le tableau suivant.

Nous ne comptons pas dans cette consommation de poudre, la mousqueterie, les pots à feu, les fusées, les barils inflammables, etc.

18

Nᵒ LV. — Tableau d'inventaire du baron Unterberger de ce qui restait dans la place en artillerie, projectiles, poudres, etc.

$$
\text{Canons.}
\left\{
\begin{array}{lll}
\text{De 24.} & . \ . \ . & 32 \\
\text{De 16.} & . \ . \ . & 27 \\
\text{De 12.} & . \ . \ . & 39 \\
\text{De 8.} & . \ . \ . & 10 \\
\text{De 6.} & . \ . \ . & 1 \\
\text{De 4.} & . \ . \ . & 20 \\
\end{array}
\right\}
129
\left.
\begin{array}{c}
\\ \\ \\ \\ \\ \\
\end{array}
\right\}
175
$$

Mortiers. . . . . . 35 } 46
Obusiers. . . . . . 11 }

Boulets. . . . 2,600
Bombes. . . . 40,000
Obus. . . . . « «
Comminges. . . 50; on n'en fit pas usage.
Grenades. . . « «
Poudre. 282,806
Gargousses de 12 p. 2,600
   Idem de 6 pouces. 2,600
Barils de cartouches. 140; on ne sait pas quelle était la contenance du baril.
Fusils. . . . . 3,546, provenant du désarmement de la garnison fait à la Briquette le 1ᵉʳ août, l'incendie de l'arsenal ayant consumé les quatorze mille fusils qui s'y trouvaient.

Nᵒ LVI. — Nombre des pièces de la place qui furent mises hors de service pendant le siége.

Une pièce de canon. Mais presque toutes les autres étaient plus ou moins avariées.

Quatorze mortiers ou obusiers, mis hors de service.

Quatorze mille fusils, qui dans l'arsenal devinrent la proie des flammes.

Nᵒ LVII.— TABLEAU DES BOUCHES A FEU DE L'ENNEMI, QUI FURENT DÉMONTÉES DANS LE COURS DU SIÉGE.

Canons { de 24. . . 18 } 41 bou- } Ce nom-
{ de 16. . . 3 } ches à feu } bre est évi-
{ de 12. . . 8 } } demment
Mortiers de 10. . . 10 } au-dessous
Obusiers de 24. . . 2 } de la vérité.

Nᵒ LVIII. — TABLEAU NUMÉRIQUE APPROXIMATIF DES TROUPES DE VALENCIENNES AU 24 MAI, LEURS PERTES DANS LE COURS DU SIÉGE, ET CE QUI LEUR RESTAIT AU 1ᵉʳ AOUT A LA BRIQUETTE.

DÉSIGNATION DES CORPS.	Leur force.	Leurs pertes.	Ce qui leur restait.	Total égal à la force.
Etat-major-général. .	27	«	27	27
Dauphin.	1000	500	500	1000
Royal - Comtois. . .	500	230	270	500
Dillon.	480	210	270	480
Côte-d'Or.	600	410	190	600
Loir-et-Cher. . . .	580	400	180	580
Charente.	520	320	200	520
Nièvre.	500	330	170	500
Grenadiers de Paris. .	400	270	130	400
Mayenne-et-Loire. .	600	410	190	600
Deuxième de L'Eure. .	500	360	140	500
Les Deux-Sèvres. . .	470	350	120	470
Meurthe.	600	430	170	600
Ardennes.	560	400	160	560
Seine-inférieure. . .	500	330	170	500
Greners de la Côte-d'Or.	460	340	120	460
Gravilliers.	600	430	170	600
Permanent de Valenc.	520	200	320	520
Canonniers.	1100	618	482	1100
Cavalerie.	400	113	287	400
Mineurs.	50	10	40	50
Pompiers.	200	155	45	200
Gardes-nationaux. .	296	50	246	296
TOTAUX. . .	11463	6866	4597	11463

Remarque. — Le baron Unterberger rapporte dans son journal que la garnison était de 9260 hommes ; mais c'est évidemment une erreur qui ne peut provenir que de ce que le baron aura confondu les 5000 habitans, gardes nationaux et autres qui marchaient, au sortir de Valenciennes, à la suite de la garnison.

Cet effectif de 4597 hommes réstant comprenait :

1° Officiers. . . . . 451 ⎫
2° Sous-officiers et soldats. . . . 3546 ⎬ 4597
3° Blessés restés à Valenciennes. . 600 ⎭

Les 3546 sous-officiers et soldats représentaient le même nombre de fusils qui furent déposés à la Briquette, et il n'y en avait pas d'autre dans la place, puisque les 14,000 fusils existant avaient été consumés dans l'incendie de l'arsenal.

Les 600 blessés restés à Valenciennes, et dont il revint très-peu en France, figurent, comme on voit, dans le total des 4,597 hommes.

La perte éprouvée dans l'infanterie est sans contredit plus considérable que dans aucune autre arme, et elle excède pour ainsi dire les deux tiers de son effectif. Celle des canonniers qui vient ensuite n'est pas beaucoup moindre.

La perte de 155 pompiers ne doit pas être reversée seulement sur les 200, mais bien sur les renforts qu'ils recevaient journellement.

Le nombre des morts, qui surpasse de beaucoup celui des blessés, provient de ce que les blessures étaient plus mortelles qu'en bataille rangée.

TABLE
DES MATIÈRES

POUR SERVIR A LA CARTE DU SIÉGE DE VALENCIENNES.

Nos des batteries	LE NOMBRE, la nature et le calibre des pièces.	EMPLACEMENT DES BATTERIES, ET LEUR DIRECTION.
		PREMIÈRE PARALLÈLE.
1	4 canons de 24.	Pour tirer à ricochet sur la branche droite du grand ouvrage à corne, ainsi que sur les fronts et faces droites des cinq ouvrages qui sont à droite dudit ouvrage à corne.
2	2 de 6.	Contre les sorties.
3	2 de 6.	Contre les sorties ; leurs feux se croisaient avec ceux du n° 2.
4	6 de 12.	Pour tirer à boulets rouges sur la ville.
5	6 mortiers.	Pour incendier la ville.
6	4 canons de 12.	Pour battre à ricochet la courtine du grand ouvrage à corne et la face droite de la demi-lune du Roleur, ainsi que les faces gauches du Bastion National et de celui de Cardon.
7	2 de 6.	Contre les sorties.
8	6 mortiers.	Sur la capitale du grand ouvrage à corne.
9	8 de 24.	Sur le front du grand ouvrage à corne et la face droite de la demi-lune de Mons.
10	4 de 18.	Pour battre à plein fouet les faces droites du bastion de Poterne et de la lunette St-Saulve.
11	2 de 6.	Contre les sorties.
12	8 de 24.	Sur la face droite du bastion de Poterne et la branche gauche du grand ouvrage à corne.
13	4 de 18.	Pour battre la branche gauche du grand ouvrage à corne et la face droite de la demi-lune de Mons.
14	6 de 12.	Pour tirer à boulets rouges sur la ville.
15	8 mortiers.	Pour incendier la ville.
16	4 de 6.	Contre les sorties.
17	4 de 12.	Pour tirer sur tous les ouvrages de la petite corne St-Saulve.
18	4 de 24.	Contre la face gauche de la lunette St-Saulve, sur les ouvrages de gauche et la redoute St-Roch.

SECONDE PARALLÈLE.

18 *b*.	8 canons de 12.	Pour battre la face gauche du bastion de Cardon, sa contregarde, et à plein fouet le Bastion National.
19	3 obusiers.	Pour tirer à ricochet sur les chemins couverts de la branche droite du grand ouvrage à corne.
20	4 de 12.	Pour enfiler la branche droite du grand ouvrage à corne et son pourtour.
21	8 de 24.	Contrebatterie dirigée sur la branche droite du grand ouvrage à corne, et contre la face droite de la demi-lune du Roleur.
22	8 mortiers.	Dirigés sur la capitale du grand ouvrage à corne.
23	6 de 18.	Contrebatterie dirigée sur le saillant gauche de la demi-lune du Roleur, et sur la face gauche du grand ouvrage à corne.
24	3 obusiers.	Pour battre à ricochet les chemins couverts de la gauche du grand ouvrage à corne et ceux de la demi-lune du Roleur.
25	3 obusiers.	
26	4 mortiers.	Dirigés sur la capitale de la demi-lune de Mons.
27	8 de 24.	Deux contrebatteries dirigées sur le bastion de Poterne, la courtine de Mons, la face gauche de la demi-lune de Mons, et la droite du petit ouvrage à corne.
28	8 de 24.	
29	3 obusiers.	Pour battre à ricochet les chemins couverts de la lunette St-Saulve et les avancés circonvoisins de gauche.
30	4 de 12.	A ricochet sur la branche gauche du grand ouvrage à corne et sa courtine. Cette batterie cessa ses feux lorsque les batteries 38 et 39 de la troisième parallèle furent construites.
31	4 de 18.	Contre les ouvrages de gauche de la lunette St-Saulve et la redoute St-Roch.

TROISIÈME PARALLÈLE.

32	8 canons de 24.	En contrebatterie sur la face gauche du Bastion National.
33	4 obusiers.	Pour enfiler la branche droite du grand ouvrage à corne, ainsi que les chemins couverts.
34	4 pierriers.	Contre les chemins couverts de la face droite de la demi-lune du Roleur.
35	4 pierriers.	Pour enfiler les chemins couverts de la face gauche de la demi-lune du Roleur et ceux de la corne gauche du grand ouvrage.
36	4 pierriers.	
37	2 obusiers.	Pour enfiler la branche gauche du grand ouvrage à corne et son chemin couvert.
38	8 de 24.	Pour contrebattre la courtine et la demi-lune de Mons.

39	8 canons de 18.	Pour contrebattre la courtine de Mons et la face droite du bastion de Poterne.
40	4 de 18.	Dirigés sur le bastion de Poterne et ses ouvrages avancés.
41	6 mortiers.	Contre les ouvrages St-Saulve et leur lunette.
42	6 mortiers.	En deux batteries placées dans la nuit du 25 au 26 dans le terre-plein du grand ouvrage à corne.
43	2 obusiers.	Ces divers obusiers furent répartis dans des crochets de sapes entre les deuxième et troisième parallèles. Ces batteries, dans les journées des 23, 24 et 25 juillet, étaient chargées d'inquiéter les chemins couverts dans toutes les directions.
44	2 obusiers.	
45	2 obusiers.	
46	2 obusiers.	
47	2 obusiers.	

CONTINUATION DE LA TABLE DES BATTERIES SITUÉES SUR LA ROUTE DE LA BRIQUETTE ET DE L'AUTRE CÔTÉ DE L'ESCAUT ; BATTERIES INCONNUES DANS L'HISTOIRE.

48	6 canons de 18 et 10 mortiers.	Ces batteries établies derrière la maison Pourtalès, près de la route de la Briquette, étaient dirigées contre les bastions de la Rhonelle, de Ste-Catherine, sur le front des ouvrages de Famars et sur les quartiers du Béguinage et de Cambrai.
49	6 de 18 et 10 mortiers.	Ces batteries, placées à droite de celles ci-dessus, près de la maison Méault, étaient fixées contre le front des ouvrages de Famars, sur l'édifice des Carmes et les quartiers de Cambrai et de Notre-Dame.
50	6 de 24 et 8 mortiers	Établies en face de la citadelle, près la fosse du Petit-Pied, enclouées dans la nuit du 25 au 26 juin par quinze grenadiers commandés par le capitaine Texier de la Pommeraye.
51	4 de 24 et 4 mortiers	Ces batteries étaient placées près la fosse du Verger; les bombes écrasaient les quartiers de St.-Waast et des Moulineaux; et les boulets étaient dirigés contre le bastion Ferrand, la lunette du Noir-Mouton, etc.
52	4 de 12 et 4 mortiers	Entre la fosse du Verger et Anzin. Les boulets venaient frapper les ouvrages du Noir-Mouton et les avancés de la porte de Tournay; les bombes écrasaient la partie gauche du quartier de Tournay.
53	6 mortiers.	Placés au milieu de la rue du faubourg d'Anzin, incendiaient tout le quartier de Tournay.

54	4 canons de 24 et 4 mortiers.	Ces batteries étaient situées sur la hauteur à deux cents mètres à droite de la rue d'Anzin ; les boulets battaient en brèche le bastion des Huguenots, etc., et les bombes écrasaient l'hôpital St.-Jean et tout son pourtour jusqu'à la Place-d'Armes.
55	4 de 18 et 4 mortiers	Placés sur la hauteur de Chasse-Croisée, en avant de la maison d'Agence des mines d'Anzin. Les bombes parvenaient jusqu'au moulin de St.-Géry, et les boulets battaient en brèche le bastion des Huguenots.
56	4 de 12 et 4 mortiers	Situés à mi-côte en avant de la route de Condé ; les bombes incendiaient le quartier des Arbalétriers, et les boulets agissaient contre le bastion des Huguenots et les édifices qui lui faisaient face.
57	6 mortiers.	Cette batterie, située près du canal, lançait ses bombes sur l'hôpital-général, et à peu près sur les mêmes points que la batterie du n° 13.
58	8 de 24.	Cette batterie, qui enfilait la courtine de Mons, fit cesser le feu de nos batteries ambulantes et contribua par ce moyen à hâter la reddition de la place.
59	8 de 24.	Cette batterie devint inutile par son trop grand éloignement.

DÉSIGNATION DES OUVRAGES ET DES POINTS LES PLUS IMPORTANS DU CORPS DE LA PLACE.

60	Bastion de Poterne, brèche non praticable.
61	Redoute St.-Roch, criblée de boulets.
62	Ouvrages de gauche de la lunette St. Saulve, brèches praticables et franchies.
63	Lunette St.-Saulve, brèche praticable et franchie.
64	Courtine de Mons, brèche non praticable mais criblée de boulets.
65	Grand ouvrage à corne, trois brèches franchies.
66	Bastion des Capucins, criblé de boulets.
67	Bastion Royal dit National, criblé de boulets.
68	Bastion de Cardon, criblé de boulets.
69	Bastion de la Rhonelle.
70	Bastion de Ste.-Catherine, criblé de boulets.
71	Ecluses de Repentie.
72	Ecluses de Gros-Jean ; ces deux corps d'écluses avaient formé les inondations supérieures.
73	Lunette du Noir-Mouton, brèche praticable et franchie.

74 | Bastion des Huguenots, avait la plus forte brèche du cordon des remparts, mais non praticable.

75 | Batterie des Français dans l'affaire du 26 mai.

76 | Batterie autrichienne contre Marly le 26 mai.

77 | Place où le général Dampierre eut la jambe gauche emportée, le 8 mai.

78 | Batterie d'où partit le boulet qui atteignit le général Dampierre.

79 | Principal retranchement du camp de Famars, occupé par les Français en 1792 et 1793, dans lequel le général Dampierre fut enterré.

80 | Mausolée élevé le.... dans lequel les restes du général Dampierre tirés d'une des batteries de Famars ont été placés.

81 | Lieu où les Anglais vinrent transporter les débris de leurs batteries placées près la maison Méault.

82 | Deuxième bataillon de la Vienne, dont l'auteur de la relation du siége faisait partie.

83 | Boyau d'où partit le 26 au matin la voix généreuse qui nous prévint que désormais il ne nous serait plus tiré de coups de fusil.

84 | Trois globes de compression qui éclatèrent dans la nuit du 25 au 26 juillet.

85 | Un globe de compression et une mine qui sautèrent dans la même nuit.

DÉSIGNATION DE DIVERS AUTRES POINTS DÉCRITS PAR LETTRES ALPHABÉTIQUES.

A — Place-d'Armes.

D — Ancienne église St.-Pierre, servant de prison pendant le siége, et refondue dans la construction de l'édifice de la maison de ville.

F — Hôpital des Carmes.

G — Eglise de St.-Nicolas, détruite.

H — Place-Verte.

I — Hôpital St.-Jean, détruit.

L — Hôtel-Dieu, détruit.

M — Cimetière des Dames de Baumont.

N — Cimetière St.-Jacques.

O — Caserne de Poterne-en-Haut, incendiée et détruite.

P — Cimetière du Magasin aux fourrages.

Q — Hôpital-général

S — Arsenal, incendié et reconstruit.

T — Moulin à vent du Roleur , placé sur la hauteur en face du grand ouvrage à corne.
U — Moulin de St.-Géry.
V — Moulin des Moulinaux.
X — Moulin d'Elsaut.
Y — Moulin de la Citadelle.
Z — Caserne des Arbalétriers.
UU— Grand Parc de l'artillerie ennemie.

Tout exemplaire de la carte qui ne portera pas la signature ou le chiffre de l'auteur sera réputé contrefait , et tout contrefacteur poursuivi selon la rigueur des lois.

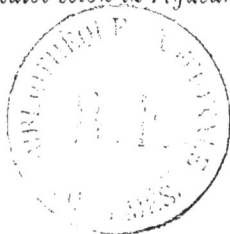

Douai.—Imprimerie de V. ADAM.

PLAN GÉNÉRAL DU SIÈGE ET DU BOMBARDEMENT DE VALENCIENNES EN 1793.

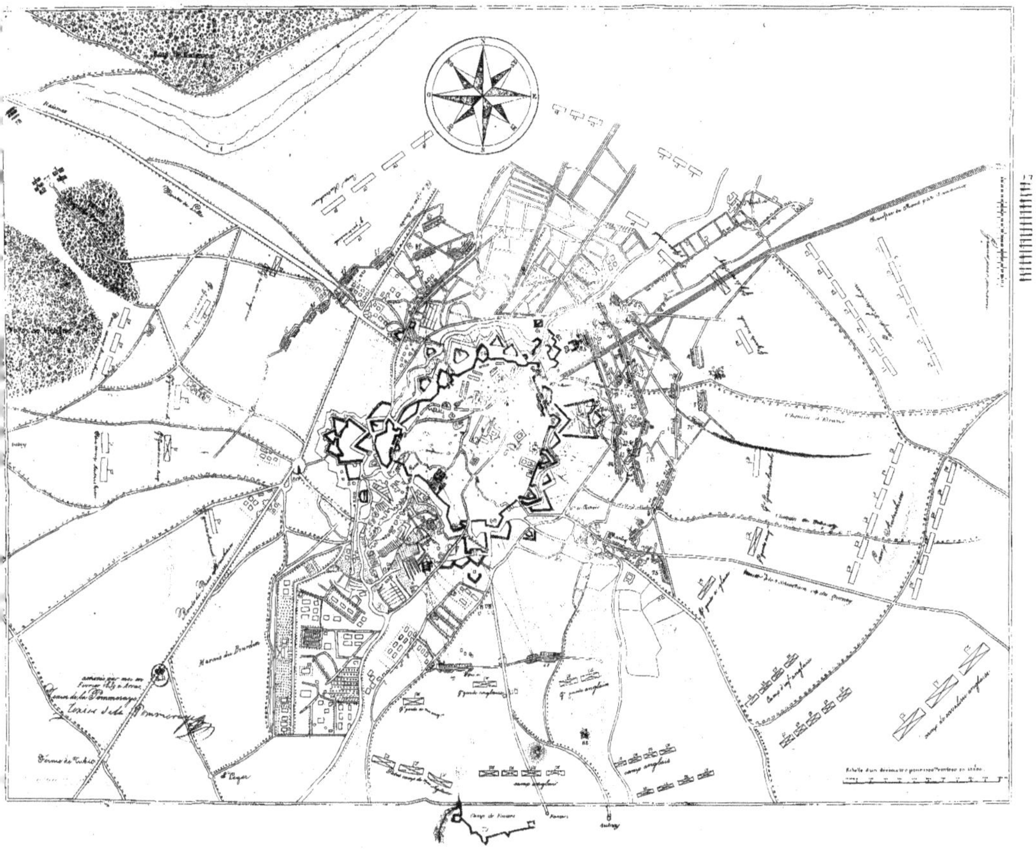